C语言程序设计实验教程

主　编　杨　曼
副主编　赵　波　马　飞　骆　熠

哈爾濱工業大學出版社

图书在版编目（CIP）数据

C 语言程序设计实验教程 / 杨曼主编 . — 哈尔滨：哈尔滨工业大学出版社，2024. 6. — ISBN 978-7-5767-1522-4

Ⅰ. TP312. 8

中国国家版本馆 CIP 数据核字第 2024Q2K170 号

策划编辑　常　雨
责任编辑　马毓聪
封面设计　童越图文
出版发行　哈尔滨工业大学出版社
社　　址　哈尔滨市南岗区复华四道街 10 号　邮编 150006
传　　真　0451-86414749
网　　址　http://hitpress. hit. edu. cn
印　　刷　哈尔滨博奇印刷有限公司
开　　本　787 mm×1 092 mm　1/16　印张 15. 5　字数 318 千字
版　　次　2024 年 6 月第 1 版　2024 年 6 月第 1 次印刷
书　　号　ISBN 978-7-5767-1522-4
定　　价　58. 00 元

序

在数字化浪潮席卷全球的今天,编程技能已然成为计算机行业从业者的必备能力之一。而在这项技能的众多语言中,C 语言无疑占据着举足轻重的地位。它不仅是计算机科学领域的基础语言,更是许多专业人士深入探索编程世界的起点。正因如此,对于那些渴望掌握编程技能、开启数字时代的探索之旅的人们,一本深入浅出、理论与实践相结合的 C 语言教材显得尤为重要。

如今,摆在我们面前的这本《C 语言程序设计实验教程》,正是这样一本不可多得的好书。它不仅汇聚了作者团队多年的教学心得与研究成果,更通过一系列精心设计的实验,引导读者逐步深入 C 语言的世界,亲手实践,亲身体验。

本书内容编排考究,从基础语法到高级编程技巧,每一个细节都经过了作者的精心打磨。从数据类型、控制结构、函数,到数组、指针及文件操作,每一个主题都配有详尽的解释与丰富的实例,确保读者在学习过程中不会迷失方向。而书中的习题与案例研究,更是对理论知识的一种巩固与拓展,可激发读者的探索精神与创新意识。

值得一提的是,本书还具有很高的灵活性与适应性。无论你是编程新手,还是希望进一步提升技能的进阶者,都能从中找到适合自己的学习路径。这得益于作者团队对计算机程序设计课程的深入理解与研究,他们深知学习者的多样性需求,本书内容充分体现了这一特点。

学习 C 语言并非易事,但有了这样一本好教程的陪伴,相信每位读者都能在探索编程世界的旅程中走得更远、更稳。愿每一位读者都能从本书中获得宝贵的知识与经验,为未来的职业生涯打下坚实的基石。

作为一位长期从事计算机科学教育的专家,我对本书作者团队的努力表示由衷的敬意。他们用实际行动为计算机教育事业贡献了自己的力量。我深信,这本书将成为许多学习者在编程道路上的一盏明灯,为他们照亮前行的道路。

最后,我衷心祝愿每一位读者通过对本书的学习,不仅能在编程技能上取得长足的进步,更能在探索数字世界的旅程中找到无尽的乐趣与成就感。

昆明理工大学教授　方娇莉

2023 年 12 月 30 日于昆明

前　　言

欢迎广大读者加入我们的学习编程之旅,一同探索 C 语言这个神秘的数字世界。在这本书中,我们将与你一同学习、一同实践、一同进步、一同发现编程的乐趣与无限的可能。

在数字化浪潮汹涌澎湃的今天,计算机已不仅仅是一个辅助我们工作和生活的工具,而是日益成为我们工作和生活不可或缺的一部分。对于理工科学生和信息技术领域专业技术人员来说,需要具备编程能力来解决一系列复杂问题,如工程计算、信息处理、人工智能和知识发现,促进计算机技术的发展与应用。因此,学习、掌握一门编程语言,提升计算思维与程序思维素养、培养发现问题和解决问题的能力,对其职业生涯成长是极为重要的一环。

C 语言作为计算机科学领域的基础语言,是深入探索编程世界的起点。本书是一本面向广泛的读者群体,带领其由浅入深进入 C 语言编程世界的实验教程。我们采用布鲁姆教学认知模型作为教学框架,通过生动的案例和互动式的实验内容设计、紧密贴合现实世界的编程实例和练习,使每位读者无论其学习背景如何,都能通过对本书的学习有效地提升对 C 语言的理解和应用能力,并将所学知识应用于实践中的问题解决。本书不仅适合高等学校的理工科学生,也非常适合接受职业培训的学员及自学者。

本书分为两大部分:"基础篇"和"提高篇"。在"基础篇"中,我们全面介绍了 C 语言的基础知识和实践应用。这包括从编程环境的搭建到基本语法结构(如顺序、选择、循环结构),再到数组、函数和指针的细致讲解。这一部分致力于为读者打下坚实的基础,并逐步引导读者准备好应对更复杂的编程挑战。而在"提高篇"中,我们深入探索结构体、文件操作、加密解密技术及单片机应用等进阶主题,旨在培养读者利用 C 语言解决复杂工程问题的高级技能。

这本书汇聚了我们团队近十年来的教学心得与研究成果,倾注了我们对 C 语言的理解和热爱。从基础语法到高级编程技巧,每一个细节都经过精心打磨。无论是数据类型、控制结构、函数,还是数组、指针及文件操作,我们都为读者提供了详尽的解释与丰富的实例。我们深知学习编程并非易事,希望读者能在这本书的陪伴下,积极参与实践,亲手编写代码,亲身体验编程的乐趣,巩固理论知识,激发探索精神与创新意识。无论是编程新手,还是希望进一步提升技能的进阶者,都能从中找到适合自己的学习路径,学有所获。

尽管在整个编写过程中,我们始终保持科学和严谨的态度,积极吸纳最新的教育趋势和技术发展动态,同时根据学生和同行的反馈不断进行调整和优化,但受限于编者水平与能力,书中难免存在许多不足之处,真诚地欢迎并期待读者提出宝贵的意见和建议。

最后,我们特别感谢高飞教授的指导和支持,他对本书的内容安排和结构设计提出了许多专业的见解和建议。特别感谢云南省“兴滇英才支持计划”教学名师、国家首批线上一流课程“C 君带你玩编程”负责人、国家首批线上线下混合式一流课程“C 语言程序设计”负责人、昆明理工大学教授方娇莉为本书作序,对我们的工作给予肯定和推荐。

作者

2024 年 5 月

目　录

基础篇

提高篇

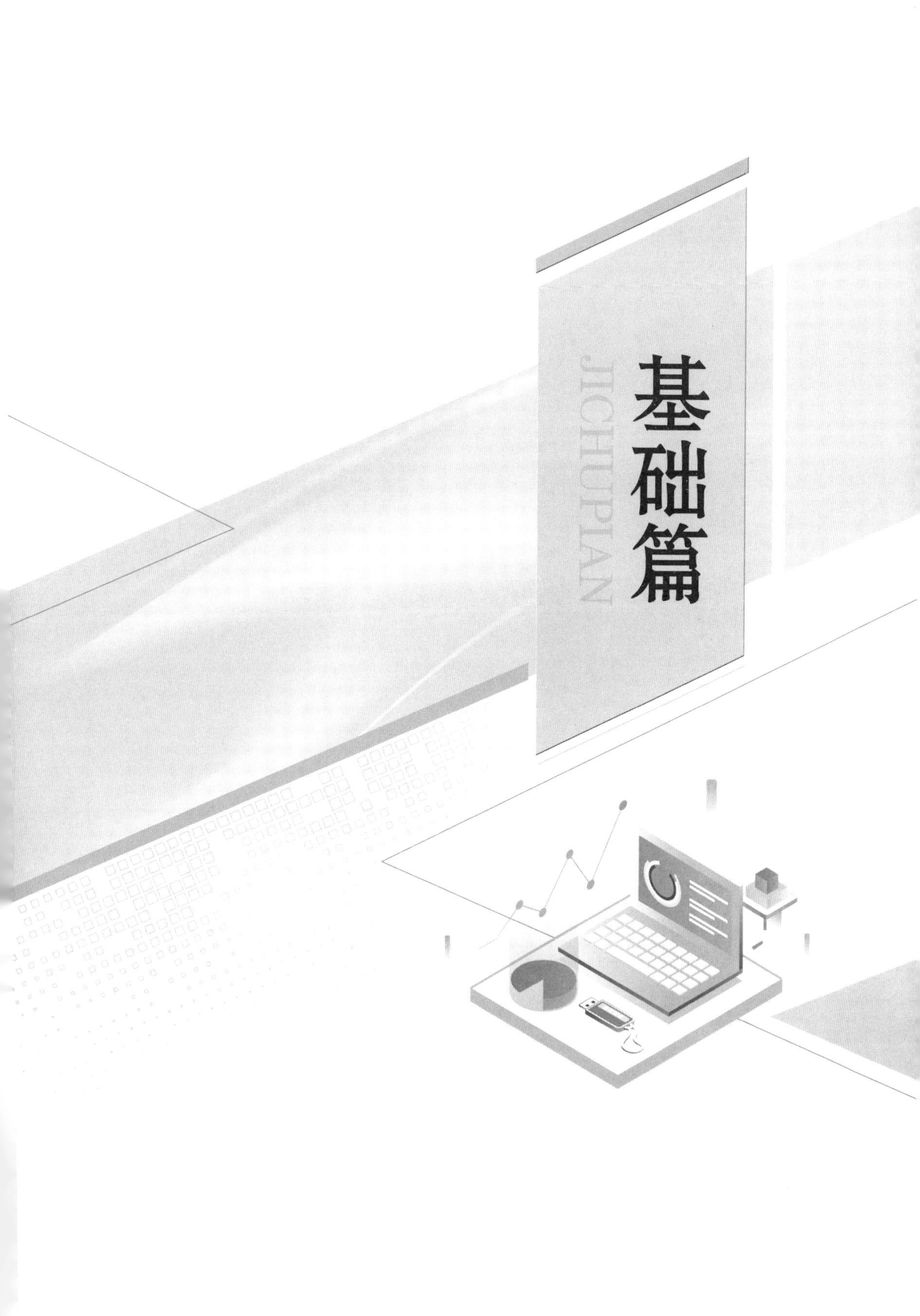
基础篇
JICHUPIAN

实验0 编程准备

在信息化和数字化普及的今天,计算机成了我们工作和生活的核心工具。理工科学生和技术人员尤其需要通过编程解决各种复杂问题,如工程计算、信息处理和人工智能。掌握计算机程序设计(简称编程)的技能,了解程序语言和编程规范,成为其必备技能。编程就是利用程序语言编写一系列指令来指挥计算机完成任务的过程。众多程序语言如C、C++、Java等各有特点,程序员可根据需求选择合适的语言和工具。本实验将以C语言为例,介绍编程语言的基础知识、集成开发环境和编码规则。编程准备思维导图如图0.1所示。

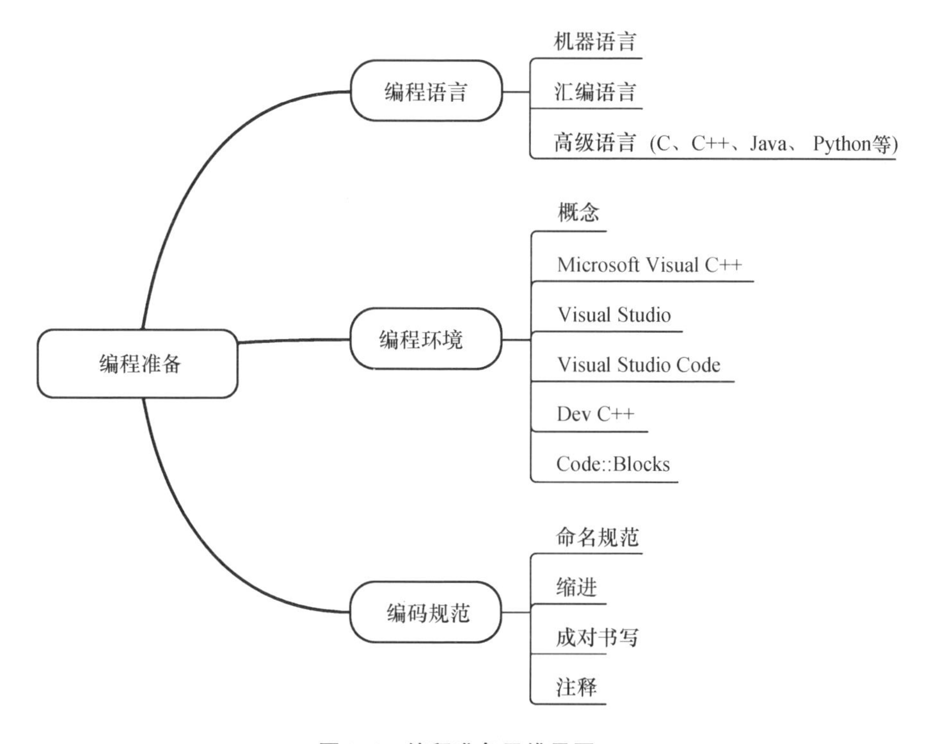

图0.1 编程准备思维导图

1. 算法思维与程序思维

程序是指行事的方法和先后次序(工作步骤)。人们在编写一段程序的时候可以用多种语言,比如中文、英文、日文等,程序编写者可以选择自己熟悉的语言进行程序编写,但是对于程序的读者来说,需要将程序转变成用自己熟悉的语言编写的程序,才能够明白其意思,执行程序。

【实例 0.1】求两个整数的和的程序。

中文表示:

第一步:告诉我这两个整数的值分别是多少。

第二步:我把这两个整数的和算出来。

第三步:告诉你这两个整数的和是多少。

英文表示:

Step 1: Tell me what the values of these two integers are.

Step 2: I will calculate the sum of these two integers.

Step 3: Tell you what the sum of these two integers is.

如果被安排执行这个程序的人只懂中文,而我们给出的程序步骤是英文的,那么首先要把英文程序步骤翻译成执行者能懂的中文,然后执行者就可以按照步骤一步一步地执行程序。翻译的方式有很多种,比如找一个中英文都懂的人一句一句地解释给执行者,或者将所有指令全部翻译完再交给执行者执行。但是不管用什么样的翻译方式,都不能翻译错误,否则执行者就会曲解或误解执行步骤,因而得不到我们想要的执行结果。

计算机程序是由人按照完成某项工作的方法和工作步骤编写,指挥计算机执行的指令集。程序的执行者就是计算机,它只懂由“0”和“1”两个基本数字构成的二进制代码,所以人编写的程序都要经过翻译,转化为计算机能读懂的二进制代码,计算机才能执行既定的程序。

【实例 0.2】让计算机帮你算出两个整数的和的程序。

C 语言程序:

```
1  int main() //主函数
2  {
3     int a,b;//定义两个变量,用于存放两个用于求和的整数
4     int sum;//定义一个变量,用于存放和
5     printf("please enter two integers:");//输出"please enter two integers:"告
      诉用户接下来请输入两个整数
6     scanf("%d,%d",&a,&b);//输入两个整数
7     sum=a+b;//求和
8     printf("a+b=%d",sum);//输出两个整数的和,能让用户看见
9     return 0;//返回0值
10 }
```

Python 程序：

```
a=int(input("please enter the first integer:"))//输入第一个整数
b=int(input("please enter the second integer:"))//输入第二个整数
sum=0
sum=a+b//计算出两个整数的和
print("%d+%d=%d"%(a,b,sum))//输出两个整数的和,能让用户看见
```

要让计算机执行上述程序,首先要将上述程序翻译成计算机能读懂的二进制程序。翻译包含“解释”和“编译”两种方式,各具特色。有的计算机语言采用解释方式,如 Python、Matlab 等,有的计算机语言采用编译方式,如 C、Java 等。翻译程序统称“编译器”,不同的语言有不同的编译器,相同的语言也可能有不同的编译器,例如 C 语言就有 GCC、MSVC 等多种编译器。

在正式开始计算机程序设计的学习之前,我们已经接受了深入的数学思维训练。这种训练为我们的逻辑思维和问题解决能力打下了坚实的基础。然而,要进行计算机程序设计需要我们具有一定的“算法思维”和“程序思维”。虽然数学思维、算法思维和程序思维三者有很多的相同点,可以相互促进和支持,但是三者也有一定的区别。

数学思维以其严密的逻辑结构和精确的符号系统,长期以来被认为是人类解决理论性和抽象问题的有效方式,其执行者是人。数学思维鼓励我们使用符号、公式和图像等方式,通过抽象的思考,描述和解决问题。在这个过程中,我们学会了如何通过数学语言表达复杂概念,如何利用公式进行推理,以及如何通过图形直观地理解问题。

算法思维是一种更偏向于实用和工程的思维方式,它关注如何利用计算机科学和信息技术来解决具体问题。这种思维方式的执行者是计算机,它不仅仅关注问题的理论解决方案,更关注其可计算性、有效性和可实现性。算法思维推动我们去思考问题的解决步骤和过程,而不仅仅是其结果。例如,在算法设计中,我们需要考虑如何有效地利用计算资源,如何优化执行时间和存储空间,以及如何确保算法的正确性和效率。通过学习算法思维,我们可以学习如何将复杂问题分解为可管理和可执行的步骤,如何评估不同算法的优劣,以及如何创造性地应对新问题。

程序思维则是根据特定的程序设计语言和框架结构来思考和解决问题的一种特定的算法思维。它关注的是如何将问题的解决方法转化为计算机程序的形式来实现问题的自动化处理。学习程序思维时,我们学习如何使用程序语言表达算法,如何设计数据结构来存储和处理信息,以及如何利用程序语言的特性和框架来提高编程的效率和质量。例如,学习 C 语言不仅仅是学习其语法规则,更是

学习如何使用 C 语言来表达特定的算法逻辑,如何利用 C 语言提供的数据类型和结构来解决实际问题,以及如何通过编程实践来提高程序的性能和可靠性。

要成为一名优秀的程序设计师,仅仅拥有数学思维是不够的,还需要通过算法思维和程序思维的训练来完善自己的能力。这意味着,我们需要将数学思维、算法思维和程序思维相结合,不仅要理解理论,更重要的是能够将理论应用于实际问题的解决。这种综合思维的培养不是一蹴而就的,它需要我们在理论学习和实践操作中不断尝试、总结和提高。例如,在学习 C 语言的过程中,我们首先需要理解程序设计的基本概念和语法规则,然后通过编写小程序来实践这些知识,逐步提高自己解决实际问题的能力。在这个过程中,我们将学会如何将抽象的问题转化为具体的程序代码,如何利用计算机的快速计算和数据处理能力来解决问题,以及如何通过不断的练习和反思来提高自己的编程技能。

例如:求解一元二次方程 $ax^2+bx+c=0$ 的实根。

数学思维的步骤:

步骤一:计算 $\Delta=b^2-4ac$。

步骤二:判断 Δ 与 0 的大小。

如果 Δ 大于 0,方程有两个实根,且实根为

$$x_{1,2}=\frac{-b\pm\sqrt{b^2-4ac}}{2a}$$

如果 Δ 等于 0,方程有一个实根,且实根为

$$x_{1,2}=-\frac{b}{2a}$$

如果 Δ 小于 0,方程没有实根。

算法思维的步骤:

步骤一:程序开始。

步骤二:输入 a,b,c 三个系数。

步骤三:如果 a=0,且 b≠0,则方程的实根为-c/b⇒x1,输出 x1,转到步骤六。

步骤四:如果 a≠0,计算 b2-4ac⇒delta。

步骤五:判断 delta 与 0 的大小。如果 delta 大于 0,则$(-b+\sqrt{delta})/(2*a)$ ⇒x1,$(-b-\sqrt{delta})/(2*a)$ ⇒x2,输出 x1,x2;否则,输出“方程无实根”,转到步骤六。

步骤六:程序结束。

程序思维的步骤:

```
1  #include<stdio. h>
2  #include<math. h>
3  int main( )
4  {
5    float a,b,c,delta,x1,x2;
6    printf("please input a,b,c:");
7    sacnf("%f%f%f",&a,&b,&c);
8    if(a==0 && b! =0)
9    {
10       x1=-c/b;
11       printf("x1=%f\n",x1);
12   }
13    if(a! =0)
14   {
15       delta=b * b-4 * a * c;
16       if(delta>0)
17       {
18           x1=-b+sqrt(delta)/(2 * a);
19           x2=-b-sqrt(delta)/(2 * a);
20       }
21       else
22       printf("Equation has no real root! \n");
23   }
24    return 0;
25 }
```

由以上例子可见,对于数学思维,问题的求解步骤的执行者是人,所以无须"输入"与"输出"数据,并能使用数学符号进行计算。对于算法思维,问题的求解步骤的执行者是计算机,因此需要"输入"和"输出"数据,并且求解步骤更细,要考虑将数据传递给变量("⇒"符号的使用),更注重问题的可计算性、有效性(使用+和-,而不用±)和可实现性。虽然算法思维已经将思考角度转到计算机,但是算法思维不需要考虑程序语言的语法和程序框架结构,是一种抽象的,与程序语言无关的思维方式。而程序思维则要在算法思维的基础上,选择一种具体的程序设计语言,且必须遵守所选择的程序语言的符号、语法和结构规定,因此程序思维是一种特定的算法思维，其更注重具体的实现细节和程序语言的使用，而算法思维更注重问题的整体把握和算法设计。

2. 开发环境

编写计算机程序离不开程序集成开发环境(IDE)。C 语言程序集成开发环境是指用于编辑(编写)、编译、运行和调试 C 语言程序(简称 C 程序)的软件工具集合。其一般包括文本编辑器、C 编译器、链接器、调试器 4 部分。各个部分详细介绍如下。

(1)文本编辑器：用于输入和编辑 C 语言源代码的软件，例如 Notepad++、Sublime Text、Visual Studio Code 等。

(2)C 编译器：用于将 C 语言源代码转换为可执行文件(二进制文件)的软件，例如 GCC、Clang、MSVC 等。

(3)链接器：用于将多个编译后的目标文件、库文件链接成一个可执行文件的软件，例如 ld、link 等。

(4)调试器：用于检查和修改程序运行时的状态和行为的软件，例如 gdb、lldb、Visual Studio Debugger 等。

目前常用的 C 语言程序集成开发环境有：Microsoft Visual C++、Visual Studio、Visual Studio Code、Dev C++、Code::Blocks 等，下面进行详细介绍。读者可以自行选择编程环境并搭建。

(1)Microsoft Visual C++是一款历史久远的集成开发环境，它是微软开发的用于编辑、编译和执行 C、C++程序的集成开发环境。Microsoft Visual C++提供了多种工具和功能，如编辑器、编译器、链接器、调试器、图形用户界面(GUI)设计器、类浏览器、资源编辑器等。其是 20 世纪 90 年代就在使用的用户数量最多的开发工具之一。

(2)Visual Studio 是微软开发的一款支持包括 C、C++、C#、Basic、Java 等多种编程语言的集成开发环境。它提供了强大的编辑器、编译器、链接器、调试器等工具，以及丰富的库和框架，适用于 Windows 和.NET 平台。但是该 IDE 系统庞大，需要占用很多的系统资源和存储空间。

(3)Visual Studio Code 是微软开发的一款轻量级的代码编辑器，支持多种编程语言，包括 C、C++、Python 等。它具有高度可定制性和扩展性，支持丰富的插件生态系统。程序员可以通过安装插件和配置 GCC 或 Clang 等编译器来实现 C 语言的开发和调试功能，适用于 Windows、Linux 和 macOS 平台，不需要占用很多的系统资源和存储空间。

(4)Dev C++是一款免费的 C/C++集成开发环境。其是基于 MinGW/GCC 编译器和 GDB 调试器的。它提供了简洁的用户界面，易用的编辑器、编译器、链接器、调试器等工具，适用于 Windows 平台和小程序的编写。但 Dev C++仅支持 C、

C++等 C 类程序语言,不太适合需要使用其他程序语言编写程序的情况。

(5) Code::Blocks 是一款免费的支持 C、C++、Fortran 的集成开发环境。它提供了灵活的用户界面,高效的编辑器、编译器、链接器、调试器等工具,以及多种插件和模板,适用于 Windows、Linux 和 macOS 平台。但 Code::Blocks 仅支持 C、C++、Fortran 程序语言,不太适合需要使用其他程序语言编写程序的情况。

3. 编码规范

C 语言编码规范是指一系列用于指导 C 语言程序员编写出清晰、统一、易读、易维护的程序代码的规则和建议。规范的 C 语言程序有利于代码的可读性、可维护性、可移植性和可测试性。C 语言编码规范包括命名规范、缩进、成对书写和注释等方面。

(1) 命名规范。

C 语言命名规范是指 C 语言编码规范中关于变量、函数、常量、宏等的命名方式和风格的规则和建议。C 语言命名规范涉及命名的含义、命名的长度、命名的大小写、使用下划线或驼峰法等,详细的内容可参考相关书籍。

(2) 缩进。

缩进是指在代码行的开头添加一定数量的空白字符,以表示代码的层次结构和逻辑关系。采用缩进书写程序,能清晰地表达程序的嵌套逻辑关系和层次结构,增强程序的可读性,减少程序控制逻辑错误,以及提高程序员进行程序纠错的效率,是业界公认的良好的程序编写风格。

(3) 成对书写。

成对书写是指在程序代码中使用成对的符号来表示某些结构或关系,例如括号( )和引号“ ”等。这些符号的成对使用是程序语言语法规定的,必须严格遵守。

(4) 注释。

注释是指在 C 语言代码中添加一些说明性的文字,以帮助理解程序代码的功能、逻辑、意图等。优秀的程序员都善于在自己书写的程序中使用注释以提高程序的可读性。这样做的目的一方面是提供给他人,方便他人阅读和理解程序员设计的程序的功能、逻辑和意图,另一方面是为自己在经过若干时间之后,再次阅读和修改程序提供帮助。因此,在程序中应该对程序进行必要且恰当的注释。C 语言中可以使用 /*…*/ 或 // …进行注释,前者用于多行程序代码的注释,后者用于注释单行程序代码。一般来说,注释应该紧贴在被注释的代码之前或之后,或者在同一行的右侧。注释内容应该简洁明了,避免出现重复或无关的信息。

实验1　编程环境搭建

在当今数字化时代,计算机的应用已经贯穿我们生活的各个方面,而编程作为一项基本技能,其重要性日益凸显。对于编程而言,选择一个合适的编程环境是成功的关键。编程环境不仅是程序设计的辅助工具,它集成了编写、编译、运行和调试程序的全过程所需功能,对程序员的工作效率有着直接影响。

在众多C语言编程环境中,我们选择了Visual Studio Code(简称VScode)作为本书的主要工具。VScode是一款开源的代码编辑器,以其灵活性和高度可定制性而受到程序员的青睐。作为一款轻量级代码编辑器,VScode需要通过安装插件和配置编译器、调试器来实现C语言的完整开发和调试功能。为此,我们选择使用MinGW作为编译和调试工具。MinGW提供了gcc编译器和gdb调试器,这些工具是C语言编程环境的重要组成部分。本书将指导读者如何在VScode中安装汉化插件和C/C++扩展插件,以及如何配置MinGW,以确保能够得到高效和顺畅的编程体验。

本实验的目的是引导读者搭建并熟悉VScode编程环境。我们将一步步介绍如何测试环境的可用性,并提供解决常见问题的方法和建议。通过本实验,读者将掌握搭建高效编程环境的技巧,为后续的编程学习打下坚实的基础。编程环境搭建思维导图如图1.1所示,其将帮助读者更好地理解整个搭建过程。

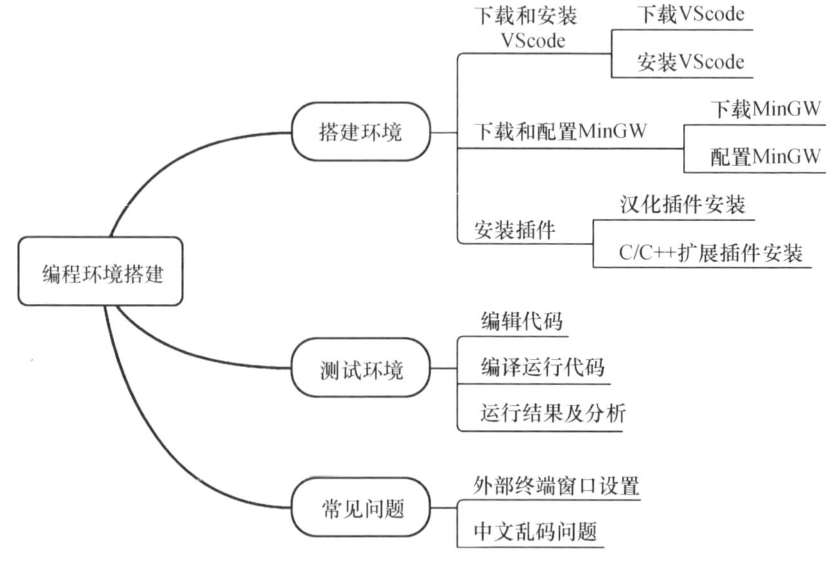

图1.1　编程环境搭建思维导图

1. 搭建环境

本书使用的编程环境是 Visual Studio Code，简称 VScode，是微软公司推出的一款免费的、代码开源的代码编辑器，只能用来编辑代码，所以基于 VScode 的 C 语言编程环境除安装 VScode 之外，还需要安装编译器和调试器。接下来将介绍如何在 Windows 下搭建 VScode 编程环境。

(1) 下载和安装 VScode。

①下载 VScode。

VScode 官网下载网址为 https://code.isualstudio.com/Download，打开网址后可以看到下载界面，官网上有针对 Windows、macOS 等不同操作系统的安装包。本书针对 Windows 操作系统进行讲解，其安装包下载界面如图 1.2 所示，可以看到有 4 个不同版本的安装包可供下载，介绍如下。

User Installer：用户安装版，安装后只有当前用户可以使用。

System Installer：系统安装版，安装后该计算机的所有用户都可以使用。

. zip：压缩包，下载后只需要解压，不需要安装。

CLI：控制台安装版。

本书选择下载的版本是 User Installer 版本，下载完成后 VScode 安装程序图标如图 1.3 所示。接下来就可以开始安装了。

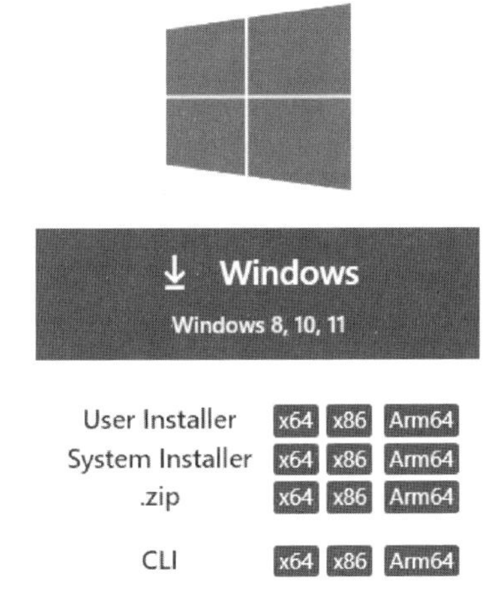

图 1.2　VScode Windows 安装包下载界面

图 1.3　VScode 安装程序图标

②安装 VScode。

鼠标左键双击(以下简称双击)图 1.3 所示安装程序图标，弹出图 1.4 所示对话框，该对话框告诉用户："该安装包只是针对当前计算机用户，如果您想为该系统中的所有用户安装 VScode，请下载系统安装版。"

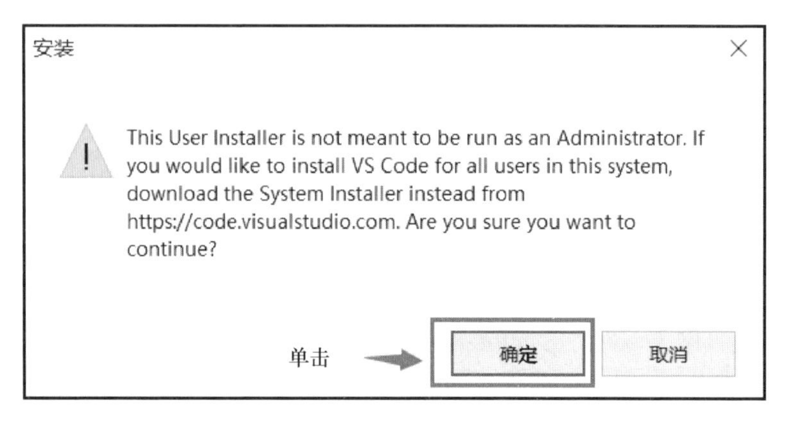

图 1.4　双击 VScode 安装程序图标后弹出的对话框

鼠标左键单击(以下简称单击)图 1.4 中"确定"按钮之后,弹出图 1.5 所示对话框,勾选图 1.5 中的①,然后单击②,弹出图 1.6 所示对话框。

图 1.5　许可协议对话框

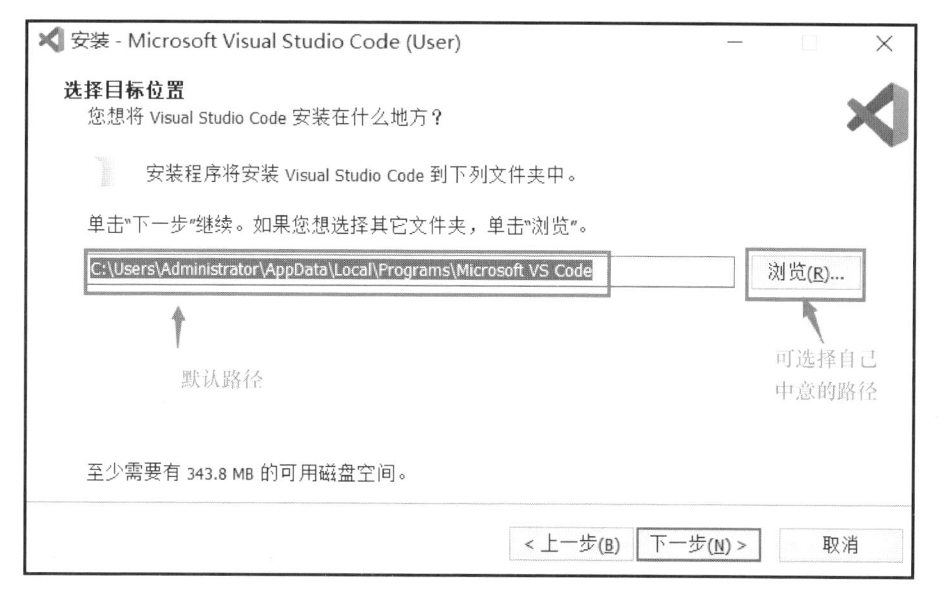

图 1.6　选择目标位置对话框

在图 1.6 所示对话框中，用户可以将 VScode 安装在默认路径，也可以选择自己中意的路径。单击图 1.6 中的"浏览"按钮，弹出图 1.7 所示对话框，选择路径之后单击"确定"按钮，然后单击图 1.6 中"下一步"按钮，弹出图 1.8 所示对话框。

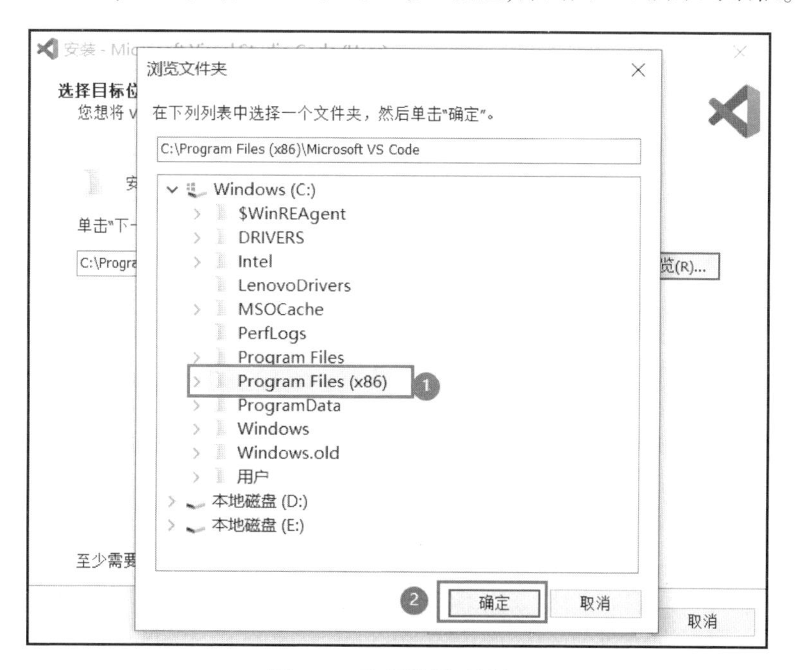

图 1.7　路径选择对话框

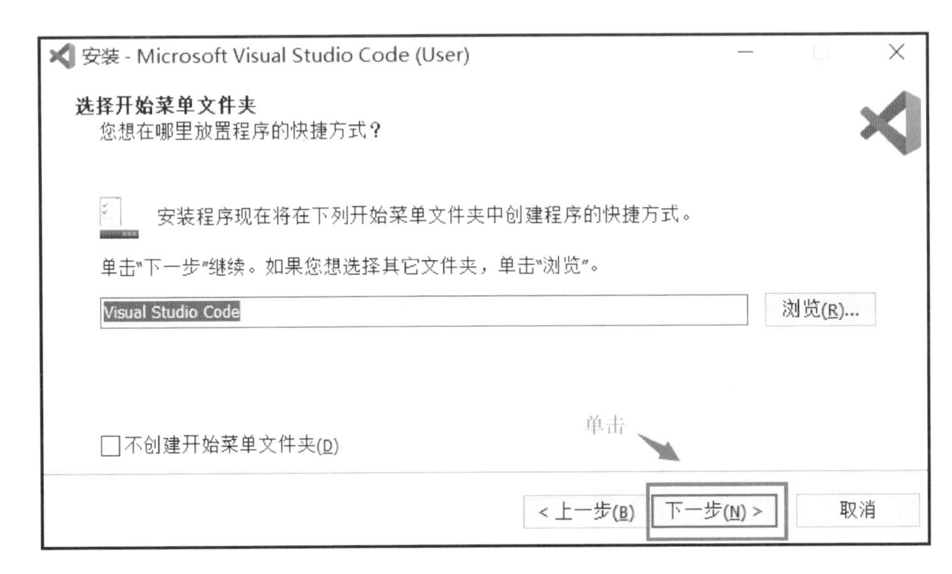

图 1.8　选择开始菜单文件夹对话框

单击图 1.8 中“下一步”按钮，弹出图 1.9 所示对话框，根据需要勾选图 1.9 中的①~⑤，然后单击“下一步”按钮，弹出图 1.10 所示对话框。

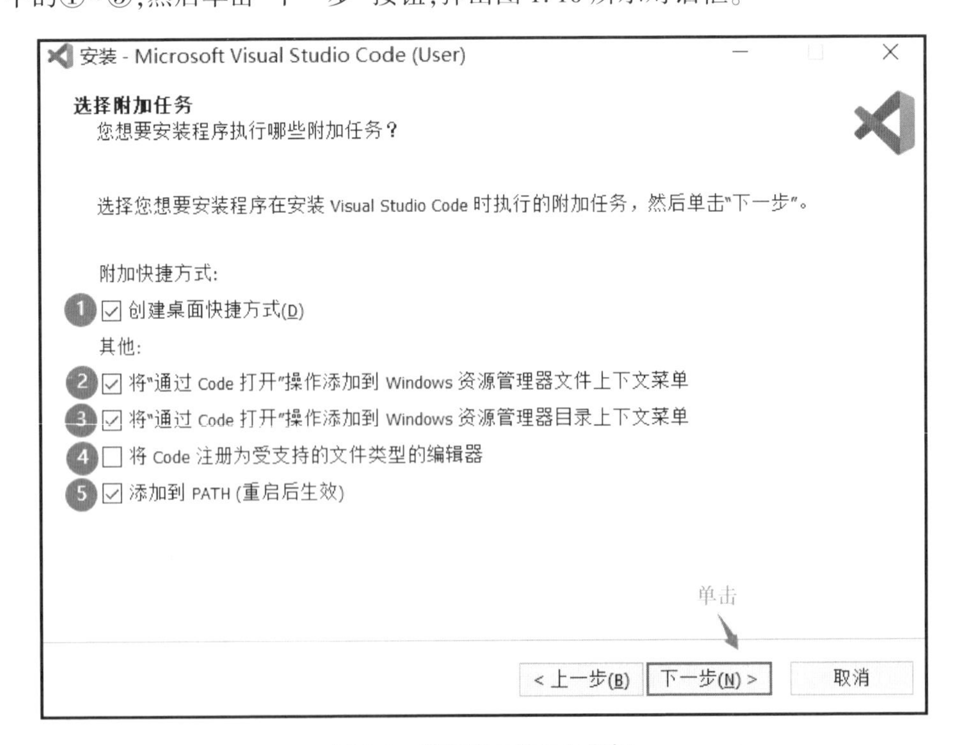

图 1.9　选择附加任务对话框

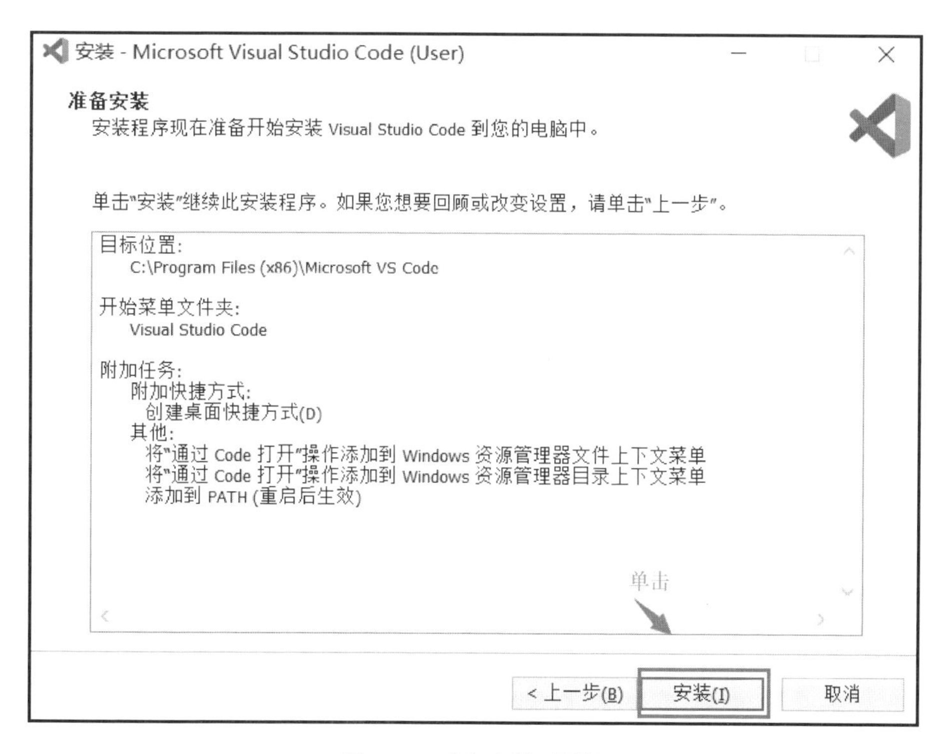

图 1.10　准备安装对话框

单击图 1.10 中的"安装"按钮,弹出图 1.11 所示对话框,等待图 1.11 中绿色填满进度条,弹出图 1.12 所示对话框。

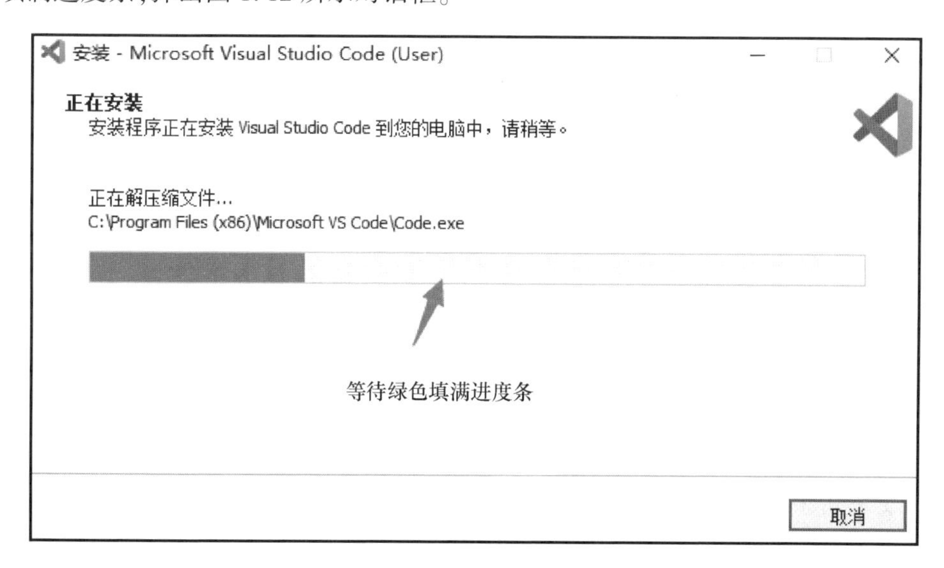

图 1.11　正在安装对话框

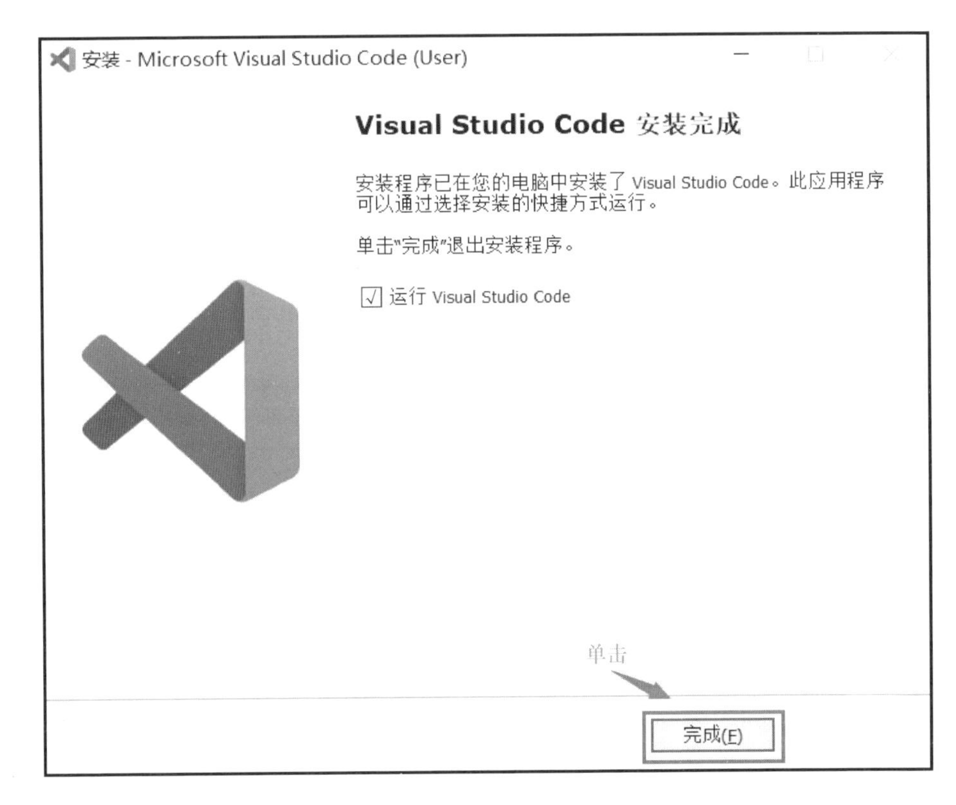

图 1.12　安装完成对话框

可以取消勾选图 1.12 中"运行 Visual Studio Code"选项，然后单击"完成"按钮。之后用户可以在自己的计算机桌面上看到如图 1.13 所示的快捷方式图标，到此 VScode 安装完成。

图 1.13　VScode 快捷方式图标

(2)下载和配置 MinGW。

①下载 MinGW。

前面介绍了如何下载和安装 VScode，接下来将介绍如何下载和安装 MinGW。MinGW 全称 Minimalist GNU for Windows，是运行在 Windows 操作系统上的一款免费、开源的 C/C++编译器，其下载地址为 https://sourceforge.net/projects/mingw-w64/files/，打开网址后可以看到如图 1.14 所示的 MinGW 下载网页，下拉页面，直到出现如图 1.15 所示的 MinGW 下载链接。

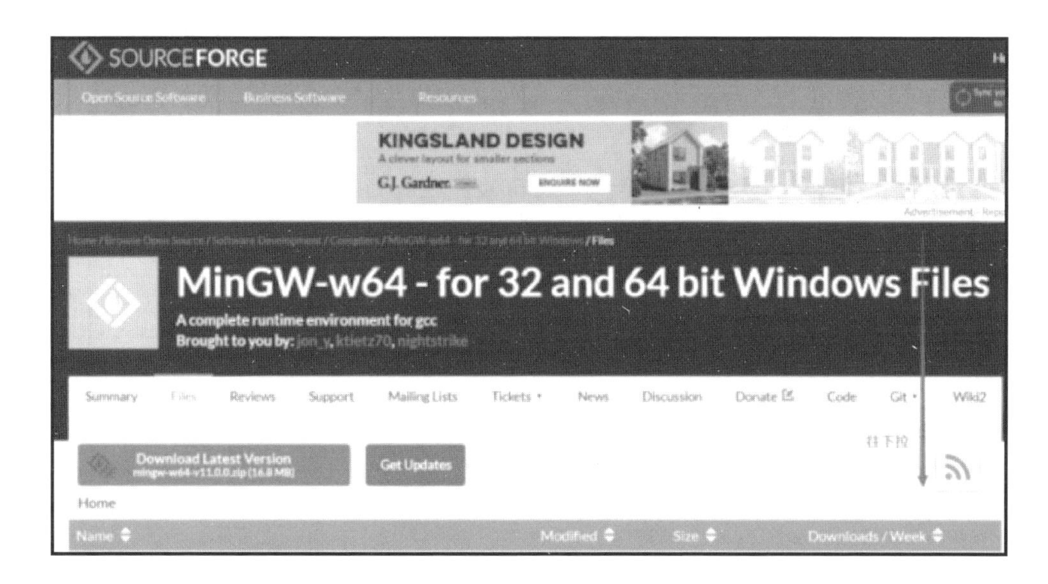

图 1.14　MinGW 下载网页

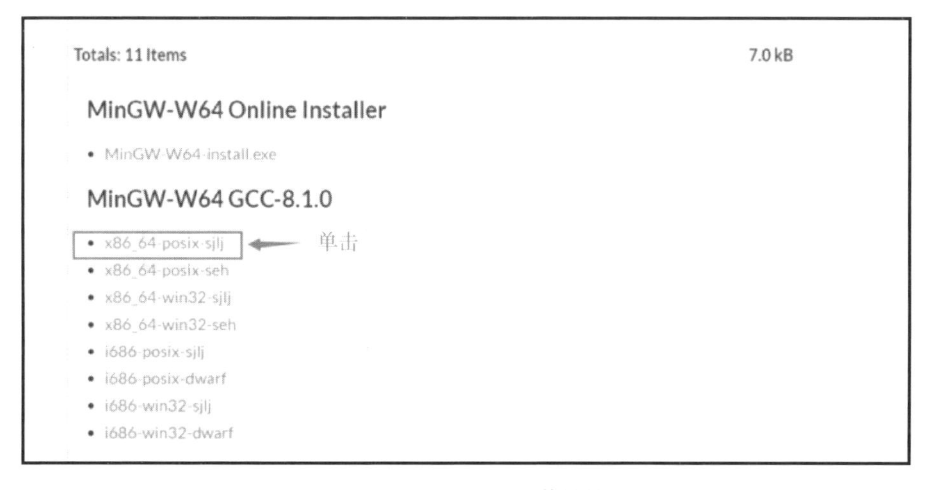

图 1.15　MinGW 下载链接

单击“x86_64-posix-sjlj”出现图 1.16 所示 MinGW 下载界面。

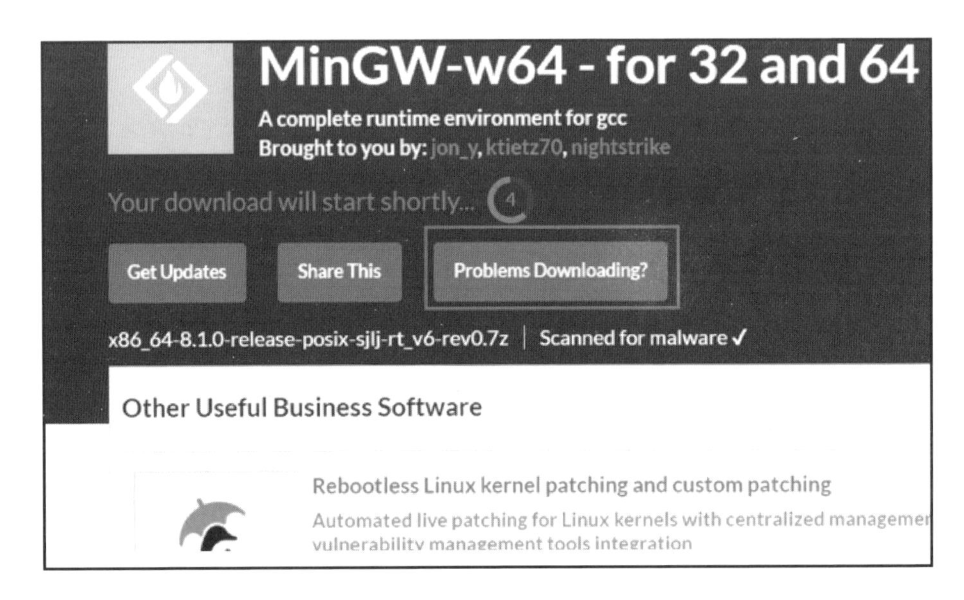

图 1.16　MinGW 下载界面

待下载完成后,可以在计算机上看到图 1.17 所示压缩文件,到此已经成功下载了 MinGW 压缩文件。

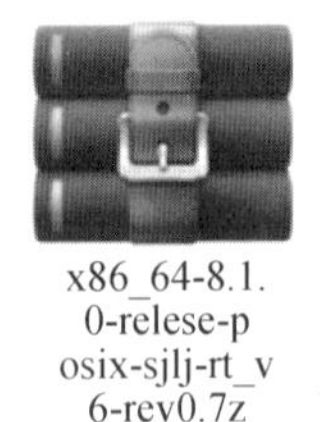

图 1.17　MinGW 压缩文件

②配置 MinGW。

MinGW 压缩文件不需要安装,只需要解压,解压后 MinGW 文件夹内容如图 1.18 所示,把解压后的文件夹放到固定的位置,并记住存放位置,配置时需要用到这个位置。接下来将图 1.18 中 bin 文件夹路径添加到系统的环境变量中。先复制 bin 文件夹的路径,如图 1.19 所示。

电脑 › 本地磁盘 (E:) › MinGW › mingw64

名称	修改日期	类型	大小
bin	2023/7/21 9:08	文件夹	
etc	2023/7/21 9:08	文件夹	
include	2023/7/21 9:08	文件夹	
lib	2023/7/21 9:08	文件夹	
libexec	2023/7/21 9:08	文件夹	
licenses	2023/7/21 9:08	文件夹	
opt	2023/7/21 9:08	文件夹	
share	2023/7/21 9:08	文件夹	
x86_64-w64-mingw32	2023/7/21 9:08	文件夹	
build-info.txt	2018/5/12 0:00	文本文档	52 KB

图 1.18　解压后 MinGW 文件夹内容

共享　查看

E:\MinGW\mingw64\bin

bin文件夹的路径，复制它

名称	修改日期	类型
addr2line.exe	2018/5/11 18:46	应用程序
ar.exe	2018/5/11 18:46	应用程序
as.exe	2018/5/11 18:46	应用程序
c++.exe	2018/5/11 22:16	应用程序
c++filt.exe	2018/5/11 18:46	应用程序
cpp.exe	2018/5/11 22:16	应用程序
dlltool.exe	2018/5/11 18:46	应用程序
dllwrap.exe	2018/5/11 18:46	应用程序
dwp.exe	2018/5/11 18:46	应用程序
elfedit.exe	2018/5/11 18:46	应用程序
g++.exe	2018/5/11 22:16	应用程序
gcc.exe	2018/5/11 22:16	应用程序

图 1.19　复制 bin 文件夹的路径

接下来打开系统环境变量添加界面。使用快捷键“win+I”，弹出系统设置界面。在“查找设置”中输入“系统环境变量”，出现图 1.20 中的下拉菜单，单击“编辑系统环境变量”，弹出图 1.21 所示系统属性界面。

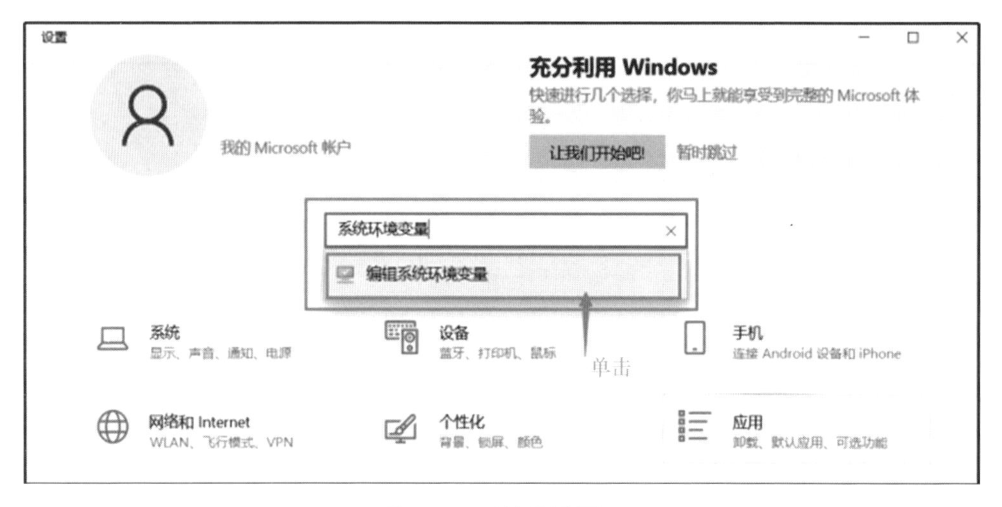

图 1.20　系统设置界面

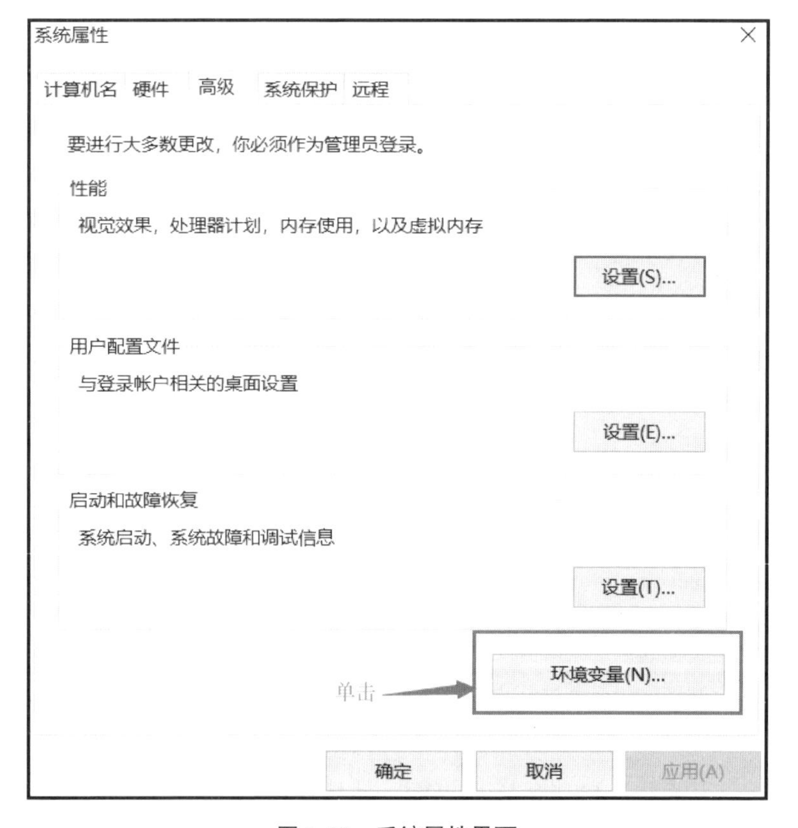

图 1.21　系统属性界面

单击图 1.21 中的“环境变量”按钮，弹出图 1.22 所示环境变量界面，选中图中“Path”行，单击“编辑”按钮，弹出图 1.23 所示界面。

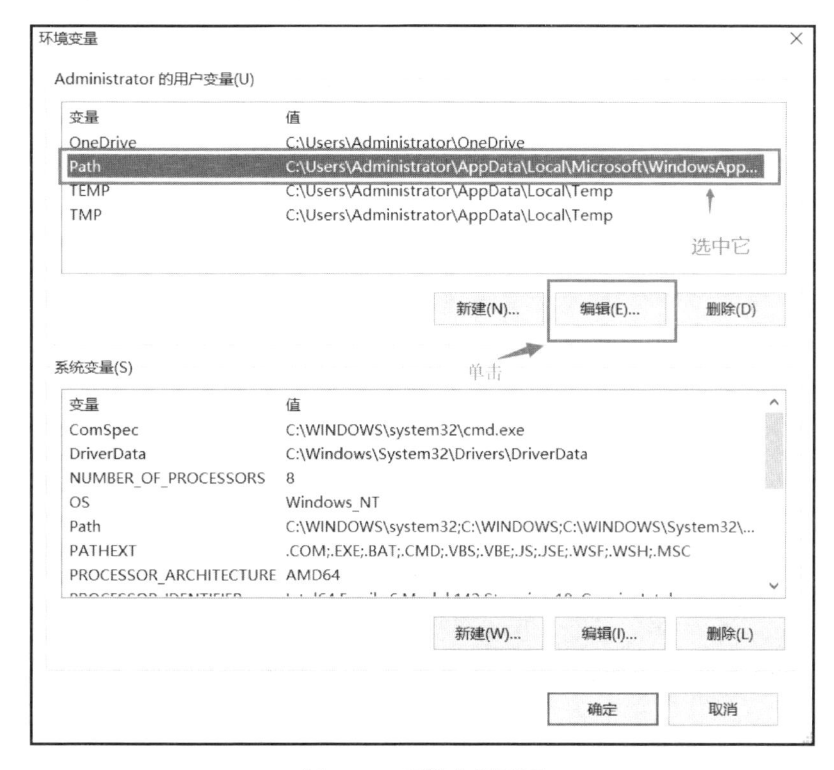

图 1.22　环境变量界面

图 1.23　编辑环境变量界面

单击图 1.23 中的“新建”按钮，然后将 bin 文件夹的路径粘贴到图中②所示位置，单击“确定”按钮，然后分别单击图 1.22 和图 1.21 中“确定”按钮，MinGW 就配置好了。

(3)安装插件。

VScode 插件很多，本书用到的有两个插件，即汉化插件和 C/C++扩展插件。下面将介绍如何安装这两个插件。在安装插件之前，我们先选择界面的颜色，打开 VScode 软件，出现图 1.24 所示界面。

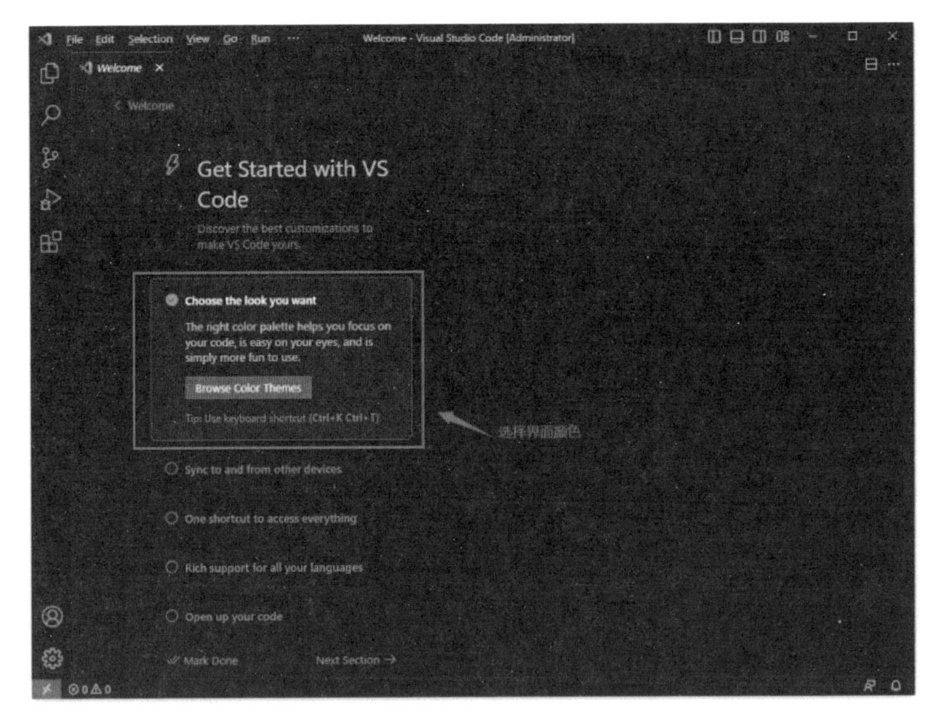

图 1.24　VScode 选择界面颜色界面

单击“Browse Color Themes”按钮，弹出图 1.25 所示下拉菜单，选择自己喜欢的颜色。

①汉化插件安装。

汉化插件的作用是安装后 VScode 就显示中文界面，如果用户对英文很熟悉，此插件也可以不安装。双击打开计算机桌面 VScode 快捷方式图标(图 1.13)，之后弹出图 1.26 所示界面。

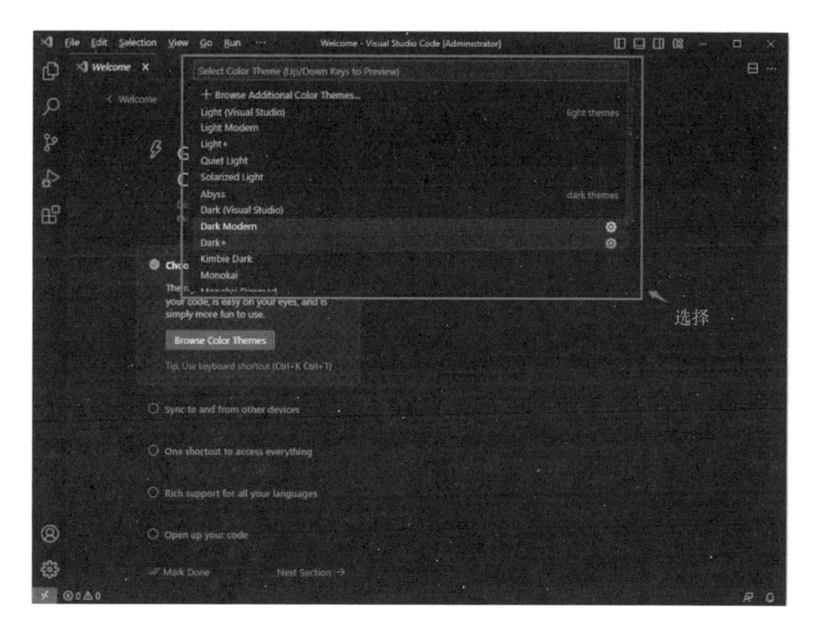

图 1.25　VScode 颜色选择下拉菜单

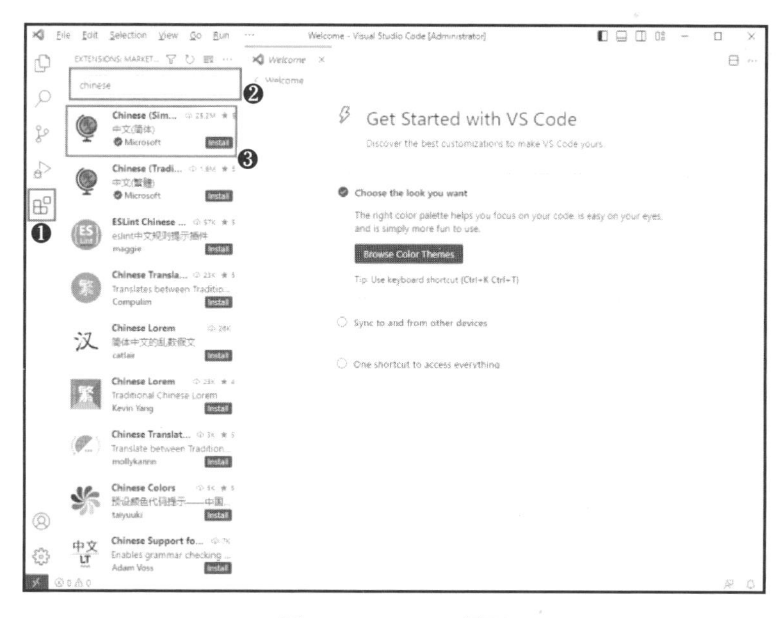

图 1.26　VScode 界面

单击图 1.26 中①，然后在②中输入“Chinese”，再单击图中③，就可以进行汉化插件的安装了，安装完成后可以看到图 1.27 所示界面。

出现图 1.27 所示界面表示安装已经完成，单击“Change Language and

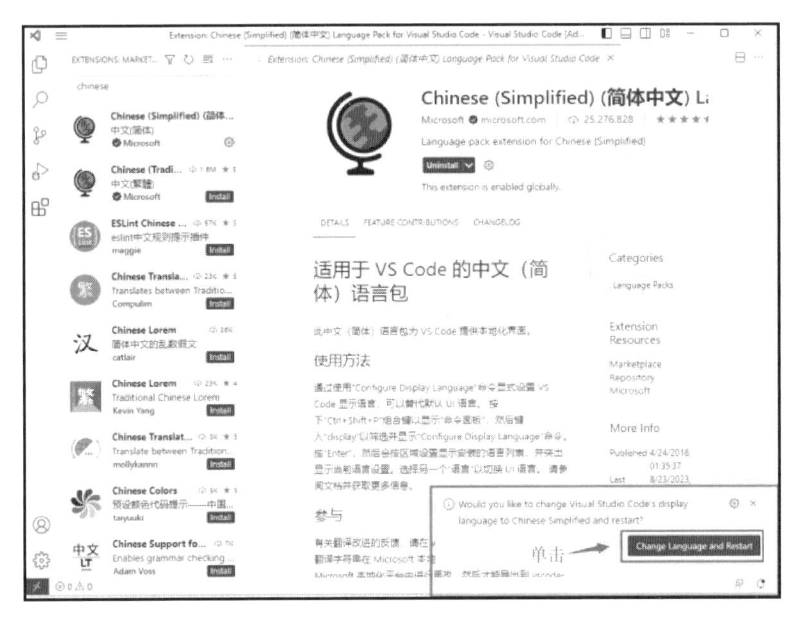

图 1.27　汉化插件安装完成界面

Restart”,VScode 被重启,重启后 VScode 界面就变成了中文的。

②C/C++扩展插件安装。

C/C++扩展插件有调试器的功能,安装过程和汉化插件类似。首先打开 VScode,弹出图 1.28 所示界面。

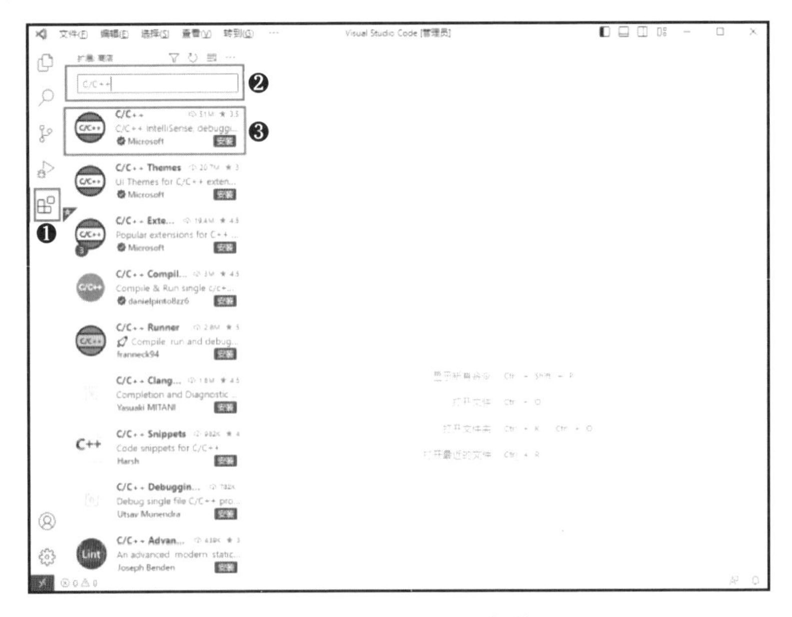

图 1.28　安装 C/C++扩展插件界面

单击图 1.28 中①，在②中输入“C/C++”，单击图中③，C/C++扩展插件开始安装，安装完成后就可以看到图 1.29 所示界面。

图 1.29　C/C++扩展插件安装完成界面

本书中所用 C/C++扩展插件版本为 V1.8.4，单击图 1.29 中框出的按钮，出现图 1.30 所示下拉菜单，选择“安装另一个版本”，弹出图 1.31 所示界面。在该界面中选择 V1.8.4 版本，等待安装完成即可。

图 1.30　C/C++扩展插件下拉菜单

图 1.31　选择 C/C++扩展插件版本界面

2. 测试环境

经过本实验前面部分的学习和操作，相信您一定在自己的计算机上配置好了 C 语言编程环境，接下来我们就在搭建好的环境中进行测试。

(1)编辑代码。

在计算机中的任意位置新建文件夹，并命名(英文名字)，本实验中命名为 TEST，如图 1.32 所示。打开 TSET 文件夹，单击鼠标右键出现图 1.33 所示下拉菜单，单击“通过 Code 打开”，弹出图 1.34 所示界面。

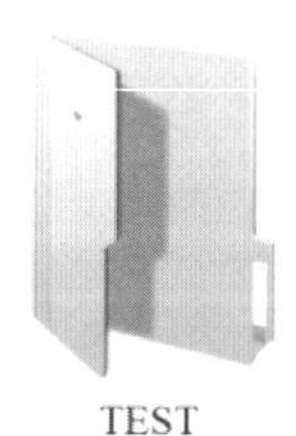

图 1.32　新建文件夹

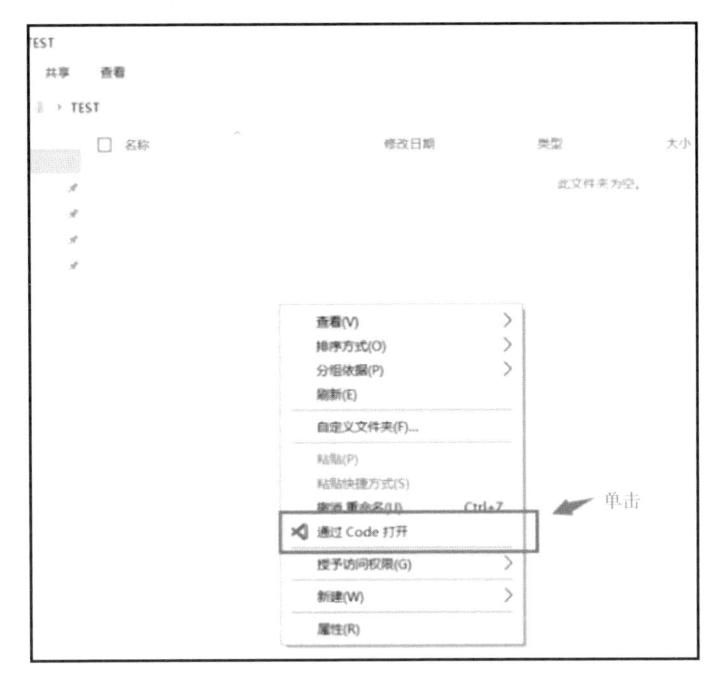

图 1.33　单击“通过 Code 打开”

图 1.34　VScode 打开文件界面

勾选图 1.34 中①,然后单击②,可以看到图 1.35 所示界面,其中已经出现了刚刚新建的“TEST”文件夹。

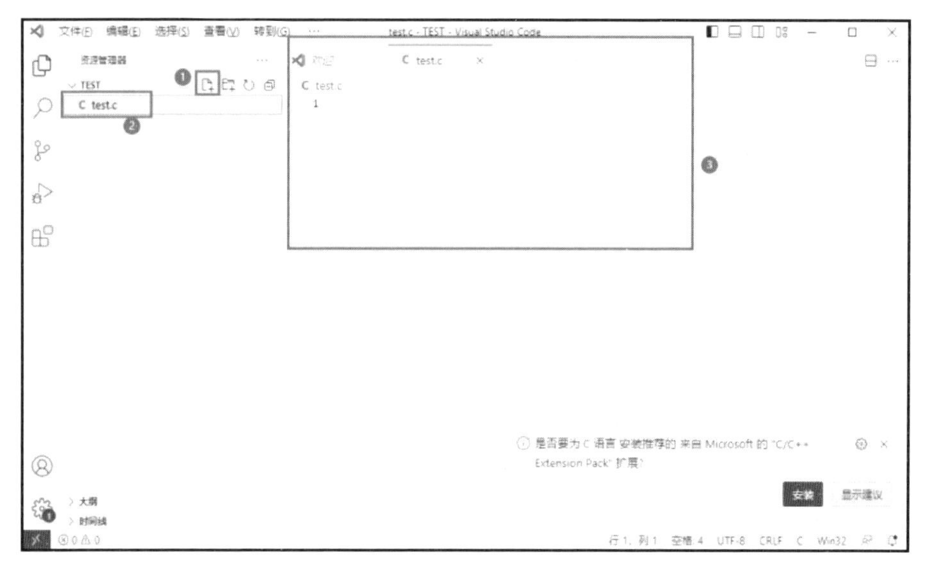

图 1.35　程序编辑界面

单击图 1.35 中①(“新建文件”按钮),在②处会出现新的一行,在其中输入新建文件的文件名,后缀名为“.c”,在图中③处可以看到程序编辑窗口,将下面的代码输入图中③处。

```
1  #include <stdio.h>
2  #include <stdlib.h>
3  int main()//主函数
4  {
5    int a,b; //定义两个变量,用于存放两个整数
6    int sum; //定义一个变量,用于存放和
7    printf("请输入两个整数:\n"); //输出"请输入两个整数:"
8    scanf("%d,%d",&a,&b); //输入两个整数
9    sum=a+b; //求和
10   printf("a+b=%d",sum); //输出两个整数的和,能让用户看见
11   system("pause");//防止外部终端界面闪退函数
12   return 0;//返回 0 值
13 }
```

(2)编译运行代码。

程序代码输入完成后,单击图 1.36 中①,出现下拉菜单,再单击下拉菜单中的②,弹出调试器选择下拉菜单,选择第一个调试器“C++(GDB/LLDB)”,如图 1.37 所示,弹出图 1.38 所示界面。

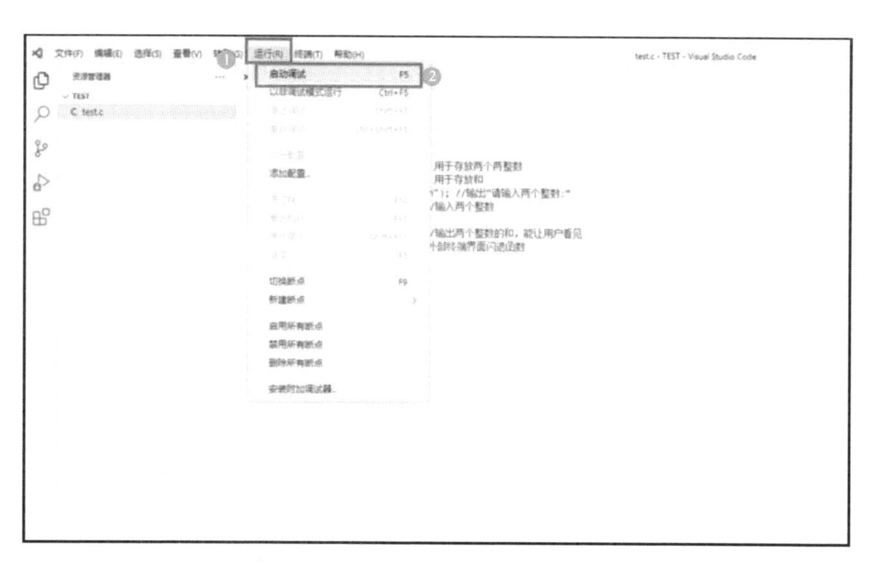

图 1.36　启动调试程序代码界面

运行(R)　终端(T)　帮助(H)　　test.c - TEST - Visual Studio Code

欢迎　C test.c ×

C test.c > ...

选择调试器

C++ (GDB/LLDB)　← 单击

C++ (Windows)

安装 C 的扩展...

建议

```
1  #include <stdio.h>
2  #include <stdlib.h>
3  int main()//主函数
4  {
5      int a,b; //定义两个变量,用于存放两个整数
6      int sum; //定义一个变量,用于存放和
7      printf("请输入两个整数:\n"); //输出"请输入两个整数:"
8      scanf("%d,%d",&a,&b); //输入两个整数
9      sum=a+b; //求和
10     printf("a+b=%d",sum); //输出两个整数的和,能让用户看见
11     system("pause");//防止外部终端界面闪退函数
12     return 0; //返回0值
13 }
14
```

图 1.37　调试器选择界面

```
运行(R)  终端(T)  帮助(H)                          test.c - TEST - Visual Studio Code
欢迎        C test.c   ×                 选择配置
C test.c > ...                          gcc.exe - 生成和调试活动文件  编译器: D:\x86_64-8.1.0-release-posix-sjlj-rt_v6-rev0\mingw64\bin\gcc.exe
1   #include <stdio.h>                  默认配置
2   #include <stdlib.h>                                                        单击
3   int main()//主函数
4   {
5       int a,b; //定义两个变量，用于存放两个整数
6       int sum; //定义一个变量，用于存放和
7       printf("请输入两个整数:\n"); //输出"请输入两个整数:"
8       scanf("%d,%d",&a,&b); //输入两个整数
9       sum=a+b; //求和
10      printf("a+b=%d",sum); //输出两个整数的和，能让用户看见
11       system("pause");//防止外部终端界面闪退函数
12      return 0; //返回0值
13  }
14
```

图 1.38　选择生成和调试活动文件界面

在图 1.38 中下拉菜单中选择第一个“gcc. exe-生成和调试活动文件”，弹出图 1.39 所示界面。

图 1.39　程序运行终端界面

(3)运行结果及分析。

在图 1.39 中终端窗口中光标位置输入两个整数，用“，”隔开，然后按“Enter”键，便可以在终端窗口输出两个整数的和，如图 1.40 所示，观察求和的结果可知是正确的。通过以上的实验过程，已经成功地在您搭建的平台上运行了一个 C 语言程序。但是在实际运行过程中可能还有一些小问题，接下来我们将教大家如何解决。

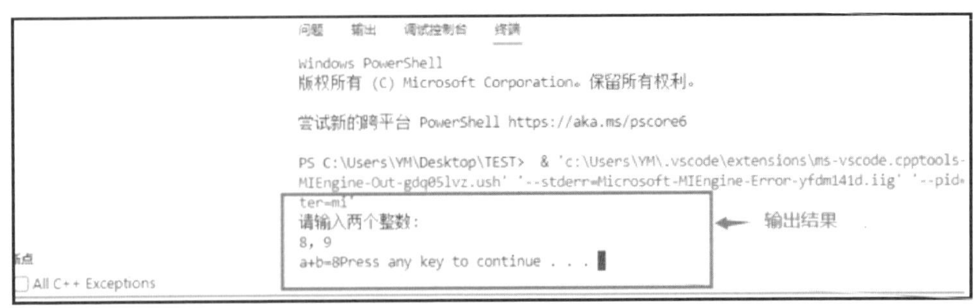

图 1.40　程序运行终端窗口

3. 常见问题

(1) 外部终端窗口设置。

在第二部分程序运行完成后，单击“停止”按钮(图 1.41 中方框框出的按钮)，然后重新运行程序，可能会发现这时再输入两个数，在终端窗口中这两个数字不显示。可以设置外部终端窗口来解决该问题。

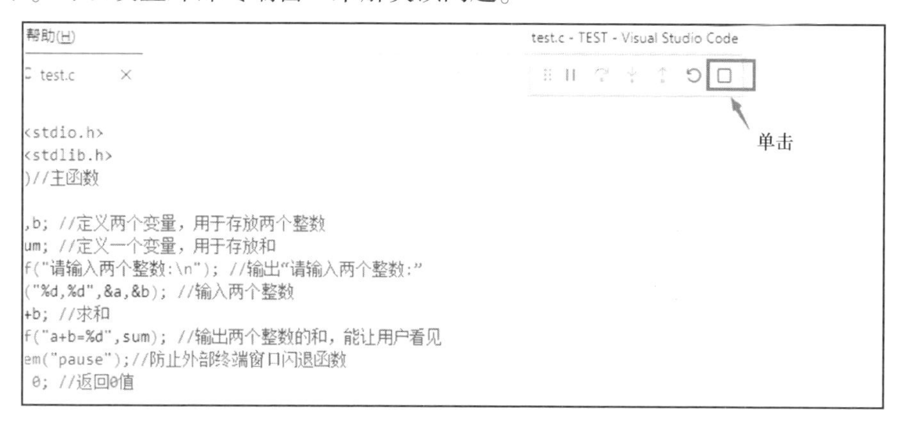

图 1.41　单击“停止”按钮

单击图 1.42 中①显示资源管理器，单击②展开. vscode 文件夹，单击③打开 launch. json 文件，把文件中④处原本的“false”改为“true”，然后按快捷键“Ctrl+S”保存该文件。再次运行 test. c 中的程序，会弹出的一个新的终端窗口，如图 1.43 所示。

```
{
    // 使用 IntelliSense 了解相关属性。
    // 悬停以查看现有属性的描述。
    // 欲了解更多信息，请访问: https://go.microsoft.com/fwlink/?linkid=830387
    "version": "0.2.0",
    "configurations": [
        {
            "name": "gcc.exe - 生成和调试活动文件",
            "type": "cppdbg",
            "request": "launch",
            "program": "${fileDirname}\\${fileBasenameNoExtension}.exe",
            "args": [],
            "stopAtEntry": false,
            "cwd": "${fileDirname}",
            "environment": [],
            "externalConsole": true,
            "MIMode": "gdb",
            "miDebuggerPath": "D:\\x86_64-8.1.0-release-posix-sjlj-rt_v6-rev0\\mingw64\\bin\\gdb.exe",
            "setupCommands": [
                {
                    "description": "为 gdb 启用整齐打印",
                    "text": "-enable-pretty-printing",
                    "ignoreFailures": true
                },
                {
                    "description": "将反汇编风格设置为 Intel",
                    "text": "-gdb-set disassembly-flavor intel",
                    "ignoreFailures": true
                }
            ],
            "preLaunchTask": "C/C++: gcc.exe 生成活动文件"
        }
    ]
}
```

原本是"false"，改成"true"

图 1.42　修改 launch. json 文件界面

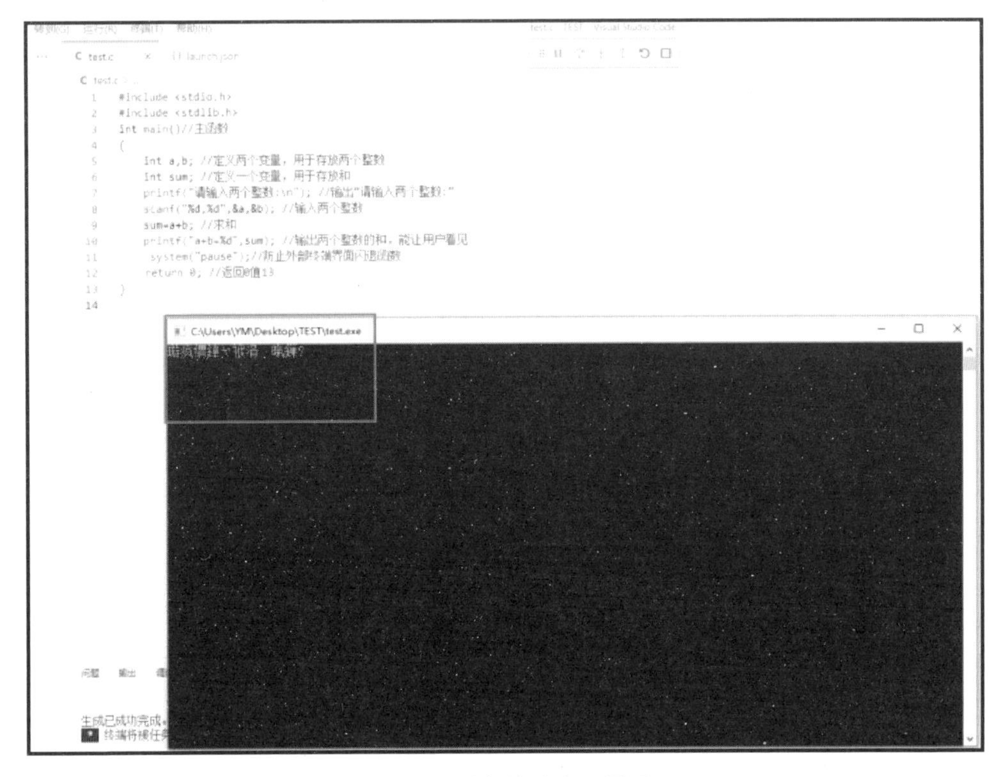

图 1.43　外部终端窗口界面

该窗口背景为黑色，可以修改为其他颜色。鼠标右键单击窗口上面白色部分，弹出图 1.44 所示下拉菜单，选择“属性”，弹出图 1.45 所示界面。

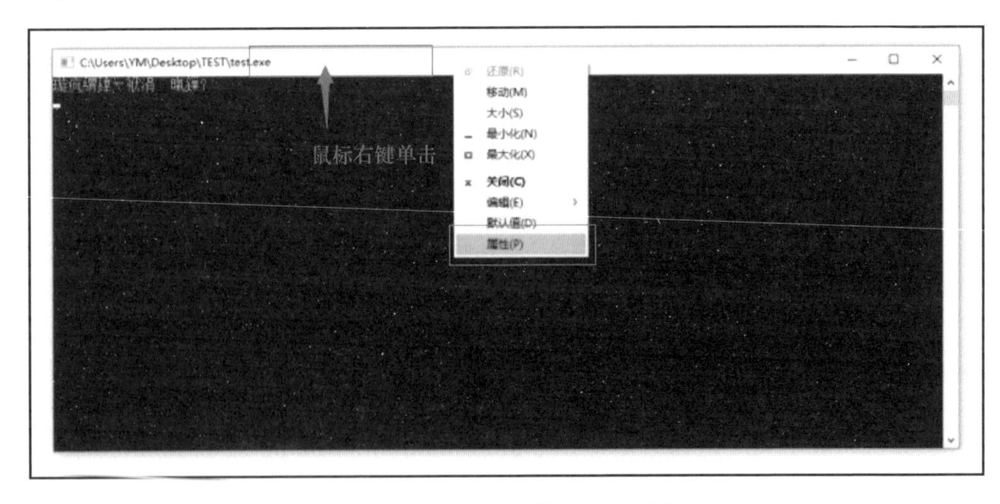

图 1.44　外部终端窗口界面设置

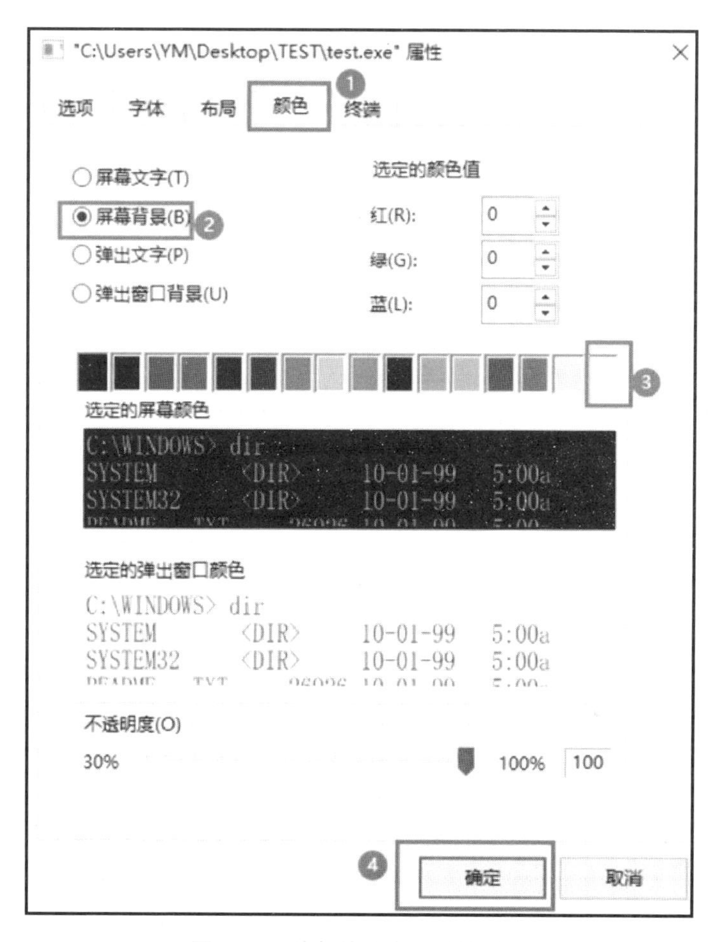

图1.45 外部终端窗口属性界面

依次单击图1.45中①~④,可以设置外部终端窗口界面的颜色。用类似的方式也可以设置字体颜色。

上述设置完成后,重新运行程序,输入“3,9”,运行结果如图1.46所示。

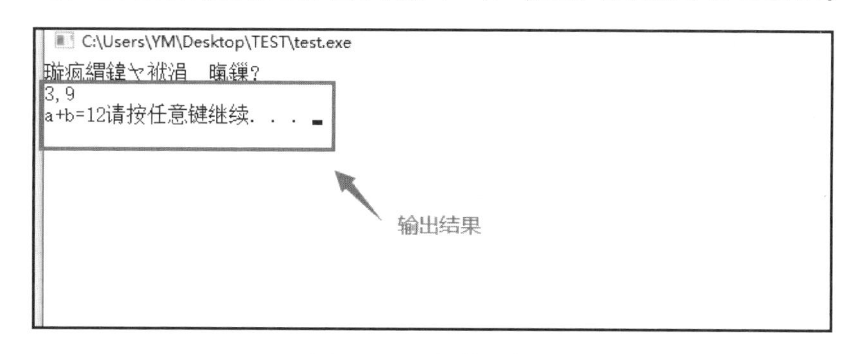

图1.46 运行结果窗口

(2)中文乱码问题。

在图 1.46 中可以看到运行结果中出现了中文乱码,在 VScode 界面的右下角,可以看到“UTF-8”,如图 1.47 所示,单击它,弹出图 1.48 所示界面。

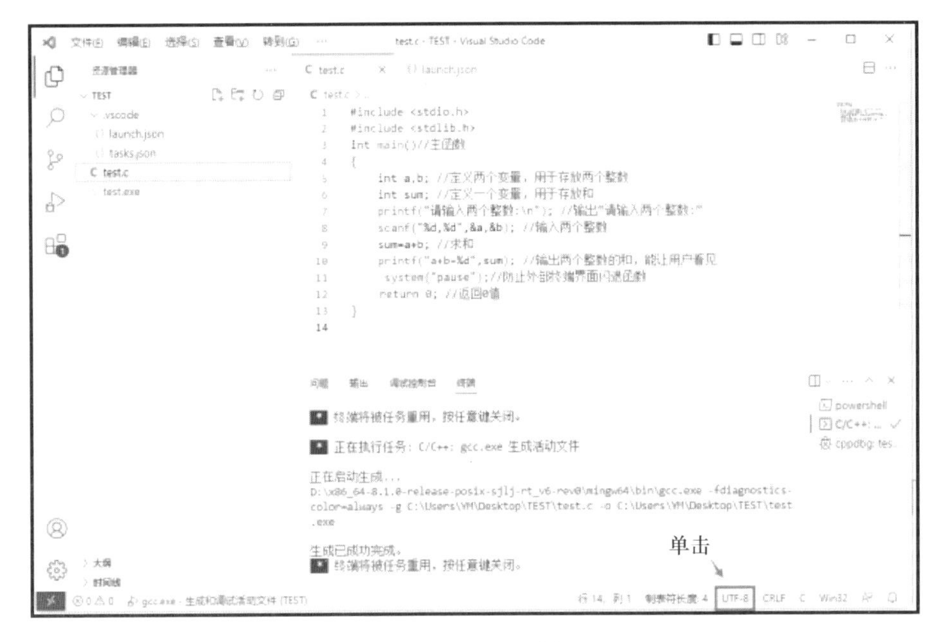

图 1.47　VScode 界面

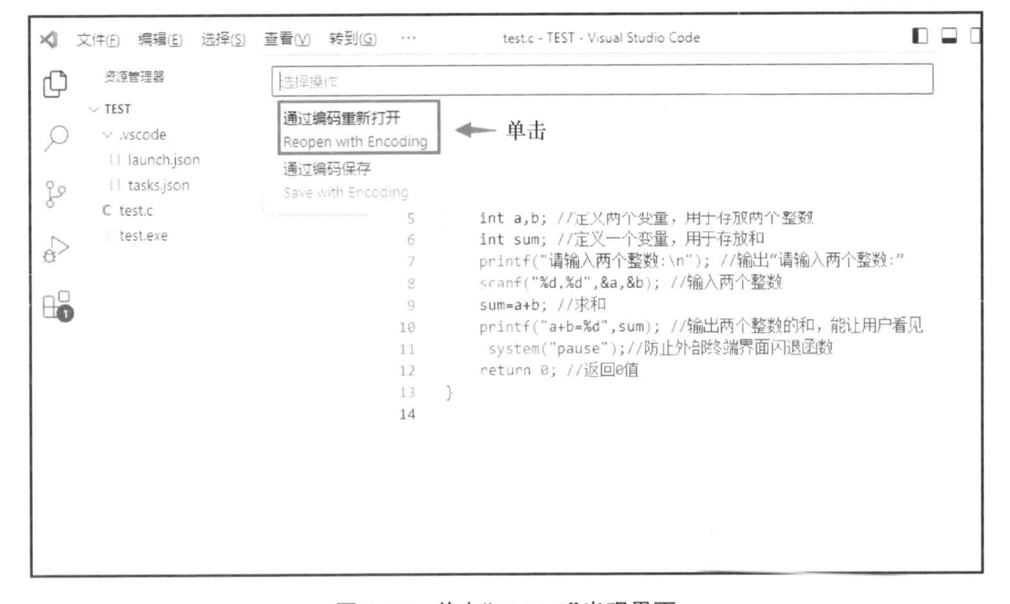

图 1.48　单击“UTF-8”出现界面

在图 1.48 中下拉菜单中选择第一个即"通过编码重新打开",在图 1.49 中搜索栏①处输入"gb",然后选择下拉菜单中的第一个即"GB 2312",可以看到在图 1.47 中"UTF-8"处已经变成了"GB 2312"。

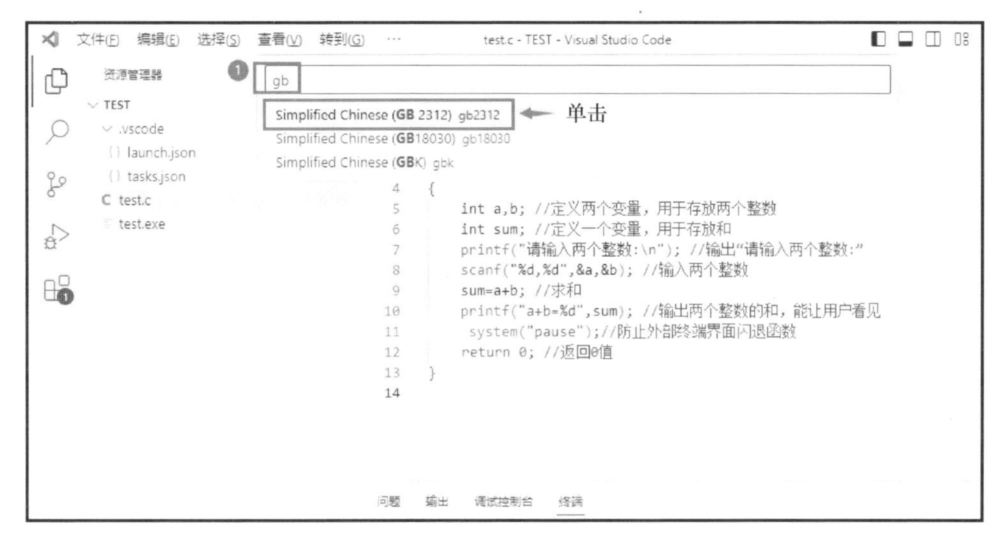

图 1.49　搜索编码方式界面

重新运行程序,中文已能正常显示,并输出了正确的结果,如图 1.50 所示。

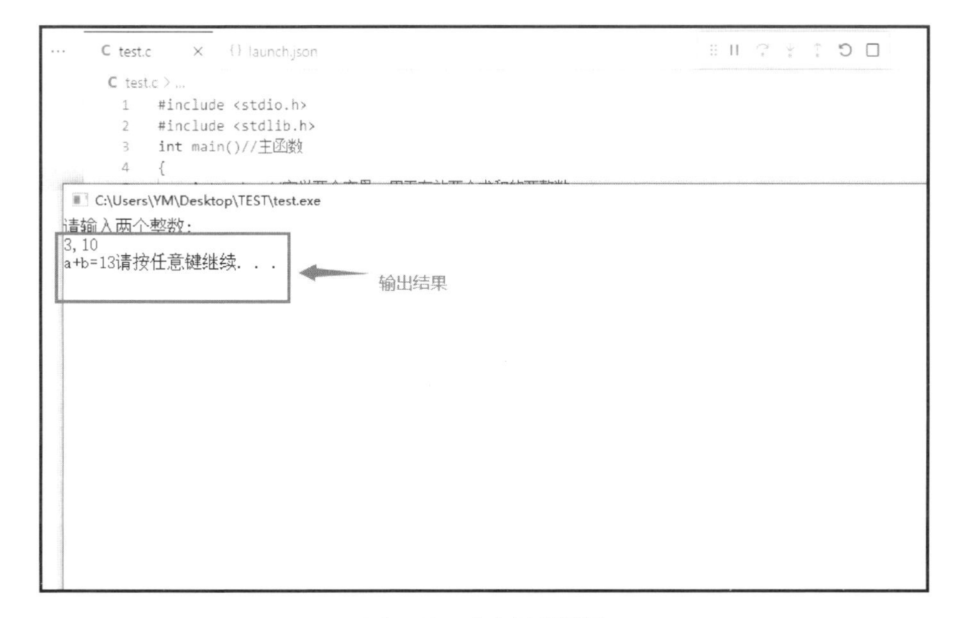

图 1.50　中文正常显示

4. 课外拓展

(1)请参照本实验内容,在计算机上搭建 VScode 编译环境,并测试。

(2)您在环境搭建和测试过程中,除了本实验中第 3 部分提到的问题,还遇到了哪些问题? 您是如何解决它们的?

实验 2　顺序程序设计

1. 知识概述

在程序设计的世界中,我们首先要学习的是顺序结构——这是最基本且最简单的一种程序设计结构。顺序程序的特点是从程序的入口开始,按照语句的顺序依次执行,直到程序的末尾。在顺序程序设计中,我们不仅需要编写能够完成特定任务的指令集合,更要确保与计算机的有效信息交流。

要实现高效的顺序程序设计,有几个关键的设计要点需要特别注意。首先,代码结构必须清晰,这意味着需要有良好的缩进和代码段的组织。适当的空格和注释也是提升代码可读性的重要工具。其次,明确的数据结构对于程序的成功至关重要。需要在程序设计中明确指定数据的类型和组织形式。此外,设计有效的算法同样重要,它要求我们认真考虑数据结构和操作步骤,以确保每个步骤都能有效执行并产生确切的结果。最后,正确地调试和运行程序,并妥善保存文档,是程序设计成功的关键。

在接下来的实验中,我们将通过具体的实例来详细探讨这些设计要点。对每个要点都将通过实际的编程示例进行展示和解释,以帮助你更好地掌握顺序程序设计的艺术。

2. 实验目的

(1)理解 C 语言程序设计的基础知识(标识符、常量、变量、数据类型、运算符、表达式、输入输出函数)。

(2)掌握各种数据类型的定义和初始化方法,各种数据类型之间的转换规则,运算符的运算规则,输入输出函数的使用方法。

(3)运用标识符、数据类型、运算符及表达式解决简单的实际问题。

3. 实验内容

(1)研读教材,熟悉关键语句。

设计 C 语言顺序程序前,必须研读教材讲授的相关知识点,包括:常量、变量、基本的数据类型的定义、初始化、使用方法,字符数据和整型数据之间的转换等。顺序程序设计思维导图如图 2.1 所示。

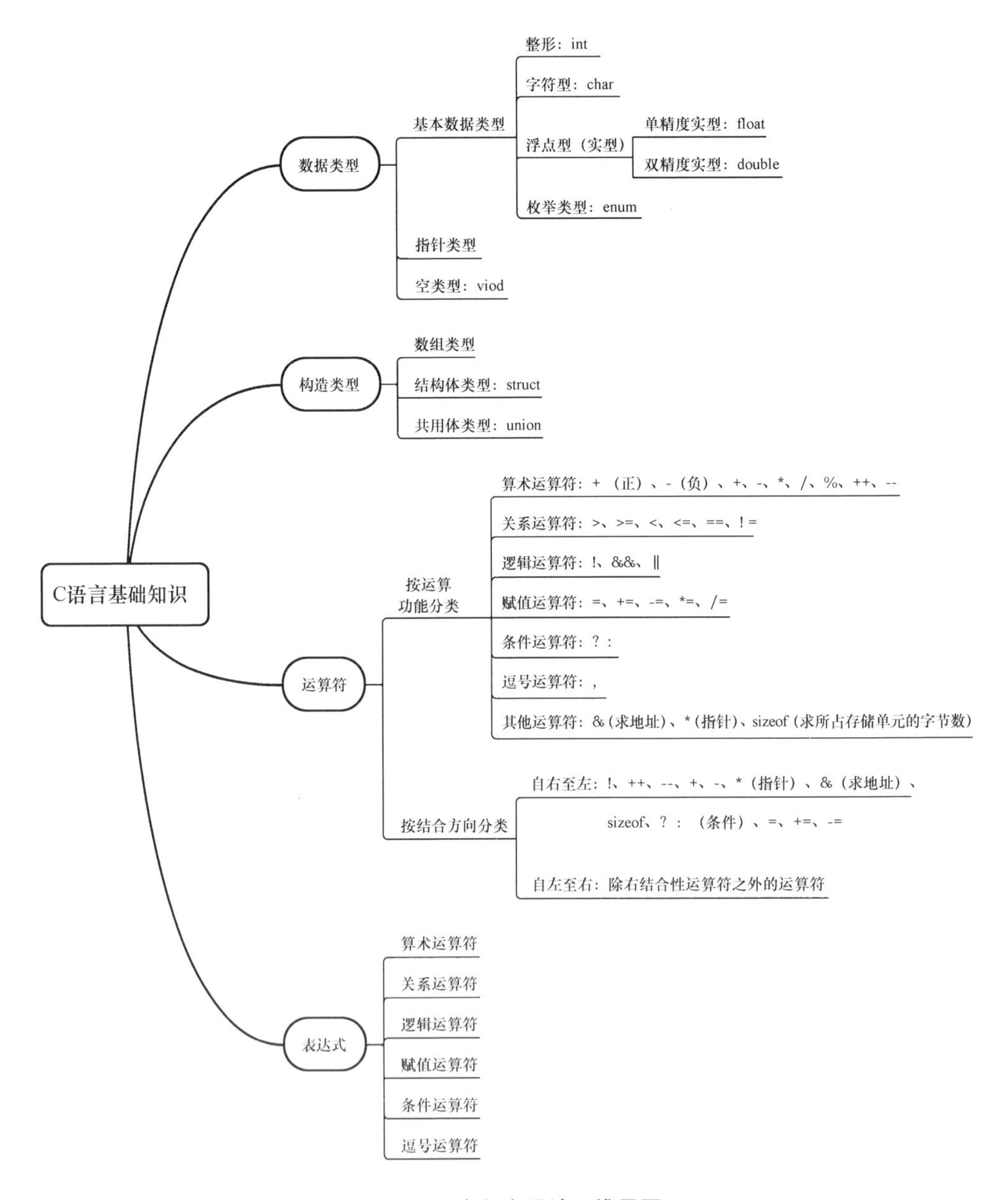

图 2.1　顺序程序设计思维导图

(2)实例。

【实例 2.1】

①任务描述。

编写程序并根据实验指导完成程序调试与运行。使用 Visual Studio Code 编写程序，要求输出“我喜欢 C 语言程序设计!”。示例如下。

* * * * * * * * * * * * *

我喜欢 C 语言程序设计!

* * * * * * * * * * * * *

②算法分析。

本 C 程序首先要有主函数 main( ),函数体需要输出 3 行信息,没有用到变量,只用到了输出函数 printf( )。

注意:一条语句需要以“;”结束,函数体要用“{ }”括起来。在 C 程序中“//”表示注释,它之后的语句只起说明作用,并不执行。

③算法描述。

实例 2.1 算法流程图如图 2.2 所示。

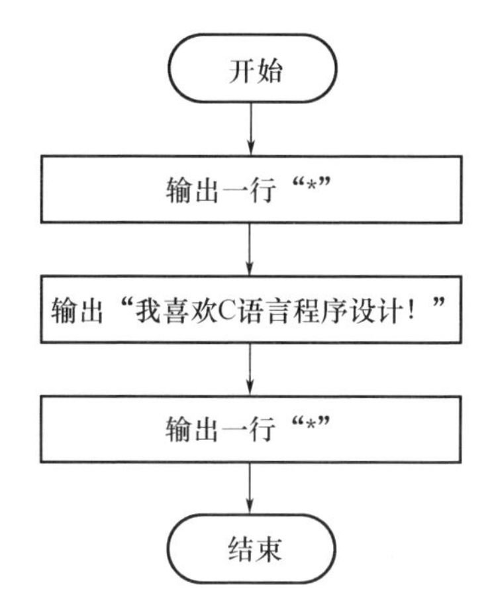

图 2.2 实例 2.1 算法流程图

④编译调试。

第一步:创建新的 C 文件。打开 Visual Studio Code,单击“文件”(File)→“新建文件”(New File),然后输入一个文件名,比如“code1.c”。

第二步:在新建的 code1.c 文件中,输入程序代码。

```
1  #include <stdio.h>
2  int main( )//主函数
3  {
4    printf(" * * * * * * * * * * * * * * * * * * * * * * \n");
5    printf("我喜欢 C 语言程序设计! \n");
6    printf(" * * * * * * * * * * * * * * * * * * * * * * \n");
7    return 0;
8  }
```

第三步:调试运行程序。选择“Run Code”,如图 2.3 所示。

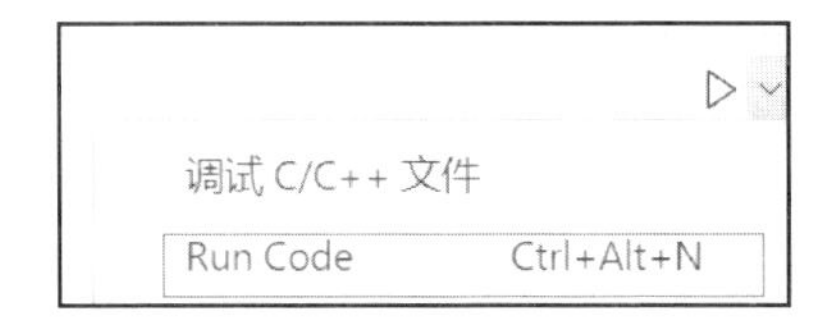

图 2.3　调试选择

第四步:设置断点调试与运行。

⑤运行结果。

实例 2.1 程序运行结果如图 2.4 所示。

```
* * * * * * * * * * *
我喜欢 C 语言程序设计!
* * * * * * * * * * *
请按任意键继续……
```

图 2.4　实例 2.1 程序运行结果

⑥设置断点调试与运行。

在代码的第 4 行设置断点,如图 2.5 所示。

```
1   #include <stdio.h>
2
3   int main() {
4       printf("*******************\n");
5       printf("Hello world!\n");
6       printf("*******************\n");
7   }
```

图 2.5　设置断点

单击“调试 C/C++文件”,如图 2.6 所示,弹出图 2.7 所示界面,选择图 2.7 中选中选项。

图 2.6　调试文件选择

图 2.7　设置断点程序调试 1

开始调试代码后，可以看到代码执行并暂停至断点处，如图 2.8 所示，此时代码执行停留在第 4 行，控制台并未输出。在此模式下，可以对代码进行“继续”“单步跳过”“单步调试”“单步跳出”“重启”“停止”等操作。

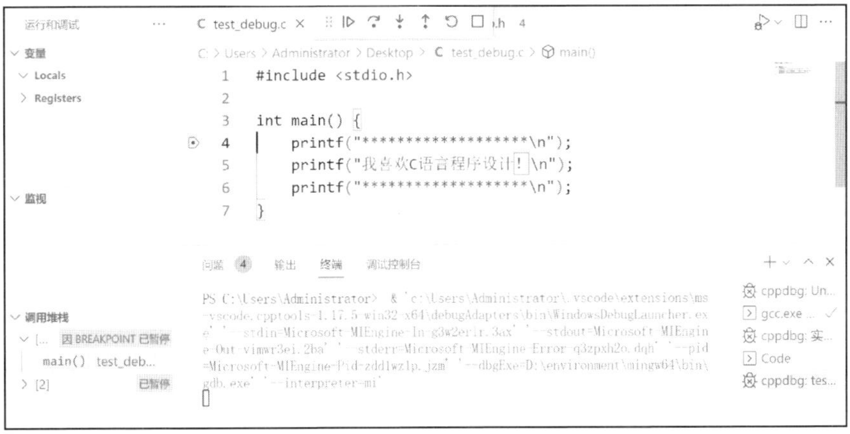

```
1  #include <stdio.h>
2
3  int main() {
4      printf("*******************\n");
5      printf("我喜欢C语言程序设计!\n");
6      printf("*******************\n");
7  }
```

图 2.8　设置断点程序调试 2

单击“单步调试”后可以查看 printf( ) 函数运行步骤，如图 2.9 所示。

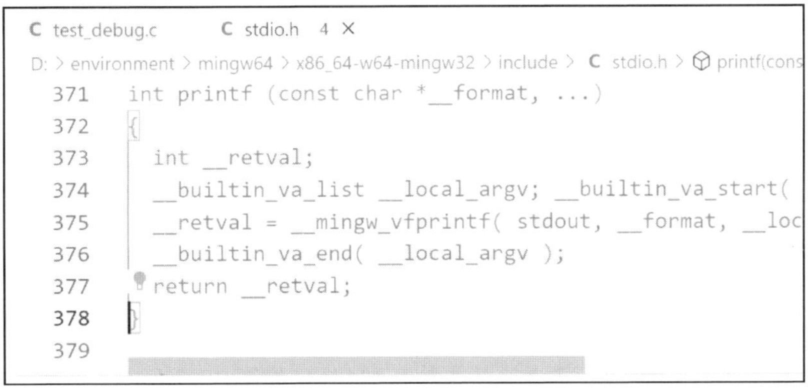

```
371  int printf (const char *__format, ...)
372  {
373    int __retval;
374    __builtin_va_list __local_argv; __builtin_va_start(
375    __retval = __mingw_vfprintf( stdout, __format, __loc
376    __builtin_va_end( __local_argv );
377    return __retval;
378  }
379
```

图 2.9　查看 printf( ) 函数运行步骤

单击“单步跳过”后，可以看到运行标签移动到第 5 行，执行器已经执行了第 4 行代码，如图 2.10 所示。再次单击“单步跳过”后，执行器继续执行第 5 行代码，如图 2.11 所示。

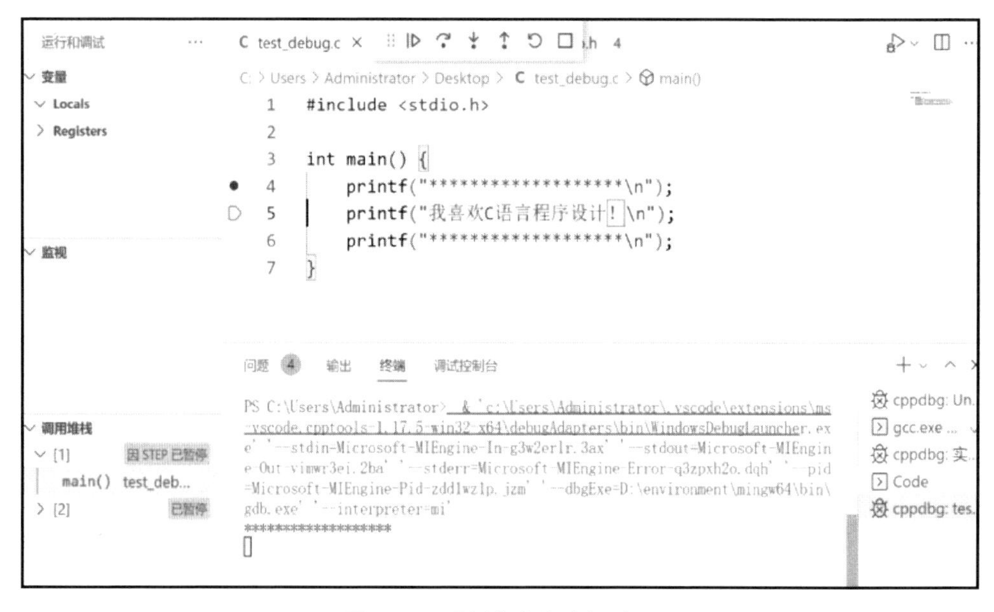

图 2.10　设置断点程序调试 3

图 2.11　设置断点程序调试 4

单击“继续”后程序会完全执行未执行的代码，如图 2.12 所示。

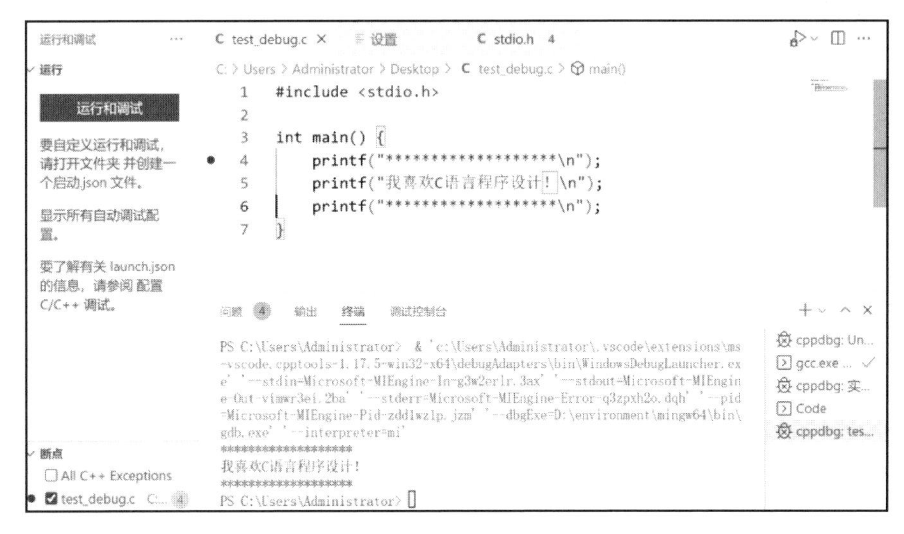

图 2.12　设置断点程序调试 5

⑦思考。

C 程序运行的整个过程是怎样的?

【实例 2.2】

①任务描述。

用顺序结构编写程序求 1+2+3+…+10 的和,并将结果输出。

②算法分析。

此任务要求用顺序结构设计程序,C 语言顺序结构就是让程序按照从头到尾的顺序依次执行每一条语句代码,不重复执行任何代码,也不跳过任何代码,故编写时只能逐条使用语句进行求和处理。

③算法描述。

实例 2.2 算法流程图如图 2.13 所示。

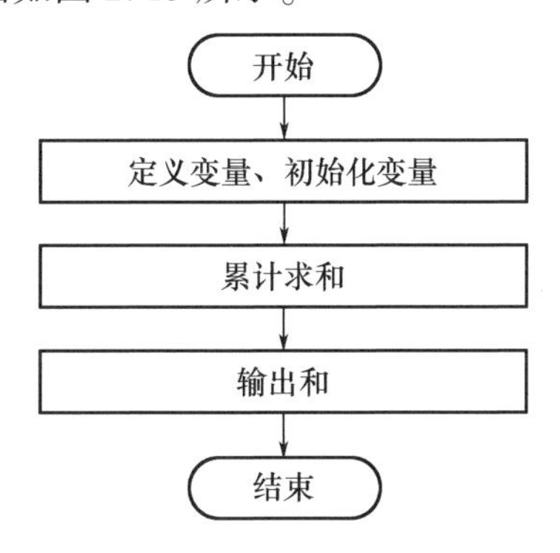

图 2.13　实例 2.2 算法流程图

④编写程序。

```
1  #include <stdio. h>
2  int main( )
3  {
4      int sum=0;
5      sum=sum+1;
6      sum=sum+2;
7      sum=sum+3;
8      sum=sum+4;
9      sum=sum+5;
10     sum=sum+6;
11     sum=sum+7;
12     sum=sum+8;
13     sum=sum+9;
14     sum=sum+10;
15     printf( "sum=%d\n" ,sum) ;
16     return 0;
17 }
```

⑤运行结果。

实例 2. 2 程序运行结果如图 2. 14 所示。

```
sum=55
请按任意键继续……
```

图 2. 14　实例 2. 2 程序运行结果

⑥思考。

如何使用通项公式来计算 1 到 10 的累计和?

```
1  #include <stdio. h>
2  int main( )
3  {
4    int n = 10; // 求和的范围,这里是 1 到 10
5    int sum;
6    __________________; // 使用通项公式计算和
```

```
7    printf("1 到%d 的和为:%d\n", n, sum);
8    return 0;
9  }
```

【实例 2.3】

①任务描述。

请用顺序结构设计程序,求出百分制成绩对应的成绩等级,即:大于或等于 90 分的百分制成绩用字母 A 表示,60~89 分的用字母 B 表示,60 分以下的用字母 C 表示。

②算法分析。

本任务规定用顺序结构完成程序设计,在顺序程序设计时能找到的最简单的解决的方式是利用条件表达式进行百分制成绩判断,并确定相应的成绩等级。例如“(a>b)? a:b”。

③算法描述。

实例 2.3 算法流程图如图 2.15 所示。

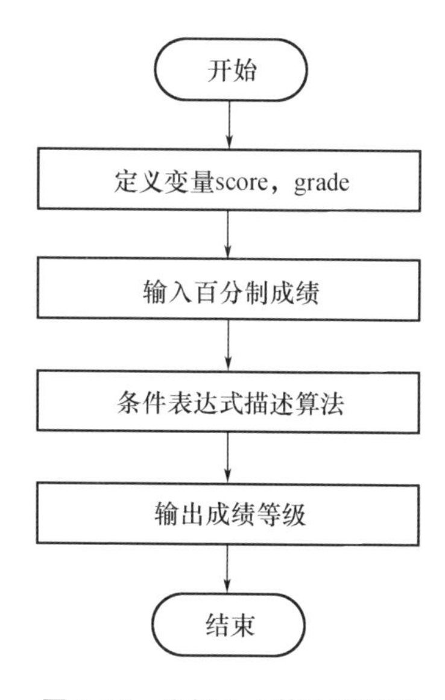

图 2.15　实例 2.3 算法流程图

④编写程序。

```
1  #include <stdio.h>
2  int main()
3  {
```

```
4       int score;
5       char grade;
6       printf("请输入成绩:\n");
7       scanf("%d",&score);
8       grade = (score >= 90) ? 'A': (score >= 60) ? 'B': 'C';
9       printf("成绩等级为:%c",grade);
10      return 0;
11  }
```

⑤运行结果。

实例 2.3 程序运行结果如图 2.16 所示,输入百分制成绩的值,程序根据输入的百分制成绩的值进行判断后输出对应成绩等级。

```
请输入成绩:
95
成绩等级为:A 请按任意键继续……
```

图 2.16　实例 2.3 程序运行结果

⑥思考。

如果成绩的等级增加为 4 个,如何利用条件运算符的嵌套来完成百分制成绩大于或等于 90 分的用 A 表示,70~89 分的用 B 表示,60~69 分的用 C 表示,60 分以下的用 D 表示?

```
1   #include <stdio.h>
2   int main()
3   {
4     float score;
5     char grade;
6     printf("请输入成绩:\n");
7     scanf("%f",&score);
8     ______________________________;//利用条件运算符的嵌套实现给出
      百分制成绩对应的成绩等级
9     printf("成绩等级为:%c",grade);
10    return 0;
11  }
```

【实例 2.4】

①任务描述。

用顺序结构编写程序,计算期末考试总成绩和平均分(假设已知期末考试课程共 5 门)。

②算法分析。

本任务要考虑在设置成绩变量时数据类型为实型还是整型的问题,按照实际情况成绩可能会出现小数,同时平均分也会出现小数,故两个变量数据类型都设置为实型。此外,要准确编写求和及平均值的表达式。

③算法描述。

实例 2.4 算法流程图如图 2.17 所示。

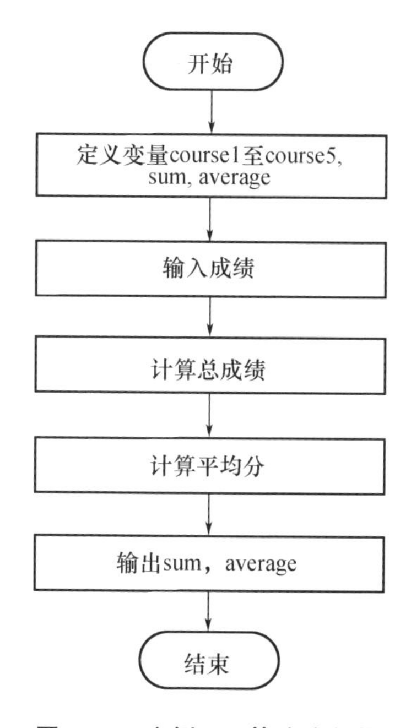

图 2.17　实例 2.4 算法流程图

④编写程序。

```
1  #include <stdio.h>
2  int main()
3  {
4    float course1, course2, course3, course4, course5, sum, average;
5    printf ("请输入学生的 5 门课程成绩:\n");
6    scanf ("%f,%f,%f,%f,%f", &course1,&course2,&course3, &course4,
     &course5);
```

```
7    sum= course1+course2+course3+course4+course5;
8    average=sum/5;
9    printf ("sum is %f\n", sum);
10   printf ("average is %f",average);
11   return 0;
12 }
```

⑤运行结果。

实例 2.4 程序运行结果如图 2.18 所示,输入 5 门课程成绩的值,程序计算出总成绩 sum 和平均分 average 的值并输出。

```
请输入学生的 5 门课程成绩:
98.3,87.6,77.4,67.5,49.6
sum is 380.399994
average is 76.080002 请按任意键继续……
```

图 2.18　实例 2.4 程序运行结果

⑥思考。

如果要将上面程序中的总成绩和平均分用整型数据类型输出,该如何进行程序代码的改写?

【实例 2.5】

①任务描述。

用顺序结构设计一个简单的密码加密程序,要求输入长度为 6 个字母的密码,加密的规则是将输入字母替代为按字母表顺序其后第 3 个字母。例如:输入的字母是 a,那么加密后的字母是 d。

②算法分析。

该任务要求输入的密码是纯字母密码,首先应该考虑定义数据的类型是 char(字符型),使用的输入和输出函数可以用 getchar()(单字母输入函数)和 putchar()(单字母输出函数)及格式输入和输出函数,其次需要考虑字母的加密规则,是将每个字母的 ASCII 值加 3。

③算法描述。

实例 2.5 算法流程图如图 2.19 所示。

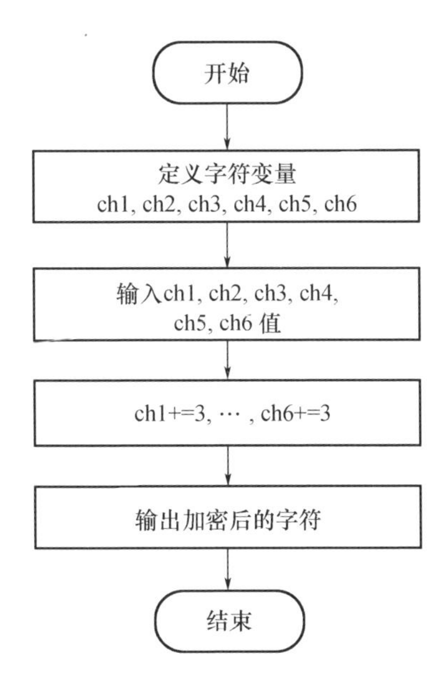

图 2.19　实例 2.5 算法流程图

④编写程序。

```
1  #include<stdio.h>
2  int main()
3  {
4      char ch1, ch2,ch3, ch4, ch5, ch6;
5      printf("请输入 6 个字母的密码(字母范围 a-x 或 A-X):");
6      printf("原密码:");
7      //以下 6 条语句是用 getchar()函数输入密码字符
8      ch1=getchar();
9      ch2=getchar();
10     ch3=getchar();
11     ch4=getchar();
12     ch5=getchar();
13     ch6=getchar();
14     printf(" 原始加密……\n");
15     //以下 6 条语句是对输入的密码字符进行加密
16     ch1+=3;
17     ch2+=3;
```

```
18     ch3+=3;
19     ch4+=3;
20     ch5+=3;
21     ch6+=3;
22     printf("加密结果如下:");
23     // 以下语句是用 putchar()函数输出加密后的密码
24     putchar (ch1);
25     putchar (ch2);
26     putchar (ch3);
27     putchar (ch4);
28     putchar (ch5);
29     putchar (ch6);
30     putchar ('\n');
31     return 0;
32 }
```

⑤运行结果。

实例 2.5 程序运行结果如图 2.20 所示,输入原始密码,根据密码加密原则进行计算后输出加密后的密码。

```
请输入 6 个字母的密码(字母范围 a-x 或 A-X):原密码:mjmhtq
原始加密……
加密结果如下:pmpkwt
```

图 2.20 实例 2.5 程序运行结果

⑥思考。

如果用格式输入函数和格式输出函数从键盘输入这 6 个字母,则应怎么编写程序代码?

4. 课外拓展

用顺序结构编写程序,要求用户输入温度(摄氏温度),然后将其转换为华氏温度并显示出来。华氏温度 F 和摄氏温度 C 之间的转换公式为

$$F=(C*9/5)+32$$

实验3　选择程序设计

1. 知识概述

在现实生活中,我们经常面临需要做出判断和选择的情境。在C语言程序设计中,选择结构允许程序根据特定条件做出判断并执行相应的代码段。这些条件通常通过关系运算符(如= =、! =、<=、>=、<、>)来比较,并根据结果执行不同的代码段。选择结构在程序设计中扮演着至关重要的角色,让我们能够根据不同情况灵活处理任务。

在C语言中,选择结构的实现主要依赖于以下几种语句。

(1)条件语句:是选择结构的基础,使程序能够根据一个或多个条件来做出判断执行特定代码段。

(2)if语句:用于判断单一条件。如果条件为真,则执行相应的代码段。

(3)if-else语句:提供了两个路径,当条件为真时执行一个代码段,条件为假时执行另一个。

(4)多分支if语句:适用于多条件组合的情况,可以通过逻辑运算符(如&&、‖)组合多个条件,或使用嵌套的if-else语句来实现。编写此类语句时,应注意保持代码的清晰性。

(5)switch语句:根据表达式的值执行不同的代码段,适用于处理多种可能情况,提供了清晰的分支逻辑。每个情况都应有一个对应的常量表达式或整数值,以确定执行路径。

本实验将详细介绍和探索选择结构,包括单分支、双分支和多分支选择结构等。我们将学习如何有效地使用这些结构,并理解条件表达式在选择程序设计中的关键作用。通过实例和练习,你将掌握如何运用这些结构来解决具体的编程问题。

2. 实验目的

(1)理解选择结构中的单分支、双分支、多分支选择结构,以及switch语句的语法结构和执行过程。

(2)掌握if语句的三种形式和switch语句的使用方法。

(3)熟练运用if语句的三种形式和switch语句解决选择结构的程序设计问题。

3. 实验内容

(1)研读教材,熟悉关键语句。

学习选择程序设计,编写与选择结构相关的程序,必须研读教材讲授的相关知识点,包括:C 语言中的 if 语句、if-else 语句、if 多分支语句、switch 语句,以及关系表达式和逻辑表达式等。选择程序设计思维导图如图 3.1 所示。

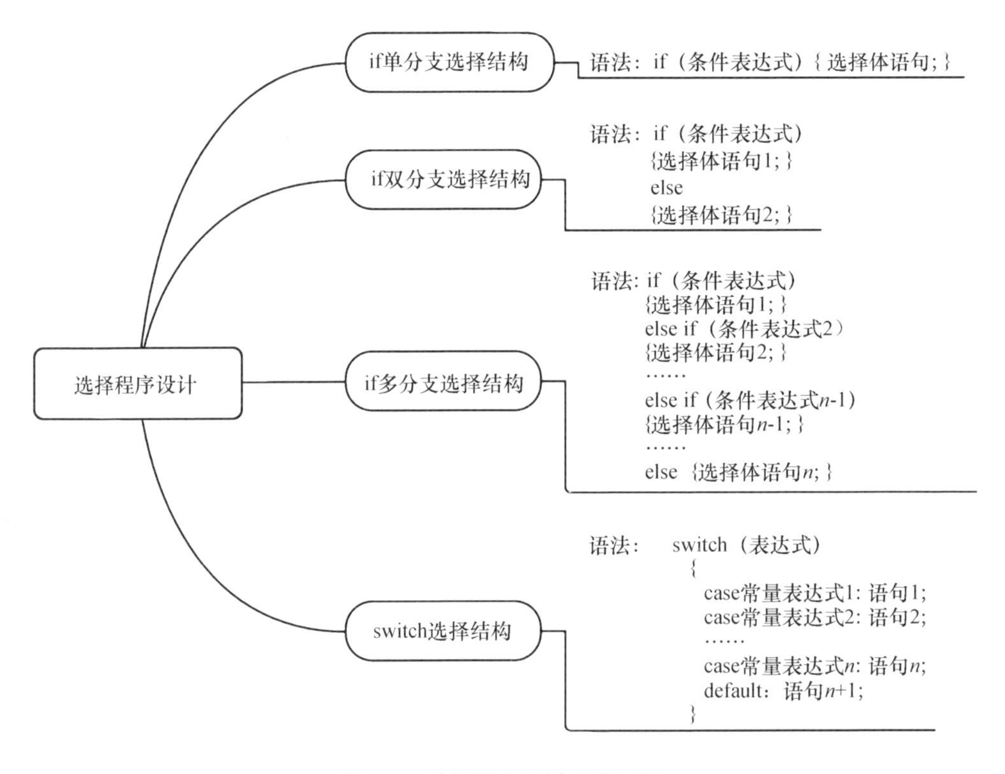

图 3.1　选择程序设计思维导图

(2)实例。

【实例 3.1】

①任务描述。

编写程序,从键盘上输入两个正整数,如果这两个数都是偶数,则输出这两个数的和,否则输出这两个数的差。

②算法分析。

根据任务要求,数据类型为整型数据,所以定义变量时需要定义两个整数变量 x 和 y,用于存储用户输入的整数。输入数据时使用 scanf( ) 函数读取用户输入的两个整数。使用 if 语句判断 x 和 y 是否都是偶数,即通过 x 和 y 对 2 取余数是否都等于 0 来判断,如果两个数都是偶数,执行 if 语句块内的操作,否则执行 else

语句块内的操作。如果两个数都是偶数,程序输出它们的和(x+y),否则输出它们的差(x-y)。

③算法描述。

实例 3.1 算法流程图如图 3.2 所示。

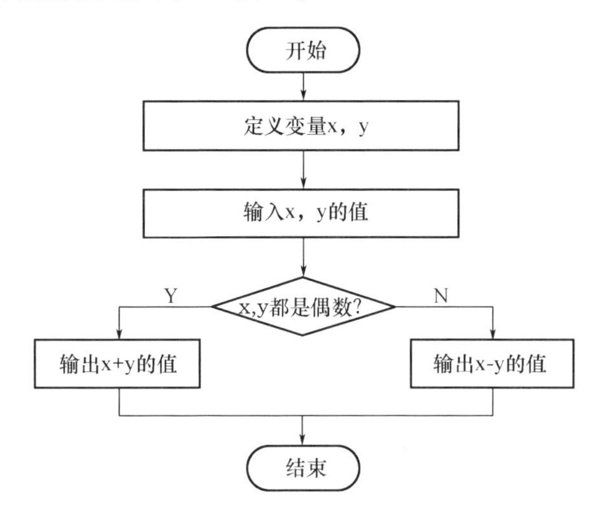

图 3.2　实例 3.1 算法流程图

④编写程序。

```
1  #include <stdio.h>
2  int main()
3  {
4     int x, y;
5     printf("please input two integers: ");
6     scanf("%d,%d", &x,&y);
7     if (x%2==0&&y%2==0)
8        printf("%d", x + y);
9     else
10    printf("%d", x - y);
11    return 0;
12 }
```

⑤运行结果。

实例 3.1 程序运行结果如图 3.3 所示。输入两个整数 x,y 的值时务必严格按照程序编写时采用的格式进行输入,该程序编写时采用了“%d,%d”的格式,那么输入时需要使用“,”将两个整数隔离开。

```
please input two integers: 6,8
14 请按任意键继续……
```

图 3.3　实例 3.1 程序运行结果

⑥思考。

分析上面的程序,想一想如何将上面程序修改成用单分支选择结构来实现任务要求的功能。

【实例 3.2】

①任务描述。

编写程序,从键盘上输入一个学生的成绩(整型),当成绩大于 60 且小于 100 时,显示“恭喜你！通过考核!”,否则显示“很遗憾！继续努力!”,当输入的成绩大于 100 时显示“成绩输入有误,请核实!”。

②算法分析。

a. 首先,需要定义一个整数变量来存储学生的成绩。

b. 使用 scanf( ) 函数从用户处接收输入的成绩,并将其存储在变量中。

c. 使用多分支选择语句根据成绩所属的范围进行判断并输出相应的信息。

③算法描述。

实例 3.2 算法流程图如图 3.4 所示。

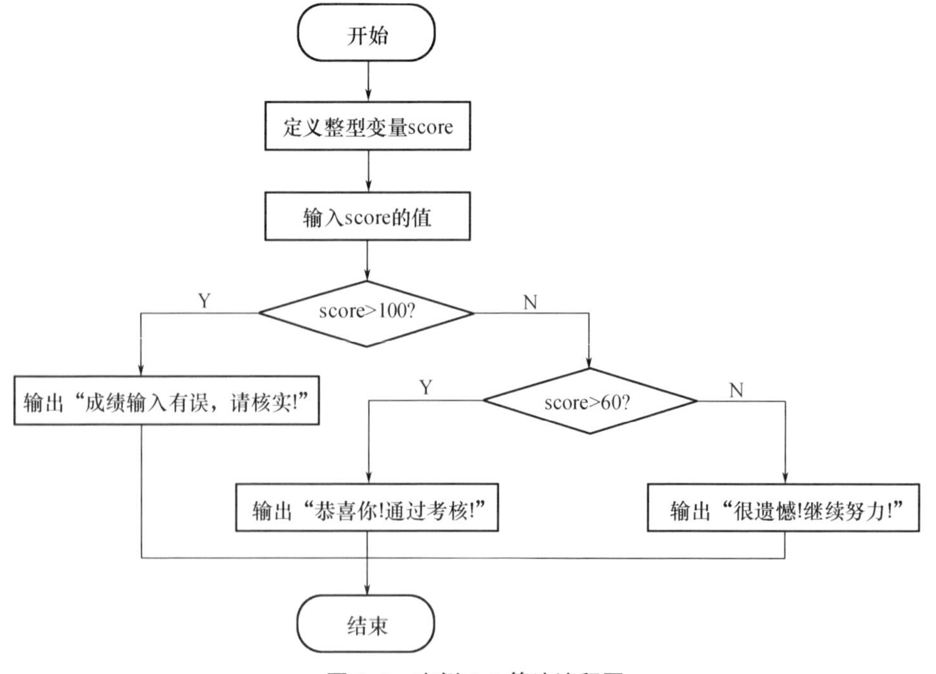

图 3.4　实例 3.2 算法流程图

④编写程序。

```
1  #include <stdio.h>
2  int main()
3  {
4      int score;
5      printf("请输入学生的成绩: ");
6      scanf("%d", &score);
7      if (score > 100)
8          printf("成绩输入有误,请核实! \n");
9      else if (score >= 60)
10         printf("恭喜你! 通过考核! \n");
11     else
12         printf("很遗憾! 继续努力! \n");
13     return 0;
14 }
```

⑤运行结果。

实例 3.2 程序运行结果如图 3.5 所示。输入 score 的值,程序会根据输入的值输出相应内容。

```
请输入学生的成绩:95
恭喜你! 通过考核! 请按任意键继续……
```

图 3.5 实例 3.2 程序运行结果

⑥思考。

上面的程序只能输出 3 种消息("成绩输入有误,请核实!""恭喜你! 通过考核!""很遗憾! 继续努力!")之一。想一想如何扩展这个程序,让程序针对更多的成绩段输出对应的鼓励或建议?

【实例 3.3】

①任务描述。

科学家给地球上的气温划分了几个等级。其中,极热是高于 40 ℃,奇热是 35~39.9 ℃,酷热是 30~34.9 ℃,暑热是 28~29.9 ℃,炎热是 25~27.9 ℃,热是 22~24.9 ℃,暖是 20~21.9 ℃,温暖是 18~19.9 ℃。请编写程序,根据输入的气温,输出气温对应的等级。

②算法分析。

a. 本任务主要通过气温所在的范围得出气温对应的等级,此处为了程序实现方便,气温单位省略。

b. 从任务要求对气温的描述可以看出,应该定义气温变量为实型(float)。

c. 利用输入函数输入的是气温的值,输出的是气温对应的等级,在进行问题解决时,温度的范围给出的是 8 种情况,情况多于 3 种时应该选择用多分支选择结构进行程序设计。

③算法描述。

实例 3.3 算法流程图如图 3.6 所示。

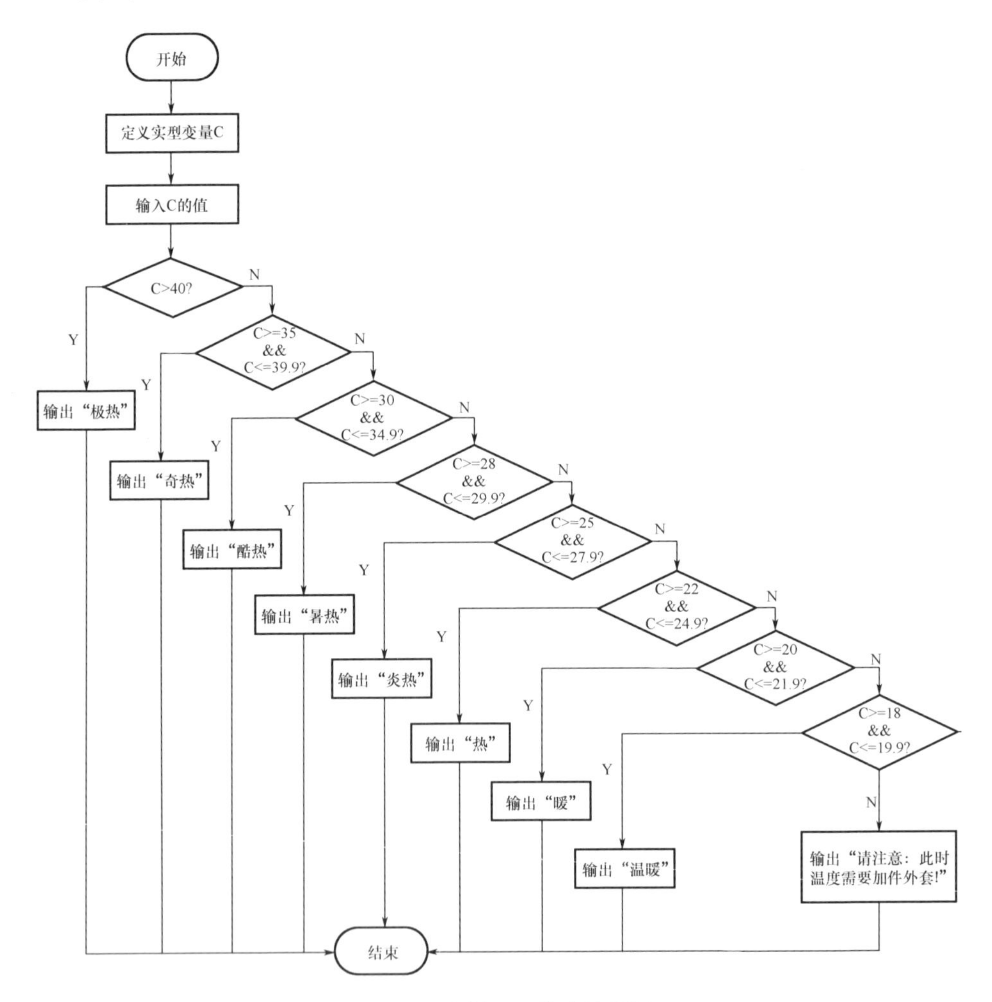

图 3.6　实例 3.3 算法流程图

④编写程序。

```
1  #include <stdio. h>
2  int main( )
```

```
3  {
4   float C;
5   printf("请输入当前气温(单位:摄氏度): ");
6   scanf("%f", &C);
7   if (C > 40)
8     printf("极热\n");
9   else if (C >= 35 && C < =39.9)
10    printf("奇热\n");
11  else if (C >= 30 && C <=34.9)
12    printf("酷热\n");
13    else if (C >= 28 && C < =29.9)
14    printf("暑热\n");
15  else if (C>= 25 && C < =27.9)
16    printf("炎热\n");
17  else if (C >= 22 && C< =24.9)
18    printf("热\n");
19  else if (C >= 20 && C< =21.9)
20    printf("暖\n");
21  else if  (C>= 18 && C < =19.9)
22    printf("温暖\n");
23  else
24    printf("请注意:此时温度需要加件外套!");
25  return 0;
26 }
```

⑤运行结果。

实例 3.3 程序运行结果如图 3.7 所示。输入气温的值,程序会根据输入的值进行选择,执行对应的代码段,并输出结果。

```
请输入当前气温(单位:摄氏度):26.8
炎热 请按任意键继续……
```

图 3.7　实例 3.3 程序运行结果

⑥思考。

上面的程序根据输入的气温输出对应的描述。你认为在这个程序中,使用 if-else 语句是否比使用 switch 语句更合适?为什么?

【实例 3.4】

①任务描述。

设计一个计算器,实现加减乘除的运算。要求在给出计算题目后选择 4 种运算之一进行计算,要求用户给出计算结果并将其与程序运算的结果进行核对,用户给出的计算结果正确则显示“回答正确!”,否则显示“回答错误!”。其中,计算题目需要的运算数和运算符需要从键盘输入。

②算法分析。

有 4 种运算方式,可以选择多分支 if 语句和 switch 语句进行程序设计。但经过思考后可知选择 switch 语句更加容易进行程序设计,因为 4 种运算得到的结果又需要与用户给出的计算结果进行对比,单独用多分支 if 语句程序会复杂化,选择 switch 语句则程序设计的思路更加清晰。用 switch 语句进行运算符号的选择,用 if-else 语句进行结果对比。

③算法描述。

实例 3.4 算法流程图如图 3.8 所示。

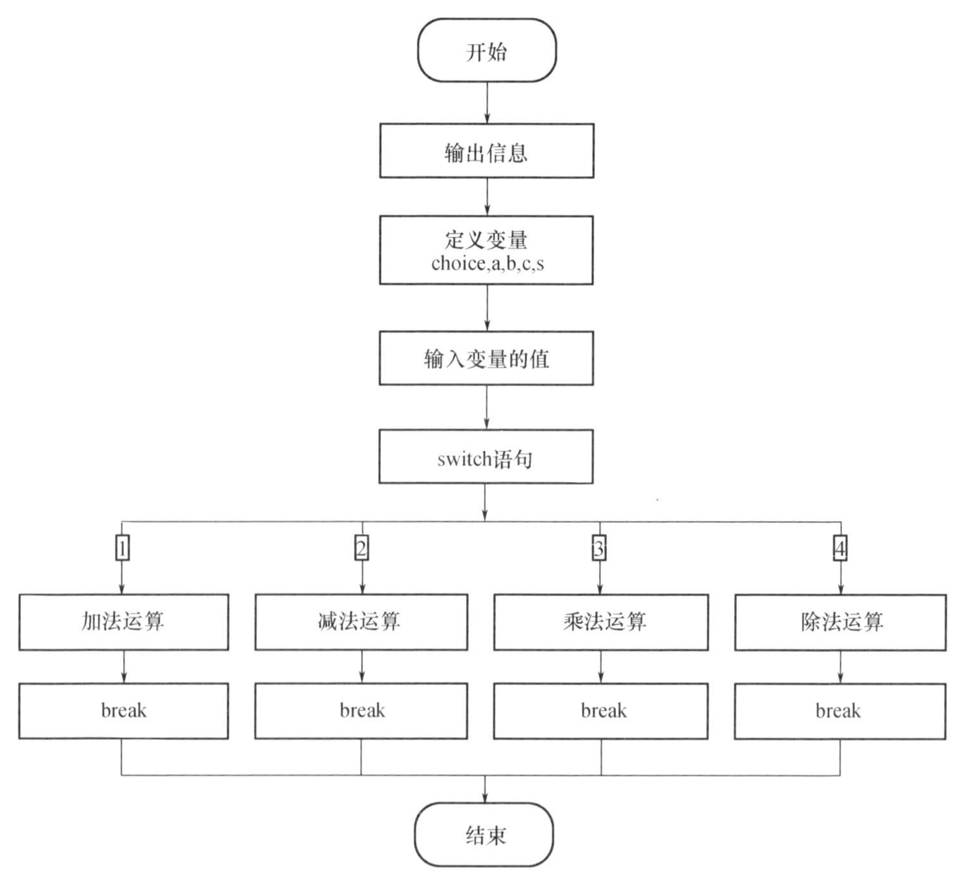

图 3.8 实例 3.4 算法流程图

④编写程序。

```
1   #include<stdio.h>
2   int main()
3   {
4       printf("**************************\n\n");
5       printf("                  1---------------ADD(+) \n");
6       printf("                  2---------------SUB(-) \n");
7       printf("                  3---------------MUL(*)\n");
8       printf("                  4---------------DIV(/)\n\n");
9       printf("******************* \n");
10      int choice,a,b,c,s;
11      printf("1 加法运算\n");
12      printf("2 减法运算\n");
13      printf("3 乘法运算\n");
14      printf("4 除法运算\n");
15      printf("请输入两个运算量:\n" );
16      scanf("%d,%d",&a,&b);
17      printf("请选择要进行的运算:");
18      scanf("%d",&choice);
19      switch (choice)
20      {
21      case 1: printf("题目:%d+%d= ? \n",a,b);
22              printf("请回答: ");
23              scanf("%d",&s);
24              c=a+b;
25              if(s==c)
26                 printf("回答正确! \n");
27              else
28                 printf("回答错误! \n");
29              break;
30      case 2: printf("题目:%d-%d= ? \n",a,b);
31              printf("请回答:");
32              scanf("%d",&s);
33              c=a-b;
```

```
34              if(s==c)
35                  printf("回答正确！\n");
36              else
37                  printf("回答错误！\n");
38              break;
39      case 3: printf("题目:%d*%d=？\n",a,b);
40              printf("请回答：");
41              scanf("%d",&s);
42              c=a*b;
43              if(s==c)
44                  printf("回答正确！\n");
45              else
46                  printf("回答错误！\n");
47              break;
48      case 4: printf("题目:%d/%d=？\n",a,b);
49              printf("请回答：");
50              scanf("%d",&s);
51              c=a/b;
52              if(s==c)
53                  printf("回答正确！\n");
54              else
55                  printf("回答错误！\n");
56              break;
57      }
58      return 0;
59  }
```

⑤运行结果。

实例 3.4 程序运行结果如图 3.9 所示。

```
* * * * * * * * * * * * * * * * *

1----------------ADD(+)
2----------------SUB(-)
3----------------MUL(*)
4----------------DIV(/)

* * * * * * * * * * * * * * * * *
1 加法运算
2 减法运算
3 乘法运算
4 除法运算
请输入两个运算量:
15,28
请选择要进行的运算:1
题目:15+28= ?
请回答: 43
回答正确!
请按任意键继续……
```

图 3.9　实例 3.4 程序运行结果

⑥思考。

分析程序,并写出程序运行的结果。

```
1  #include<stdio.h>
2  int main()
3  {
4     int x=1,a=3,b=4;
5     switch(x)
6     {
7         case 0: a++;break;
8         case 1: a++;
9         case 2: b++;
10        case 3: b++;break;
11        case 4: b++;
12    }
13     printf ("%d,%d",a,b);
14     return 0;
15 }
```

【实例 3.5】

①任务描述。

编写程序,从键盘上任意输入一个四位数,要求分别输出这个数的千位数、百位数、十位数和个位数。

②算法分析。

a. 需要表明一个整数变量来存储用户输入的四位数。

b. 使用 scanf( ) 函数从键盘接收输入的四位数,并将其存储在整数变量中。

c. 使用算术运算来提取该四位数的千位数、百位数、十位数和个位数。

此任务容易出错的地方是会认为 4 位数的千位数、百位数、十位数、个位数的提取要利用多分支选择结构。实际上提取各个位数的算法为:获取四位数的千位数是将输入的四位数除以 1000 并与整数 10 求余数得到,获取四位数的百位数是将输入的四位数除以 100 并与整数 10 求余数得到,获取四位数的十位数是将输入的四位数除以 10 并与整数 10 求余数得到,获取四位数的个位数是将输入的四位数除以 10 并取余得到。

③算法描述。

实例 3.5 算法流程图如图 3.10 所示。

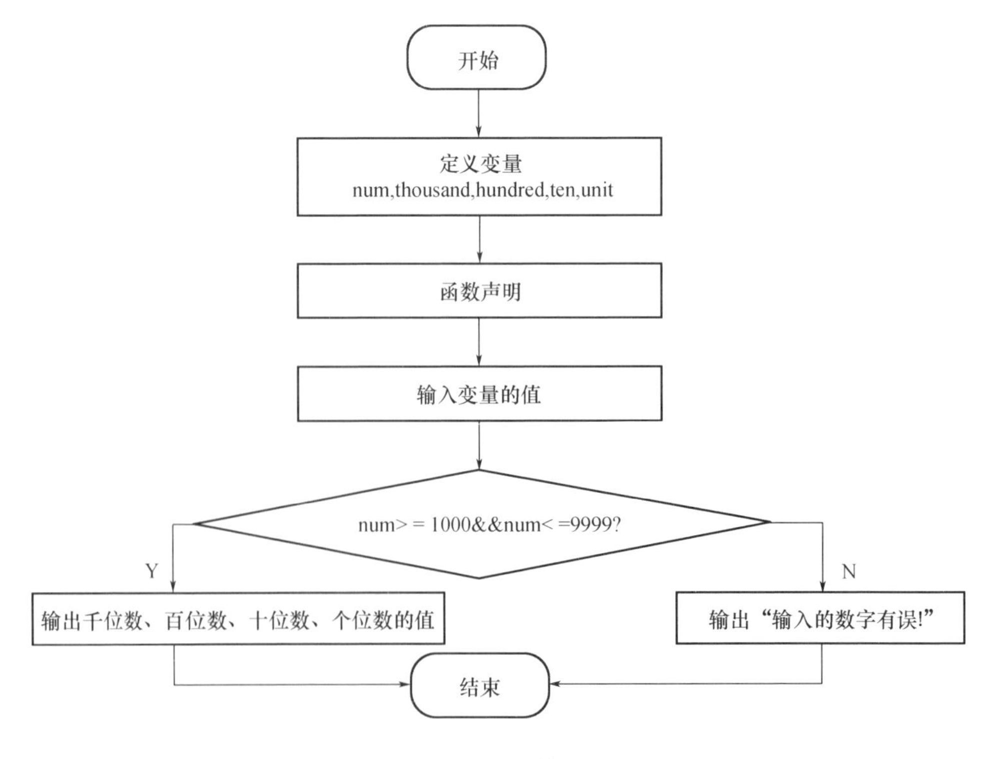

图 3.10　实例 3.5 算法流程图

④编写代码。

```
1  #include <stdio. h>
2  int main( )
3  {
4    int num,thousand,hundred,ten,unit ;
5    printf("请输入一个四位数: ");
6    scanf("%d", &num);
7    if(num>=1000&&num<=9999)
8    {
9       thousand = (num / 1000) % 10;
10      hundred = (num / 100) % 10;
11      ten = (num / 10) % 10;
12      unit = num % 10;
13      printf("千位数:%d\n", thousand);
14      printf("百位数:%d\n", hundred);
15      printf("十位数:%d\n", ten);
16      printf("个位数:%d\n", unit);
17   }
18    else
19    printf("输入的数字有误!");
20    return 0;
21 }
```

⑤运行结果。

实例3.5程序运行结果如图3.11所示。输入一个四位数的值,程序可以输出各个位数的值。

```
请输入一个四位数：1234
千位数:1
百位数:2
十位数:3
个位数:4 请按任意键继续……
```

图 3.11　实例 3.5 程序运行结果

⑥思考。

a. 为什么需要进行 num >= 1000 && num <= 9999 的判断,以及为什么使用&&(逻辑与)运算符?

b. 为什么在对千位数、百位数、十位数和个位数进行计算时使用(num /…)%10 的计算方式?

【实例 3.6】

①任务描述。

已知某销售公司员工的底薪是 3 000 元,所有员工都是根据个人的销售业绩进行绩效提成的,最终该员工的最终工资=底薪+绩效提成。提成的规则:销售业绩小于或等于 1 000 元的无提成;销售业绩大于 1 000 元且小于或等于 2 000 元的提成 10%;销售业绩大于 2 000 元且小于或等于 6 000 元的提成 15%;销售业绩大于 6 000 元且小于或等于 10 000 元的提成 20%;销售业绩大于 10 000 元的提成 25%。

②算法分析。

a. 初始化变量:底薪 salary 为整型变量,销售业绩 performance、提成 commission、最终工资 wages 为实型变量。

b. 输入 performance 的值。

c. 提成计算:使用多分支 if 语句来根据销售业绩范围计算提成。每个 if 语句检查 performance 是否在特定范围内,然后根据条件计算对应的提成比例。

d. 提成输出:在某个 if 语句的条件被满足时,程序会计算对应的提成并输出。

e. 工资计算:根据底薪和计算得到的提成,程序计算当月的工资并将其存储在 wages 变量中,员工的最终工资=底薪+销售业绩 * 提成比例。

f. 输出结果:使用 printf( ) 函数输出计算得到的结果。

③算法描述。

实例 3.6 算法流程图如图 3.12 所示。

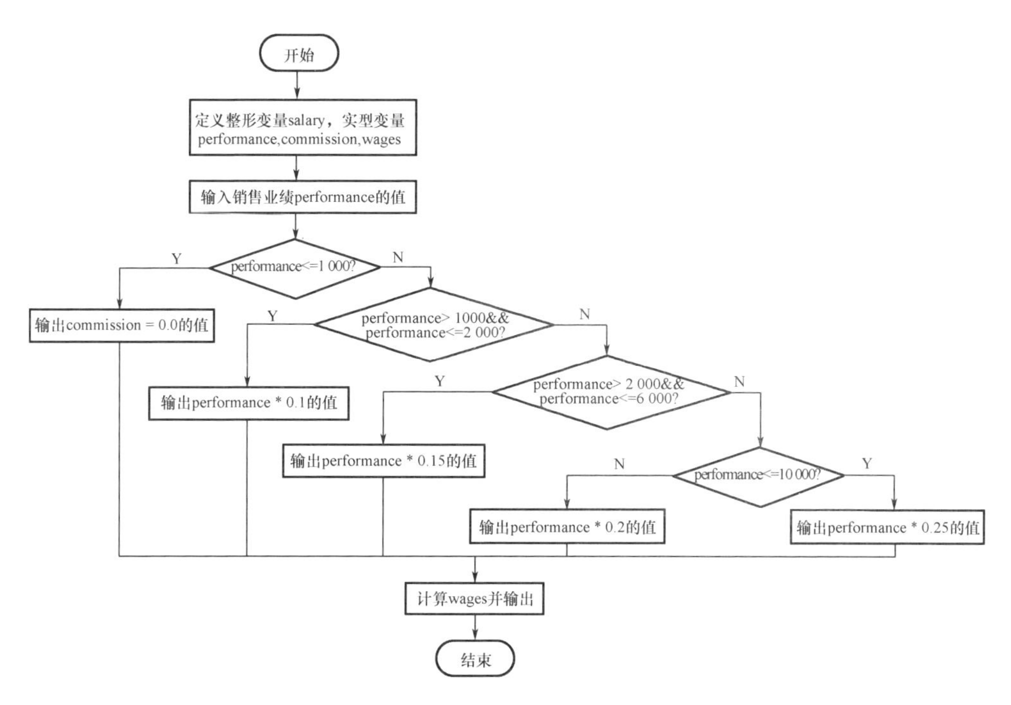

图 3.12　实例 3.6 算法流程图

④编写程序。

```
1  #include<stdio. h>
2  int main( )
3  {
4    int salary = 3000; // 底薪为 3 000 元
5    float performance; // 销售业绩定义为实型
6    float commission; // 提成定义为实型
7    float wages; // 最终工资定义为实型
8    printf( "请输入销售业绩：" );
9    scanf( "%f", &performance);
10   if (performance <= 1000) // 计算提成比例
11   {
12       commission = 0.0;
13       printf( "%f\n", commission);
14   }
15   if (performance>1000&&performance <= 2000)
16   {
```

```
17        commission = performance * 0.1;
18        printf("%f\n",commission);
19      }
20      if (performance>2000&&performance <= 6000)
21      {
22        commission = performance * 0.15;
23        printf("%f\n",commission);
24      }
25      if (performance>6000&&performance <= 10000)
26      {
27        commission = performance * 0.2;
28        printf("%f\n",commission);
29      }
30      if (performance>10000)
31      {
32        commission = performance * 0.25;
33        printf("%f\n",commission);
34      }
35      wages = salary + commission; // 计算最终工资
36      printf("wages=%f\n", wages); // 输出结果
37      return 0;
38    }
```

⑤运行结果。

实例 3.6 程序运行结果如图 3.13 所示。输入销售业绩 performance 的值,可以输出提成 commission 和最终工资 wages 的值。

```
请输入销售业绩：7000
1400.000000
wages=4400.000000 请按任意键继续……
```

图 3.13　实例 3.6 程序运行结果

⑥思考。

a. 学习并分析以上程序,想一想如何将上面的程序用多分支 if 语句和 switch 语句实现,请用以上两种方法进行程序设计。

b. 对于同一个问题可以采用不同的语句结构进行程序设计。通过上面的程序对单分支选择结构、多分支选择结构及 switch 选择结构进行对比,总结出 3 种结

构分别适用的问题类型。

c. 学习和分析以下代码,给出程序运行的结果。

```
1  #include<stdio.h>
2  int main()
3  {
4     int salary = 3000; // 底薪为 3 000 元
5     float performance; // 销售业绩定义为实型
6     float commission; // 提成定义为实型
7     float wages; // 最终工资定义为实型
8     printf("请输入销售业绩: ");
9     scanf("%f", &performance);
10    int performanceCategory = (int)performance / 1000; // 将销售业绩分成
      1 000 为单位的分类
11    switch (performanceCategory)
12    {
13        case 0:commission = 0.0; break;
14        case 1:commission = performance * 0.1; break;
15        case 2:commission = performance * 0.15; break;
16        case 3:commission = performance * 0.20; break;
17        default:commission = performance * 0.25; break;
18    }
19     wages = salary + commission;
20     printf("该员工的最终工资:%f 元\n", wages);
21     return 0;
22 }
```

【实例 3.7】

①任务描述。

请用 switch 语句设计一个简单的学生信息管理系统的界面,分别实现添加学生信息、查找学生信息、显示学生信息、退出的功能。

②算法分析。

该程序是一个基本的学生信息管理系统的演示程序,它通过一个菜单提供给用户不同的功能选择,包括添加学生信息、查找学生信息、显示学生信息和退出。用户可以根据菜单的提示输入相应的数字来执行相应的操作,因此利用 switch 语句实现该功能是比较简便的。

a. 首先,程序在屏幕上显示一个选项菜单,包括添加学生信息、查找学生信息、显示学生信息和退出。

b. 程序等待用户输入选择,通过 scanf( )函数将用户输入的数字存储在 choice 变量中。

c. 利用 switch 语句根据用户的选择进行不同的操作。不同的 case 标签对应不同的功能。

d. 如果用户选择了 1,程序会输出一个提示“请添加学生信息:”,等待用户输入学生的个人信息。

e. 如果用户选择了 2,程序会提示用户输入要查找的学生的姓名和学号。

f. 如果用户选择了 3,程序会显示当前学生的信息。

g. 如果用户选择了 4,程序输出感谢信息并结束。

h. 如果用户选择了不在设定范围内的数字(除 1、2、3、4 之外的数字),程序会输出提示信息。

③算法描述。

实例 3.7 算法流程图如图 3.14 所示。

④编写代码。

```
1   #include <stdio. h>
2   int main( )
3   {
4     int choice;//用户选择变量
5     printf( "\n 学生信息管理系统\n" );
6     printf( "1. 添加学生信息\n" );
7     printf( "2. 查找学生信息\n" );
8     printf( "3. 显示学生信息\n" );
9     printf( "4. 退出\n" );
10    printf( "请输入您的选择:" );
11    scanf( "%d" , &choice) ;
12    switch (choice)
13    {
14      case 1:printf( "请添加学生信息:\n" ); break;
15      case 2:printf( "请输入您要查找的学生的姓名与学号:\n" ); break;
16      case 3:printf( "现在为您显示该生信息如下:\n" );         break;
17      case 4:printf( "感谢使用学生信息管理系统,再见! \n" );break;
18      default:printf( "无效的选择,请重新输入。\n" );
19    }
20    return 0;
21  }
```

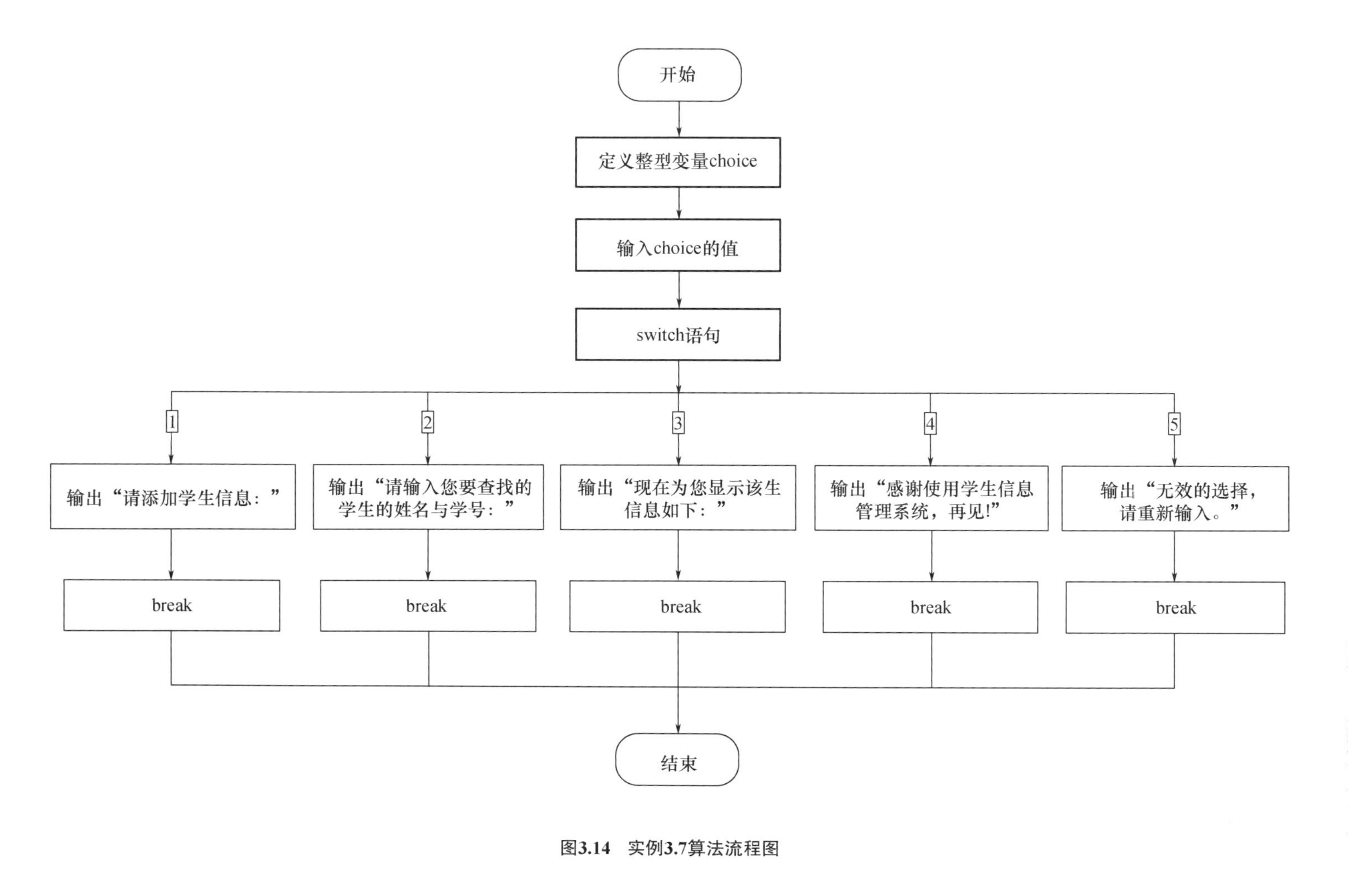

图3.14　实例3.7算法流程图

⑤运行结果。

实例 3.7 程序运行结果如图 3.15 所示。根据输入的值,给出提示信息。

```
学生信息管理系统
1. 添加学生信息
2. 查找学生信息
3. 显示学生信息
4. 退出
请输入您的选择:1
请添加学生个人信息:
请按任意键继续……
```

图 3.15 实例 3.7 程序运行结果

⑥思考。

case 语句中带有 break 语句和不带 break 语句,它们的运行结果有什么区别?请编写并运行下面两个程序,对比两个程序都输入 1 时,其运行结果有什么不同,并思考为什么。

程序 1:

```
1  #include<stdio.h>
2  int main()
3  {
4     int a,x=3;
5     scanf("%d",&a);
6     switch(a)
7     {
8        case 2: x=x+2; break;
9        case 3: x=x*2; break;
10       case 4: x=x-2; break;
11       default: x=x+1;
12    }
13    printf("x=%d",x);
14    return 0;
15 }
```

程序 2:

```
1  #include<stdio.h>
2  int main()
```

```
3 {
4    int a,x=3;
5    scanf("%d",&a);
6    switch(a)
7    {
8      case 2: x=x+2; break;
9      default: x=x+1;
10     case 3: x=x*2; break;
11     case 4: x=x-2; break;
12   }
13    printf("x=%d",x);
14    return 0;
15 }
```

4. 课外拓展

利用选择结构编写一个程序,根据用户的输入,判断一个数是正数、负数还是零,或者是偶数还是奇数,并输出相应的信息。例如,输入 15,程序运行后结果如图 3.16 所示;输入 28,程序运行后结果如图 3.17 所示。

```
请输入一个整数: 15
15 是正数
15 是奇数
请按任意键继续……
```

图 3.16　课外拓展程序运行结果 1

```
请输入一个整数: 28
28 是正数
28 是偶数
请按任意键继续……
```

图 3.17　课外拓展程序运行结果 2

提示:

(1)判断一个数是正数、负数还是零的方法:使用 if-else 语句,首先判断输入的数是否大于 0,如果大于 0,输出"这是一个正数";否则,继续判断输入的数是否小于 0,若小于 0,输出"这是一个负数";如果前两个条件都不满足,则输出"这是零”。

(2)判断一个数是偶数还是奇数的方法:使用 if-else 语句,利用输入的数与 2 取余数(%模运算)来判断奇偶性。如果余数为 0,输出“这是一个偶数”;否则,输出“这是一个奇数”。

这个程序是一个简单的选择结构程序,通过嵌套的 if-else 语句对用户输入的数字进行多重条件判断,根据判断的结果输出相应的信息。

实验 4　循环程序设计

1. 知识概述

循环程序是 C 语言程序的基本构成部分之一,允许程序重复执行特定的代码段,直至达到既定条件。循环结构在处理需要重复执行的任务时显得尤为重要,它不仅提高了代码的效率,还减少了冗余。

C 语言提供了 3 种主要的循环结构:for 循环、while 循环和 do-while 循环。for 循环是处理已知循环次数的情况的理想选择,使得在固定次数内重复执行语句成为可能。while 循环则在每次循环开始前判断条件是否为真,只有在条件为真时才执行循环体。与 while 循环相比,do-while 循环至少执行一次循环体,因为它在循环结束后才判断条件是否为真。循环内部还可以使用如 break 和 continue 等控制语句来影响执行流程。break 语句可以立即终止循环,而 continue 语句则可以跳过当前的迭代,继续下一次循环的判断和执行。

在本实验中,我们将详细探讨这些循环结构,并通过具体实例说明它们的使用和适用场景。我们还将讨论如何有效地利用控制语句来管理循环的行为,以及如何在实际编程中运用这些结构来优化代码和处理复杂任务。通过深入理解循环结构的原理和应用,你将能够更加灵活地控制程序流程,并高效地完成编程挑战。

2. 实验目的

(1)理解 while 语句、do-while 语句、for 语句和 break 语句、continue 语句的概念。

(2)掌握 3 种循环语句及 break 语句、continue 语句的使用方法。

(3)会使用 for 语句、while 语句和 do-while 语句进行程序设计。

(4)会使用 break 语句、continue 语句进行程序设计。

3. 实验内容

(1)研读教材,熟悉关键语句。

学习循环程序设计,编写与循环问题相关的程序,必须研读教材讲授的相关知识点。包括:while 语句、do-while 语句、for 语句及 3 种循环语句的嵌套,还有 break 语句和 continue 语句的使用方法等。循环程序设计思维导图如图 4.1 所示。

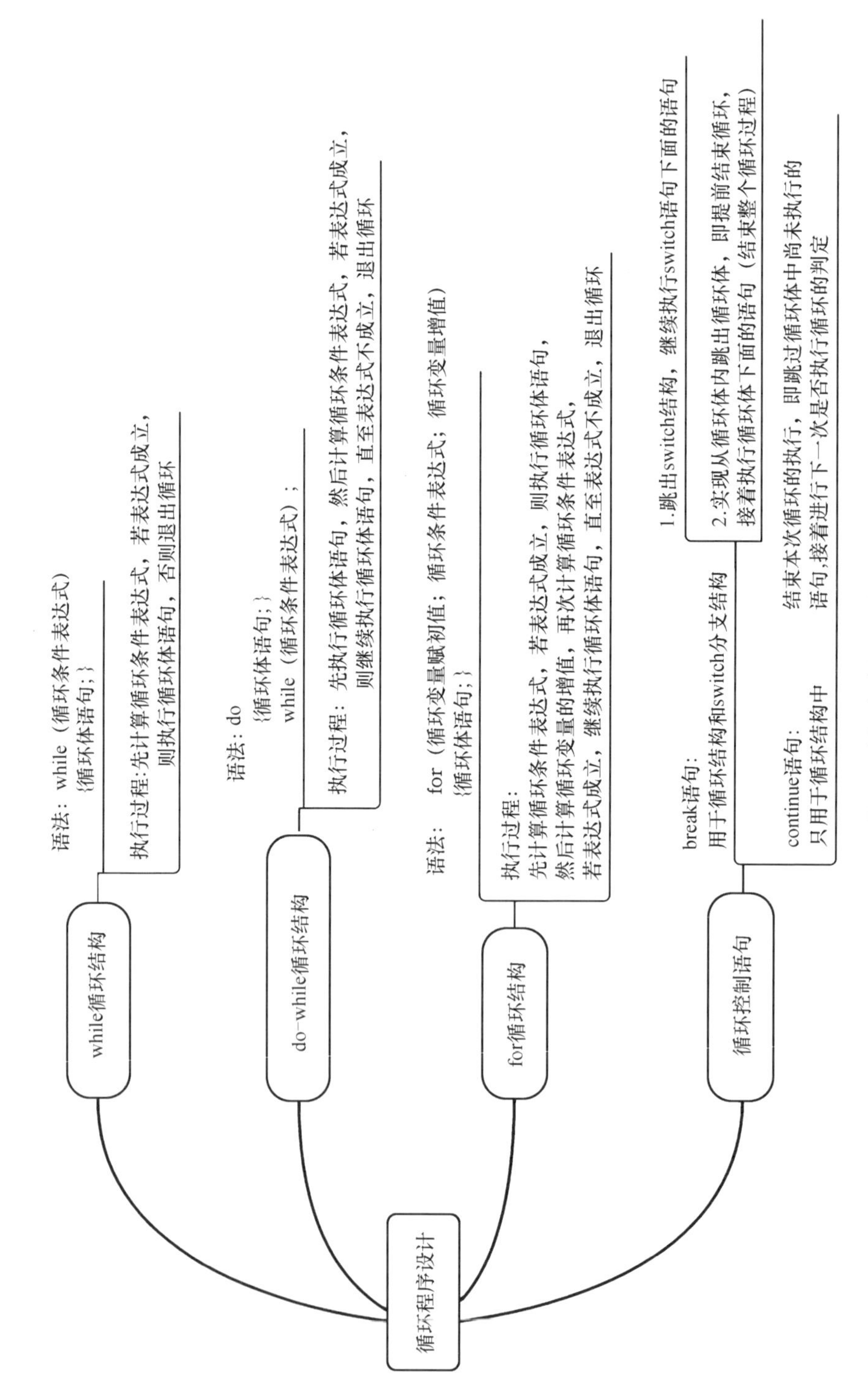

图4.1　循环程序设计思维导图

(2)实例。

【实例 4.1】

①任务描述。

使用 C 语言的 while 语句编写一个简单的计时器程序。该程序将模拟一个计时器,按秒计时,并在用户输入的指定时间后停止计时。

②算法分析。

本程序使用 while 语句来实现计时功能。首先,用户输入计时器的秒数,然后进入 while 循环。在循环中,每隔 1 s 输出剩余的秒数,并通过 Sleep( ) 函数暂停 1 s。接着,将秒数减 1,直到计时器的秒数为 0 为止,然后输出计时结束的提示信息,计时结束。这个计时器程序会接收用户输入的秒数作为计时时间,然后每秒输出当前剩余秒数,并每秒减少 1 s,直到计时结束,输出“时间到! 计时结束。”的消息。

③算法描述。

实例 4.1 算法流程图如图 4.2 所示。

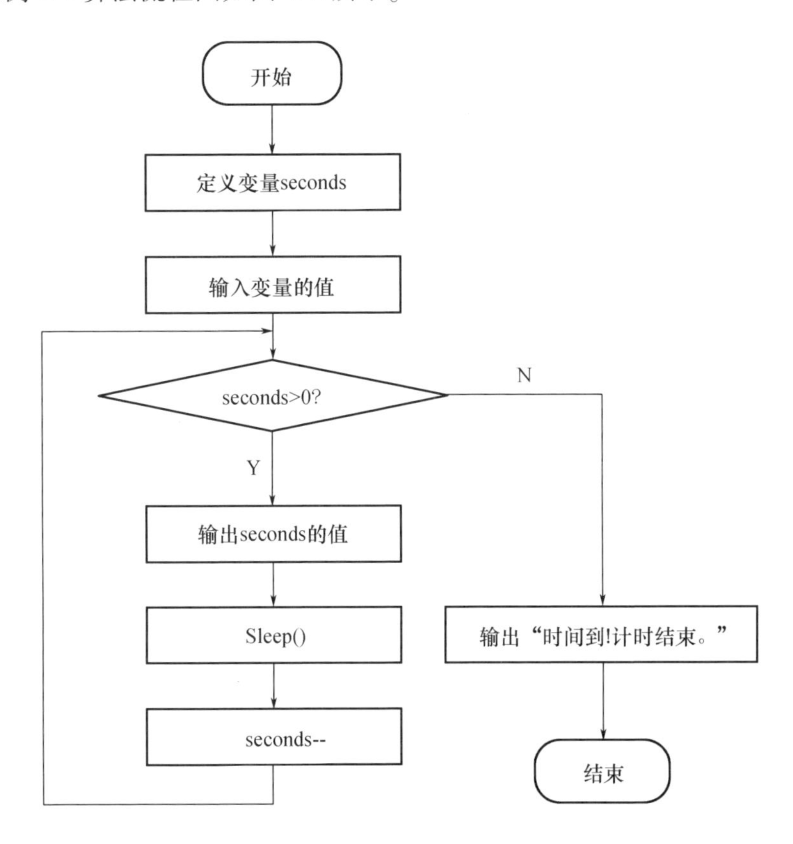

图 4.2　实例 4.1 算法流程图

④编写程序。

```
1  #include <stdio. h>
2  #include<windows. h>
3  int main( )
4  {
5     int seconds;
6     printf("请输入计时器的秒数:");
7     scanf("%d", &seconds);
8     printf("计时开始…\n");
9     while (seconds >= 0)
10     {
11        printf("%d\n", seconds);
12        Sleep(1000);
13        seconds--; // 减去已经过去的 1 s
14     }
15     printf("时间到！计时结束。\n");
16     return 0;
17  }
```

本实例程序代码中的 Sleep( ) 函数是 C 语言中提供的一个函数,它的作用是让程序暂停一段时间,以实现控制程序的执行时间的效果,其参数单位为微秒,因此,这里指定参数 1 000,表示等待 1 s。Sleep( ) 函数被定义在“windows. h”中,使用时需要使用预处理命令“#include<windows. h>”将其包含到程序中。

⑤运行结果。

实例 4.1 程序运行结果如图 4.3 所示,输入计时器的秒数,程序运行并显示从输入计时器的秒数开始倒数 1 s,直到显示“时间到！计时结束。”。

```
请输入计时器的秒数:5
计时开始 …
5
4
3
2
1
0
时间到！计时结束。
请按任意键继续……
```

图 4.3　实例 4.1 程序运行结果

⑥思考。

a. 想一想如何改写上面的程序,用 do-while 语句实现该程序功能。

b. 想一想如何改写上面的程序,用 for 语句实现该程序功能。

c. 思考和分析总结,使用 while 语句、do-while 语句和 for 语句解决同一个问题时,3 种语句的区别。

【实例 4.2】

①任务描述。

将输入的正整数 N 的每一位数字逆序输出。

②算法分析。

a. 定义两个整型变量 N 和 reversedN,其中 N 用于存储用户输入的正整数,reversedN 用于存储逆序后的结果。

b. 进入 while 循环,循环条件为 N> 0,意味着只要输入的正整数 N 不为 0,就会进入循环体。

c. 在循环体内,首先使用取余操作 N % 10 获取输入的正整数 N 的最后一位数字,将该数字存储在变量 digit 中。

d. 将变量 digit 添加到逆序结果变量 reversedN 的末尾。通过 reversedN 乘 10 然后加上 digit 来实现,相当于将原来的逆序结果乘 10 后再加上当前 digit。

e. 通过整除操作 N/10,将输入的正整数 N 的最后一位去掉,以便在下一轮循环中继续处理剩余的数字。

f. 循环体执行完毕后,程序再次检查循环条件,如果输入的正整数 N 仍然大于 0,则进入下一轮循环,否则退出循环。

在这个程序中,我们使用了 while 循环,从右至左逐位获取输入的正整数 N 的数字,并将其逆序组合后输出。在循环中,我们使用取余操作 N%10 来获取 N 的最后一位数字,然后通过 reversedN 乘 10 后和获取的数字相加,将该数字添加到 reversedN 的末尾实现逆序。

举个例子,如果用户输入的 N 是 12345,程序会依次执行以下步骤:

a. digit = 12345%10 = 5, reversedN = 0 * 10+5 = 5, N/10 = 1234;

b. digit = 1234%10 = 4, reversedN = 5 * 10+4 = 54, N/10 = 123;

c. digit = 123%10 = 3, reversedN = 54 * 10+3 = 543, N/10 = 12;

d. digit = 12%10 = 2, reversedN = 543 * 10+2 = 5432, N/10 = 1;

e. digit = 1%10 = 1, reversedN = 5432 * 10+1 = 54321, N/10 = 0。

最后,输出逆序结果 54321。

③算法描述。

实例 4.2 算法流程图如图 4.4 所示。

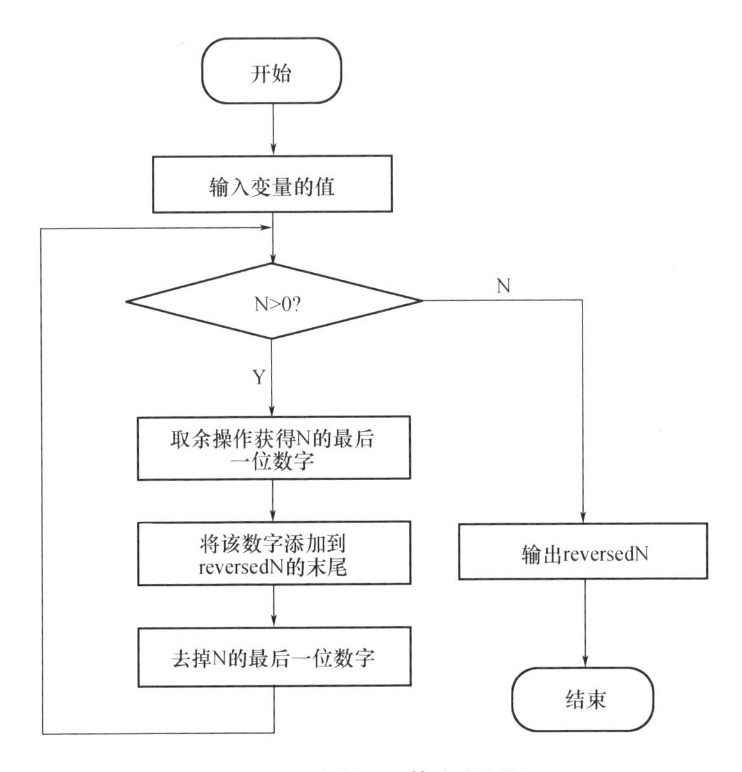

图 4.4　实例 4.2 算法流程图

④编写代码。

```
1  #include <stdio.h>
2  int main()
3  {
4      int N, reversedN = 0;
5      printf("请输入一个正整数 N:");
6      scanf("%d", &N);
7      while (N > 0)
8      {
9          int digit = N % 10; // 获取 N 的最后一位数字
10         reversedN = reversedN * 10 + digit; // 将该数字添加到 reversedN 的末尾
11         N = N / 10; // 去掉 N 的最后一位数字
12     }
13     printf("逆序输出为:%d\n", reversedN);
14 }
```

⑤运行结果。

实例 4.2 程序运行结果如图 4.5 所示。输入一个正整数 N 的值,程序运行后会对 N 进行逆序输出。

```
请输入一个正整数 N:12345
逆序输出为:54321   请按任意键继续……
```

图 4.5　实例 4.2 程序运行结果

【实例 4.3】

①任务描述。

设计一个简单的猜数字游戏,用户需要猜测一个 1 到 100 之间的整数,程序会针对用户所猜的数字给出猜大了或猜小了的提示,直到用户猜对为止。

②算法分析。

a. 用户输入要猜的目标数字 target_number,这是一个 1 到 100 之间的整数。

b. 程序进入 do-while 循环,用户输入猜测的数字 guess。

c. 程序判断用户的猜测是否正确:如果 guess 大于 target_number,输出“猜大了,请再试一次。”;如果 guess 小于 target_number,输出“猜小了,请再试一次。”;如果 guess 等于 target_number,输出“恭喜你,猜对了!”。

d. 循环继续,直到用户猜对为止,即 guess 等于 target_number,退出循环,游戏结束。

③算法描述。

实例 4.3 算法流程图如图 4.6 所示。

④编写代码。

```
1  #include <stdio.h>
2  int main( )
3  {
4     int target_number, guess;
5     printf("猜数字游戏开始! \n");
6     printf("请输入要猜的数字(1 到 100 之间的整数):\n");
7     scanf("%d",&target_number);
8     do
9     {
10        printf("请输入你的猜测(1 到 100 之间的整数):");
11        scanf("%d", &guess);
12        if (guess > target_number)
13           printf("猜大了,请再试一次。\n");
```

```
14        else if (guess < target_number)
15            printf("猜小了,请再试一次。\n");
16        }
17        while (guess ! = target_number);
18        printf("恭喜你,猜对了! \n");
19        return 0;
20    }
```

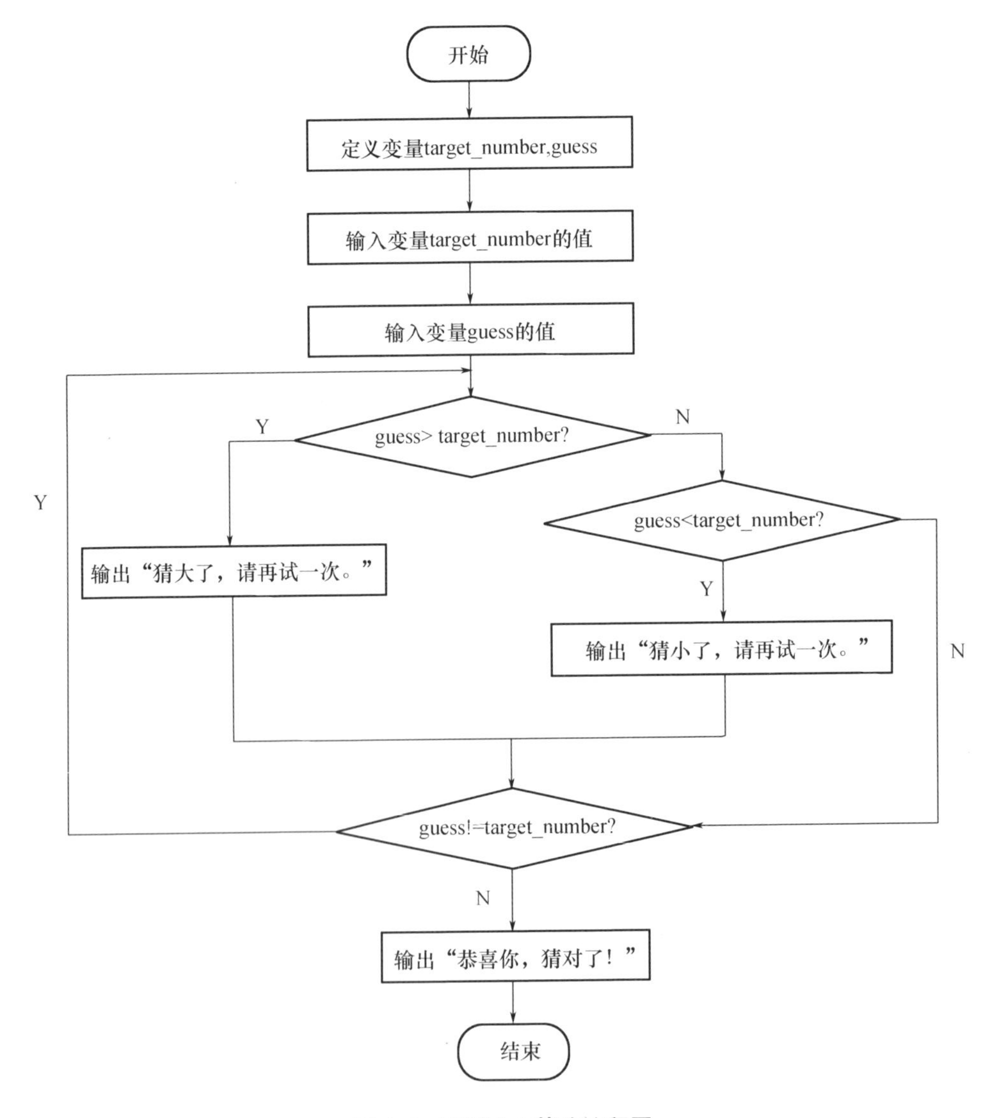

图 4.6　实例 4.3 算法流程图

⑤运行结果。

实例 4.3 程序运行结果如图 4.7 所示。游戏开始,输入要猜测的数字(1 到 100 之间的整数),程序会根据用户猜测的大小和次数进行比较后输出程序对应的结果。

```
猜数字游戏开始!
请输入要猜的数字(1 到 100 之间的整数):99
请输入你的猜测(1 到 100 之间的整数):1
猜小了,请再试一次。
请输入你的猜测(1 到 100 之间的整数):78
猜小了,请再试一次。
请输入你的猜测(1 到 100 之间的整数):200
猜大了,请再试一次。
请输入你的猜测(1 到 100 之间的整数):89
猜小了,请再试一次。
请输入你的猜测(1 到 100 之间的整数):99
恭喜你,猜对了!
请按任意键继续……
```

图 4.7　实例 4.3 程序运行结果

⑥思考题。

a. 下面的程序进行了代码的修改,添加了对猜测次数的限制,请根据给定的代码进行学习和分析,编写并运行程序,给出程序运行的结果。

```
1  #include <stdio.h>
2  int main( )
3  {
4     int target_number, guess;
5     int max_attempts = 5;            // 设置最大猜测次数
6     int attempts = 0;                // 计数器,记录猜测次数
7     printf("猜数字游戏开始! \n");
8     printf("请输入要猜的数字(1 到 100 之间的整数):\n");
9     scanf("%d", &target_number);
10     do
11     {
12        printf("请输入你的猜测(1 到 100 之间的整数):");
13        scanf("%d", &guess);
```

```
14          attempts++; // 猜测次数加 1
15          if (guess > target_number)
16              printf("猜大了,请再试一次。\n");
17          else if (guess < target_number)
18              printf("猜小了,请再试一次。\n");
19          else
20          {
21              printf("恭喜你,猜对了! \n");
22              break; // 猜对了,退出循环
23          }
24          if (attempts >= max_attempts) // 判断是否达到最大猜测次数
25          {
26           printf("很遗憾,你没有在%d 次内猜对,游戏结束。\n", max_
             attempts);
27           break;
28          }
29      } while (1);
30      return 0;
31  }
```

b. 如果将上面程序中的 break 语句更换为 continue 语句,程序运行的结果会发生什么变化? 编写并运行程序,对比程序运行的结果后总结出 break 语句和 continue 语句的区别。

【实例 4.4】

①任务描述。

编写程序计算 1 * 2+3 * 4+5 * 6+…+99 * 100。

②算法分析。

这个程序需要先完成乘法再完成加法。观察两个数的乘法时发现第一个乘数分别是 1,3,5,7,…,99,第二个乘数分别是 2,4,6,8,…,100,可以发现第一个乘数全是奇数,公差为 2,第二个乘数全是偶数,公差也为 2。使用 for 循环,在每次循环中,计算 i * j,将结果累加到 sum 变量中。在每次循环中,同时递增 i 和 j 的值,使它们保持奇数和偶数的关系。

③算法描述。

实例 4.4 算法流程图如图 4.8 所示。

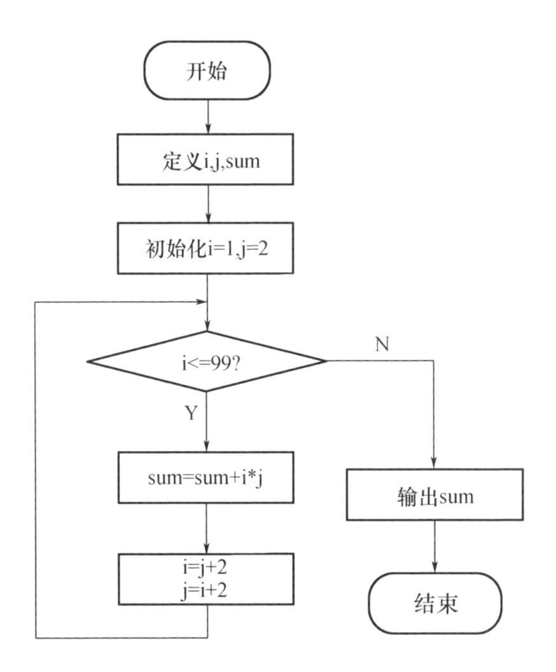

图 4.8　实例 4.4 算法流程图

④编写代码。

```
1  #include<stdio.h>
2  int main()
3  {
4     int sum=0;
5     int i,j;
6     for(i=1,j=2;i<=99;i=i+2,j=j+2)
7     sum=sum+i*j;
8     printf("sum=%d",sum);
9     return 0;
10 }
```

⑤运行结果。

实例 4.4 程序运行结果如图 4.9 所示。

```
sum=169150　请按任意键继续……
```

图 4.9　实例 4.4 程序运行结果

【实例 4.5】

①任务描述。

请用循环结构程序设计的思想编写程序,在屏幕上输出一个等腰三角形的图案。例如:

```
    *
   * * *
  * * * * *
 * * * * * * *
* * * * * * * * *
```

②算法分析。

a. 用户输入等腰三角形的行数 rows。

b. 使用外部 for 循环来控制行数,外部循环迭代从 1 到用户输入的 rows。

c. 在外部循环的每次迭代中,使用一个内部 for 循环来输出空格,以便形成等腰三角形的空白部分。内部循环迭代的次数由 rows-i 控制,这意味着每一行的空格数量逐渐减少。

d. 使用另一个内部 for 循环输出同一行内的星号,以形成等腰三角形的星号部分。内部循环迭代的次数由 2 * i-1 控制,这意味着每一行的星号数量逐渐增加。

③算法描述。

实例 4.5 算法流程图如图 4.10 所示。

④编写代码。

```
1  #include <stdio.h>
2  int main()
3  {
4     int rows; // 声明一个整数变量 rows,用于存储等腰三角形图案的行数
5     int i, j, k; // 声明整数变量 i,j,k,用于循环计数
6     printf("请输入等腰三角形图案的行数:"); // 提示用户输入等腰三角形
      图案的行数
7     scanf("%d", &rows); // 从用户输入中读取行数并存储在 rows 变量中
8     for (i = 1; i <= rows; i++) // 外部循环,控制行数
9     {
10        for (j = 1; j <= rows - i; j++)
11        {
12           printf(" ");// 内部循环,输出空格,控制空白部分
13        }
```

```
14        for (k = 1; k <= 2 * i - 1; k++)
15        {
16          printf(" * ");// 内部循环,输出星号,控制星号部分
17        }
18        printf("\n"); // 输出换行符,开始下一行
19      }
20      return 0;
21    }
```

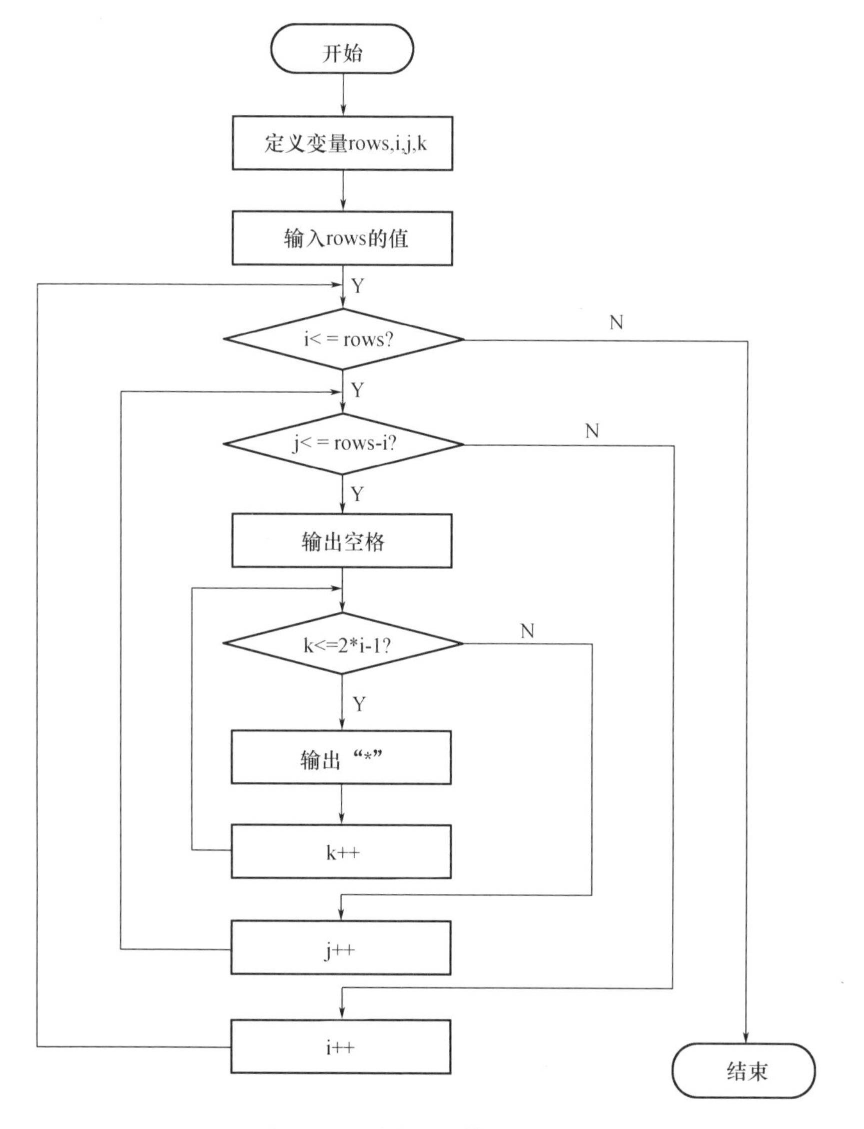

图 4.10　实例 4.5 算法流程图

⑤运行结果。

实例 4.5 程序运行结果如图 4.11 所示。根据输入的等腰三角形图案的行数输出图案。

```
请输入等腰三角形图案的行数:5
    *
   * * *
  * * * * *
 * * * * * * *
* * * * * * * * *
请按任意键继续……
```

图 4.11　实例 4.5 程序运行结果

⑥思考。

编写程序,输入两个字符,然后使用这两个字符交替输出形成等腰三角形图案,请分析下面的程序,编写并运行程序,给出运行的结果。

```
1  #include <stdio.h>
2  int main()
3  {
4    int rows;       // 定义整数变量 rows,用于存储等腰三角形图案的行数
5    char char1, char2; // 定义字符变量 char1 和 char2,用于存储用户输入的
     两个字符
6    int i, j, k;         // 定义整数变量 i,j,k,用于循环计数
7    printf("请输入等腰三角形图案的行数:"); // 提示用户输入等腰三角形
     图案的行数
8    scanf("%d", &rows); // 从用户输入中读取行数并存储在 rows 变量中
9    printf("请输入两个字符,用空格分隔:");  // 提示用户输入两个字符,
     用空格分隔
10   scanf(" %c %c", &char1, &char2);
11   for (i = 1; i <= rows; i++)      // 外部循环,控制行数
12   {
13       for (j = 1; j <= rows - i; j++)
14       {
15           printf(" ");// 输出空格,控制空白部分
16       }
```

```
17          for (k = 1; k <= 2 * i - 1; k++)
18          {
19              if (k % 2 == 1)
20              {
21                  printf("%c", char1);
22              }
23              else
24              {
25              printf("%c", char2);
26              }
27          }
28          printf("\n");
29      }
30      return 0;
31  }
```

4. 课外拓展

编写一个程序,根据用户输入的行数,输出一个倒立的直角三角形图案,其中每行的星号数量递减。例如:

提示:这个程序的目标通过循环的嵌套来实现。外层循环控制行数,内层循环在每一行内输出对应数量的星号。

实验5　数　　组

1. 知识概述

在C语言程序设计中,数组作为一种基本且功能强大的数据结构,扮演着至关重要的角色。数组用于存储一组相同类型的数据项,这使得数组在处理批量数据时尤为有用。一个显著的优势是,数组允许我们在单个变量中存储多个值,从而极大地简化了数据管理。

对数组中的每个元素都可以通过索引(即数组下标)进行快速访问。这种索引机制不仅提高了数据访问的效率,而且使得数据处理变得更加方便。在实际应用中,数组经常与循环结构结合使用,允许我们轻松迭代处理数组中的每个元素,从而简化代码并减少冗余。

此外,数组在数据的组织和操作方面也有显著优势。数组使得数据可以按顺序存储,便于实现排序、搜索等操作。数组还可以作为函数参数,这使得函数能够方便地处理多个数据项,而无须定义大量参数。最后,数组的应用不仅限于一维结构,还包括多维数组,如二维或三维数组,这对处理更复杂的数据结构,如矩阵和表格等,非常有用。

2. 实验目的

(1)理解一维数组、多维数组、字符数组的概念。

(2)学会数组的定义、初始化和访问等基本操作。

(3)掌握使用循环结构对数组进行遍历,计算总和、平均值等的程序设计的方法。

(4)掌握使用字符数组来表示和处理字符串的方法,以及字符串处理函数的用法。

(5)会利用数组编写程序,解决实际问题。

3. 实验内容

(1)研读教材,熟悉关键语句。

学习数组,编写与数组相关的程序,必须研读教材讲授的有关知识点,包括:一维数组和二维数组的声明、引用、赋值等,以及处理批量元素的方法。数组思维导图如图5.1所示。

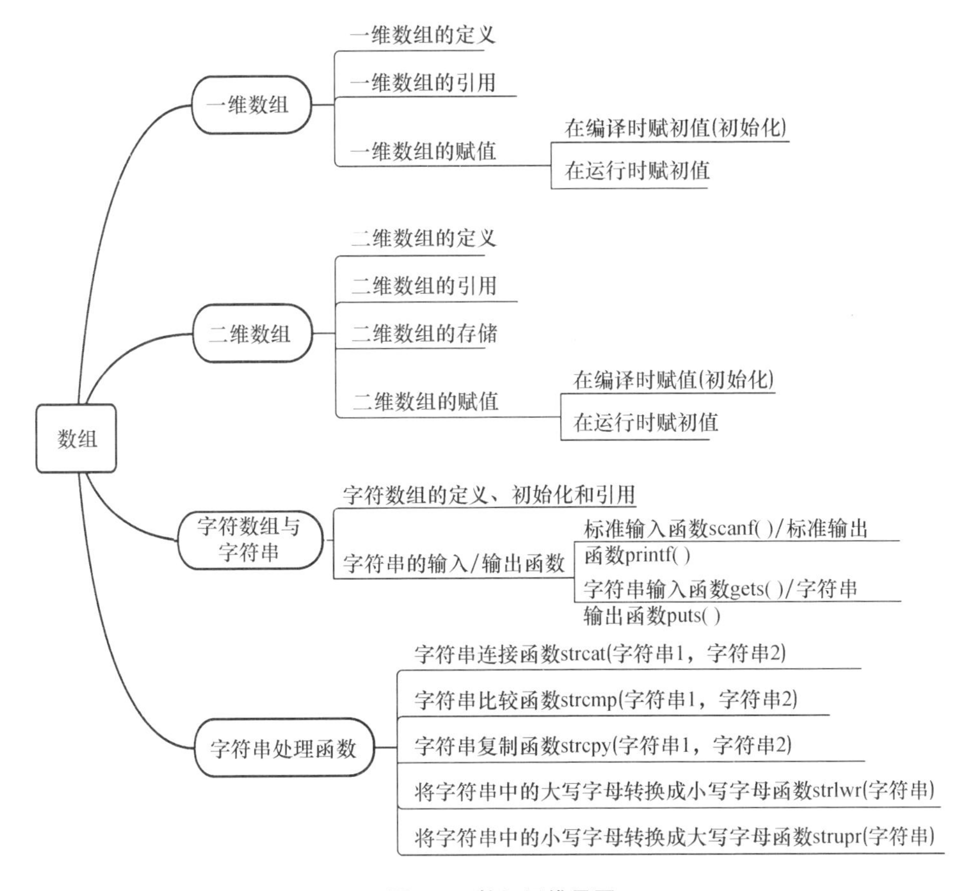

图5.1　数组思维导图

(2)实例。

【实例5.1】

①任务描述。

从键盘输入一组整型数据,计算这些数据的总和、平均值并输出结果。

②算法分析。

用户输入数字个数n,定义一个大小为n的整数数组numbers。利用循环接收用户输入的n个数字,并存储在数组中。遍历数组,累加数组元素,计算总和。计算平均值,输出总和和平均值。

③算法描述。

实例5.1算法流程图如图5.2所示。

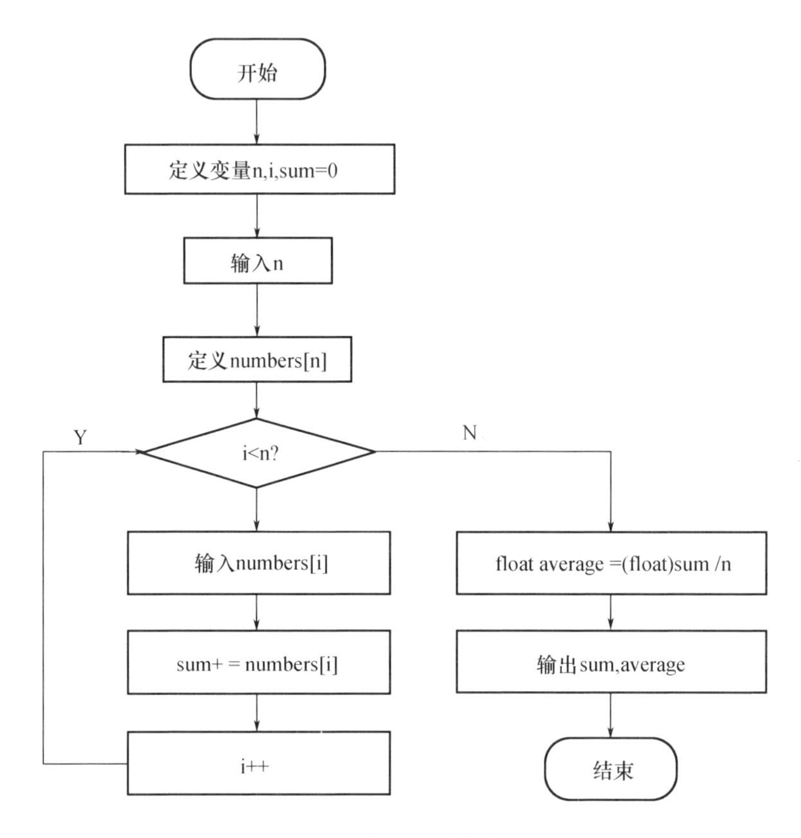

图 5.2　实例 5.1 算法流程图

④编写代码

```
1  #include <stdio. h>
2  int main( )
3  {
4    int n, i; // 定义整数变量 n(用于存储数字个数)和 i(用于循环计数)
5    int sum = 0; // 定义一个整数变量 sum, 用于存储数字总和
6    printf("请输入数字个数:"); // 提示用户输入数字个数
7    scanf("%d", &n); // 从用户输入中读取数字个数,并存储在变量 n 中
8    int numbers[n]; // 定义一个整数数组,用于存储输入的数字
9    for (i = 0; i < n; i++) // 使用循环语句读取用户输入的数字,并存储到
     数组中
10     {
11       printf("请输入第%d 个数字:", i + 1); // 提示用户输入第 i+1 个
         数字
```

```
12        scanf("%d", &numbers[i]); // 读取输入的数字,并存储到数组中的
          第 i 个位置
13        sum += numbers[i]; // 将数组中的数字累加到 sum 变量中
14      }
15      float average = (float)sum / n; // 计算平均值,将 sum 数据类型强制转
        换为浮点型
16      printf("总和:%d\n 平均值:%.2f\n", sum, average);
17      return 0;
18   }
```

⑤运行结果。

实例 5.1 程序运行结果如图 5.3 所示。输入数字个数,程序运行完成后对数组中的元素逐个输出,并输出这几个数字的总和及平均值。

```
请输入数字个数:5
请输入第 1 个数字:90
请输入第 2 个数字:85
请输入第 3 个数字:78
请输入第 4 个数字:65
请输入第 5 个数字:35
总和:353
平均值:70.60 请按任意键继续……
```

图 5.3 实例 5.1 程序运行结果

⑥思考。

a. 如果在计算平均值时保留两位小数,应该使用以下哪个格式控制符?(　　)

A. %d　　B. %f　　C. %.2f　　D. %2f

b. 将程序修改为输入 5 个整数,求这 5 个整数的最大值、最小值、总和、平均值。程序代码如下,请分析程序,编写程序并给出程序运行的结果。

```
1  #include <stdio.h>
2  int main()
3  {
4    int numbers[5]; // 定义一个整数数组,用于存储 5 个整数
5    int i,sum = 0; // 定义变量 i(用于存储数字个数)和 sum(用于存储数字
     总和)
6    int min, max;// 定义变量 max(用于存储最大值)和 min(用于存储最小
     值)
```

```
7       for( i=0;i<5;i++) // 输入 5 个整数并计算总和
8       {
9          printf("请输入第%d 个整数:", i + 1);
10         scanf("%d", &numbers[i]);
11         sum += numbers[i];//将数组中的数字累加到 sum 中,即求和
12         if (i == 0)
13         { min = max = numbers[i];}
14         else
15         {
16            if (numbers[i] < min)
17               min = numbers[i];
18            if (numbers[i] > max)
19               max = numbers[i];
20          }
21      }
22      float average = (float)sum / 5; // 计算平均值
23      printf("最大值:%d\n", max);
24      printf("最小值:%d\n", min);
25      printf("总和:%d\n", sum);
26      printf("平均值:%.2f\n", average);
27      return 0;
28   }
```

【实例 5.2】

①任务描述。

用冒泡法对 5 个整数进行升序排序。

②算法分析。

当冒泡排序算法运行时,它通过多次迭代遍历数组,比较相邻的元素,并根据需要交换它们的位置,从而逐步将数组中的元素按照升序(或降序)排列。下面是冒泡排序算法的详细步骤。

第一步,从数组的第一个元素开始,向数组的末尾移动,逐个比较相邻的两个元素。

第二步,如果第一个元素比第二个元素大(或小,根据升序还是降序决定),则交换这两个元素的位置。

第三步,继续比较第二个和第三个元素、第三个和第四个元素,依此类推,直到比较到倒数第二个和最后一个元素。

第四步,在第一轮迭代后,最大(或最小)的元素已经移动到了数组的末尾。

第五步,在下一轮迭代中,忽略已经排好序的末尾元素,继续进行比较和交

换，将剩余的元素中的最大（或最小）元素移动到倒数第二个位置。

第六步，重复进行迭代，每一轮迭代都会将未排序部分中的最大（或最小）元素移动到正确的位置。

重复这个过程，直到所有的元素都被正确地排列。

冒泡排序算法的优化：如果在一轮迭代中没有进行任何元素的交换，说明数组已经完全有序，可以提前结束排序。

③算法描述。

实例 5.2 算法流程图如图 5.4 所示。

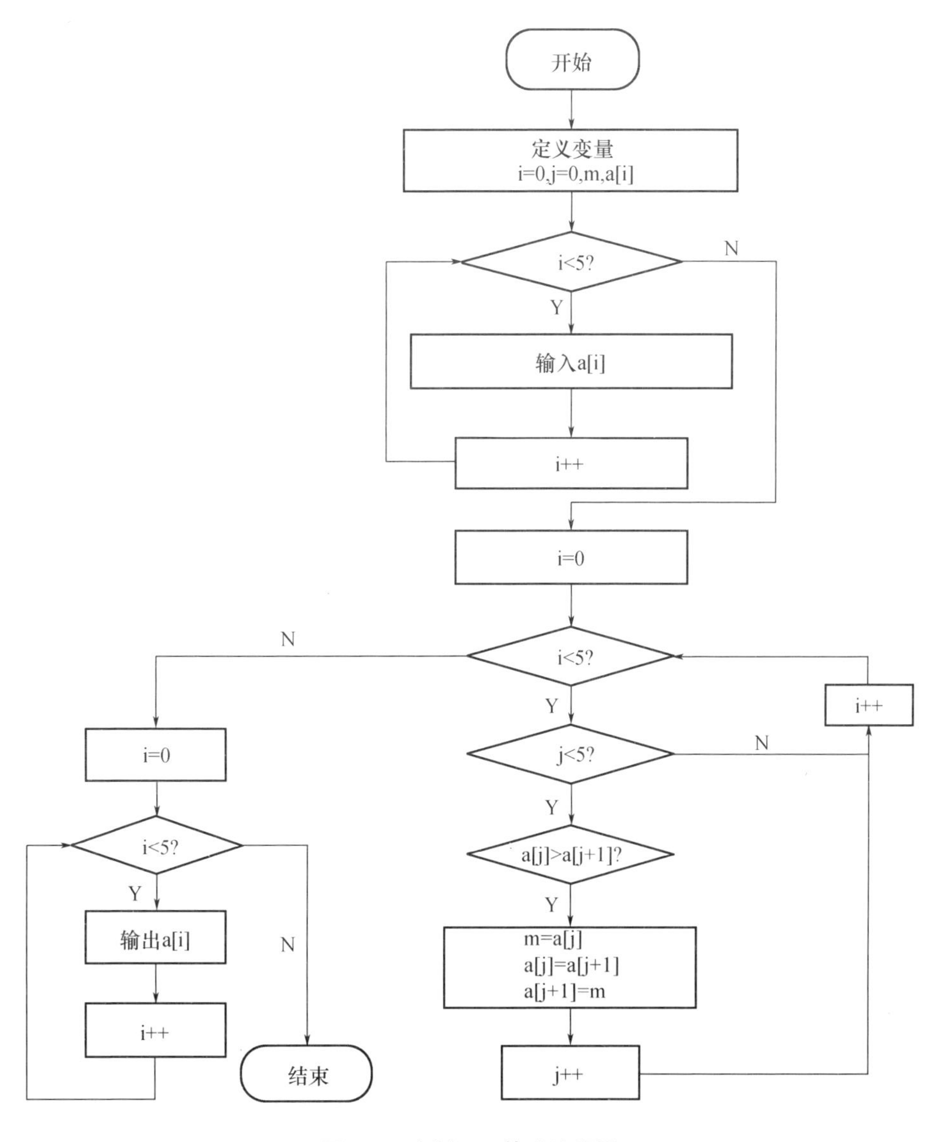

图 5.4　实例 5.2 算法流程图

④编写代码。

```
1  #include <stdio. h>
2  int main( )
3  {
4   int i, j, m, a[5]; // 定义变量 i,j,m,以及用于存储整数的数组 a
5   for (i = 0; i <5; i++)// 输入 5 个整数并存储到数组 a 中
6   scanf("%d", &a[i]);
7   for (i = 0; i <5; i++) // 外层循环,控制排序轮数
8     for (j = 0; j <5; j++) // 内层循环,控制每轮比较次数
9       if(a[j]>a[j+1])
10      {
11          m = a[j];  // 用 m 临时存储 a[j]的值
12          a[j] = a[j + 1]; // 将 a[j + 1]的值赋给 a[j]
13          a[j + 1] = m; // 将 m(即原来的 a[j])的值赋给 a[j+1]
14      }
15   for (i = 0; i <5; i++)// 输出排序后的数组
16     printf("%d ", a[i]);
17   return 0;
18 }
```

⑤运行结果。

实例 5.2 程序运行结果如图 5.5 所示。程序运行完成后对数组元素进行了升序排列,并输出排序后的结果。

```
98 78 65 43 91
43 65 78 91 98
请按任意键继续……
```

图 5.5　实例 5.2 程序运行结果

⑥思考。

a. 学习以下程序,从键盘输入 5 个整数并按照输入的顺序输出,编写程序并运行,给出程序运行结果。

```
1  #include <stdio. h>
2  int main( )
3  {
```

```
4      int i;
5      int numbers[5]; // 定义一个数组,用于存储输入的整数
6      printf("请输入 5 个整数:\n");
7      for (i = 0; i < 5; i++)
8          scanf("%d", &numbers[i]); // 从键盘读取整数并存储在数组中
9      printf("你输入的数是:\n");
10     for (i = 0; i < 5; i++)
11         printf("%d ", numbers[i]); // 输出存储在数组中的整数
12     return 0;
13  }
```

b. 请编写程序实现输入字符串"hello"并输出。

【实例 5.3】

①任务描述。

编写程序,用二维数组表示 4 * 4 的矩阵并输出该矩阵。

②算法分析。

这个程序要实现一个简单的二维数组初始化和遍历的操作,以及相应的输出。需要注意的是访问二维数组元素时需要使用两个索引,一个表示行,另一个表示列。

③算法描述。

实例 5.3 算法流程图如图 5.6 所示。

④编写代码。

```
1  #include <stdio.h>
2  int main()
3  {
4     int arr[4][4]={1,2,3,4,5,6,7,8,9,10,11,12,13,14,15,16}; //初始化
5     int i, j; // 定义变量 i 和 j,用于循环计数
6     printf("这个矩阵是:\n");
7     for (i = 0; i < 4; i++) // 遍历矩阵的行
8     {
9           for (j = 0; j < 4; j++) // 遍历矩阵的列
10            printf("%d ", arr[i][j]); // 输出矩阵元素
11         printf("\n"); // 换行以分隔矩阵各行
12    }
13    return 0;
14 }
```

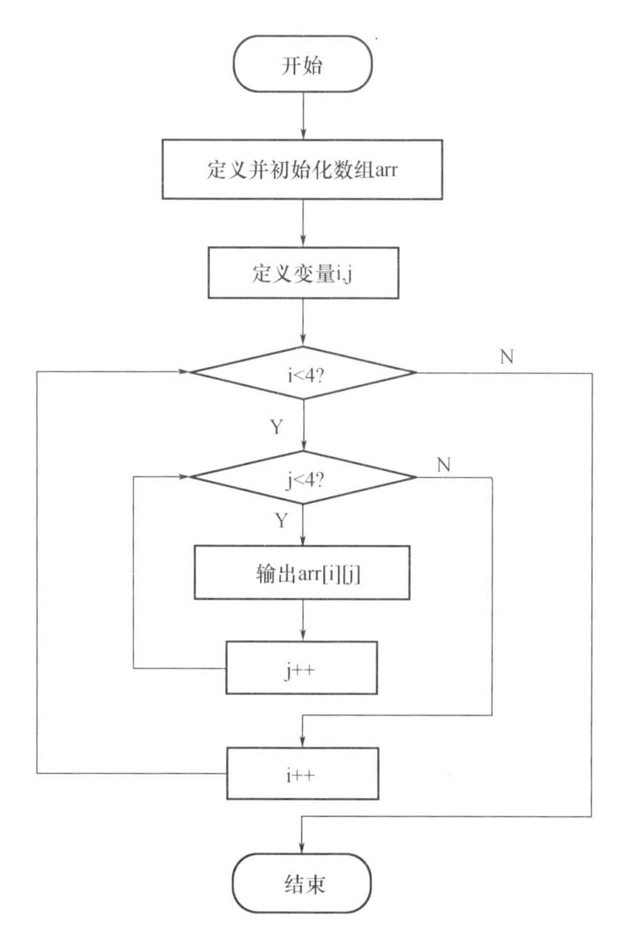

图 5.6　实例 5.3 算法流程图

⑤运行结果。

实例 5.3 程序运行，根据数组初始化的元素输出结果，如图 5.7 所示。

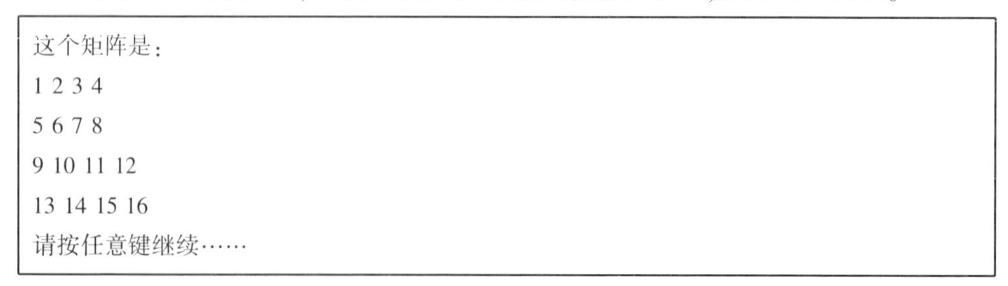

```
这个矩阵是：
1 2 3 4
5 6 7 8
9 10 11 12
13 14 15 16
请按任意键继续……
```

图 5.7　实例 5.3 程序运行结果

⑥思考。

将上面的程序修改成从键盘上输入一个4*4的矩阵并输出。程序代码如下,编写并运行程序,给出运行结果。

```
1  #include <stdio.h>
2  int main()
3  {
4    int arr[4][4];  // 定义一个4*4的二维数组来表示矩阵
5    int i, j;
6    printf("请输入二维数组:\n");  // 提示用户输入矩阵元素
7    for (i = 0; i < 4; i++)   // 外层循环,遍历矩阵的行
8    {
9      for (j = 0; j < 4; j++)   // 内层循环,遍历矩阵的列
10     {
11       scanf("%d", &arr[i][j]);  // 从键盘读取矩阵元素
12     }
13   }
14   printf("输入的二维数组是:\n");
15   for (i = 0; i < 4; i++)   // 外层循环,遍历矩阵的行
16   {
17     for (j = 0; j < 4; j++)   // 内层循环,遍历矩阵的列
18     {
19       printf("%d ", arr[i][j]);  // 输出矩阵元素
20     }
21     printf("\n");  // 换行以分隔矩阵各行
22   }
23   return 0;
24 }
```

【实例5.4】

①任务描述。

编写程序,输入一行字符,统计其中出现的大写字母、小写字母出现的次数。

②算法分析。

本程序逐个检查输入字符串中的字符,根据字符是大写字母或小写字母来增加相应的计数器计数,最终得到大写字母和小写字母的出现次数。

③算法描述。

实例5.4算法流程图如图5.8所示。

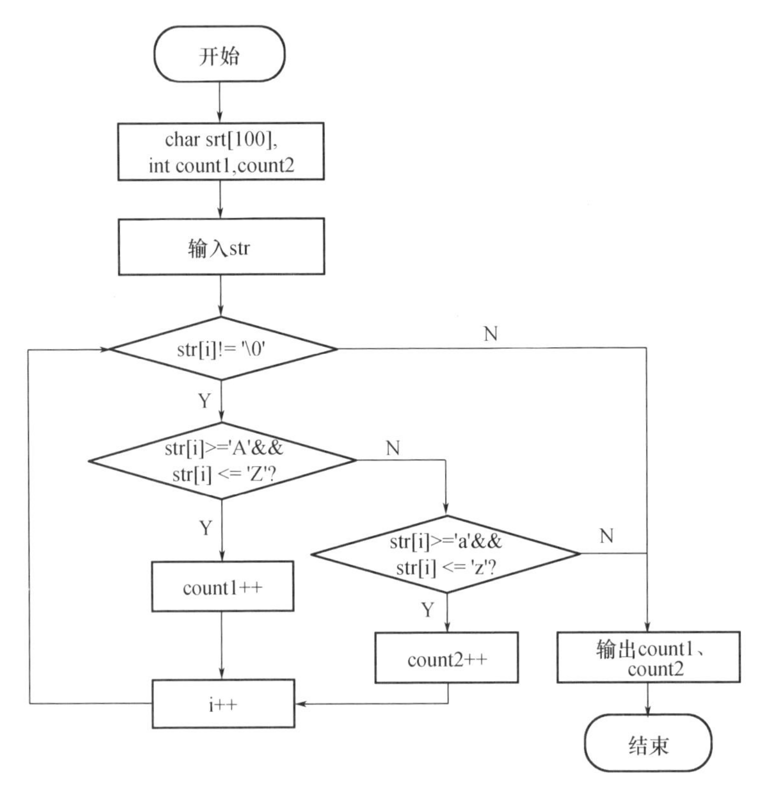

图 5.8　实例 5.4 算法流程图

④编写代码。

```
1  #include <stdio. h>
2  int main( )
3  {
4     int i;
5     char str[100]; // 定义一个字符数组来存储输入的字符串
6     int count1 = 0; // 用于统计大写字母的计数器
7     int count2 = 0; // 用于统计小写字母的计数器
8     printf("请输入一行字符:\n");
9     gets(str); // 获取用户输入的一行字符
10    for ( i = 0; str[i]! = ´\0´; i++) // 遍历输入的字符串并统计大写和小
      写字母的数量
11    {
12       if (str[i] >= ´A´ && str[i] <= ´Z´)
13       {
```

```
14          count1++;
15        }
16        else if(str[i] >= 'a' && str[i] <= 'z')
17        {
18          count2++;
19        }
20      }
21      printf("大写字母的个数:%d\n", count1);
22      printf("小写字母的个数:%d\n", count2);
23      return 0;
24    }
```

⑤思考。

将下面的程序修改为输入一行字符,统计其中字母、数字出现的次数。根据注释补充程序代码。

```
1   #include <stdio.h>
2   int main()
3   {
4       int i;
5       char str[100];
6       int count1 = 0;
7       int count2 = 0;
8       printf("请输入一行字符:\n");
9       gets(str);
10      for ( i = 0; str[i]! = '\0'; i++)
11      {
12        if (____________________)//判断输入的字符是否是字母
13        {
14          count1++;
15        }
16        else if(__________________)//判断输入的字符是否是数字
17        {
18          count2++;
19        }
```

```
20    }
21    printf("字母的个数:%d\n", count1);
22    printf("数字的个数:%d\n", count2);
23    return 0;
24 }
```

4. 课外拓展

请编写程序,输入 5 位学生 2 门课程的成绩并输出。

提示:使用二维数组 scores 来存储学生的成绩。每一行代表一个学生,每一列代表一门课程。这种结构能够很好地组织学生和课程的数据。使用嵌套的 for 循环结构,首先外层循环遍历每个学生,然后内层循环遍历每门课程。这种结构使得每个学生的每门课程成绩都能被输入和输出。

课外拓展程序运行结果如图 5.9 所示。

```
请输入 5 个学生的 2 门课程成绩:
学生 1 的成绩:
课程 1 成绩: 99
课程 2 成绩: 89
学生 2 的成绩:
课程 1 成绩: 78
课程 2 成绩: 95
学生 3 的成绩:
课程 1 成绩: 87
课程 2 成绩: 67
学生 4 的成绩:
课程 1 成绩: 89
课程 2 成绩: 90
学生 5 的成绩:
课程 1 成绩: 98
课程 2 成绩: 79
输入的学生课程成绩为:
学生 1 的成绩: 课程 1: 99 课程 2: 89
学生 2 的成绩: 课程 1: 78 课程 2: 95
学生 3 的成绩: 课程 1: 87 课程 2: 67
学生 4 的成绩: 课程 1: 89 课程 2: 90
学生 5 的成绩: 课程 1: 98 课程 2: 79
请按任意键继续……
```

图 5.9　课外拓展程序运行结果

实验 6　函　　数

1. 知识概述

函数在 C 语言编程中扮演着至关重要的角色。函数是实现特定功能的独立代码单元,使程序代码更加结构化和模块化。通过使用函数,程序的逻辑变得清晰,代码更加精炼。在 C 语言中,每个程序都由函数构成,其中 main( ) 函数标志着程序的开始和结束。

C 语言中的函数可分为两大类:库函数和用户自定义函数。

库函数是一组预定义的函数,存储在系统库文件中,这些库文件以.h 为后缀,如 stdio.h、math.h、string.h 等。这些库函数为编程提供了便利,如 scanf( )、printf( )、sqrt( ) 等,它们在使用前需通过相应的头文件引入。

用户自定义函数的实现涉及声明、定义和调用三个关键步骤。函数声明是一种语法结构,向编译器传达函数的基本信息,包括函数名称、返回值类型,以及参数的类型和数量。函数声明的目的是告知编译器该函数的存在,以便于正确地识别和链接函数调用。函数定义则详细描述了函数的具体实现,包括返回值类型、函数名称、参数列表及实现的功能和返回值。在 C 语言中,遵循"先声明后使用"的原则,应确保函数在被调用之前已经被声明。

函数调用是实际使用函数的过程,其中函数的执行体仅在调用时被执行。调用时传递的参数称为实际参数(简称实参),它们会被传递给函数定义中的形式参数(简称形参)。返回值(如果存在)会从被调函数传递回主调函数。除了普通的函数调用,C 语言还支持函数嵌套调用,即在一个函数内调用另一个函数,以及函数的递归调用,其中函数直接或间接地调用自身。

在函数中定义的变量称为局部变量,它们的作用域局限于函数本身。这意味着,一旦离开了函数,这些变量将不再可用。全局变量则在函数外部定义,作用域贯穿整个程序,从定义开始到程序结束。全局变量可在程序的任何部分被访问和修改,因此需要谨慎使用,以避免潜在的冲突和错误。

2. 实验目的

(1)理解 C 语言程序设计使用函数的意义。

(2)掌握函数的声明、定义和调用。

(3)理解函数中形式参数和实际参数间参数值的传递。

(4)掌握用 return 语句实现函数值返回。

(5)掌握函数的嵌套调用。

(6)掌握函数的递归调用。

(7)会运用函数编写C程序。

3. 实验内容

(1)研读教材,熟悉关键语句。

学习函数,编写函数相关程序,必须要研读教材的相关知识点,包括:函数作用,库函数,用户自定义函数的声明、定义和调用,嵌套调用和递归调用,变量的作用域等。函数思维导图如图6.1所示。

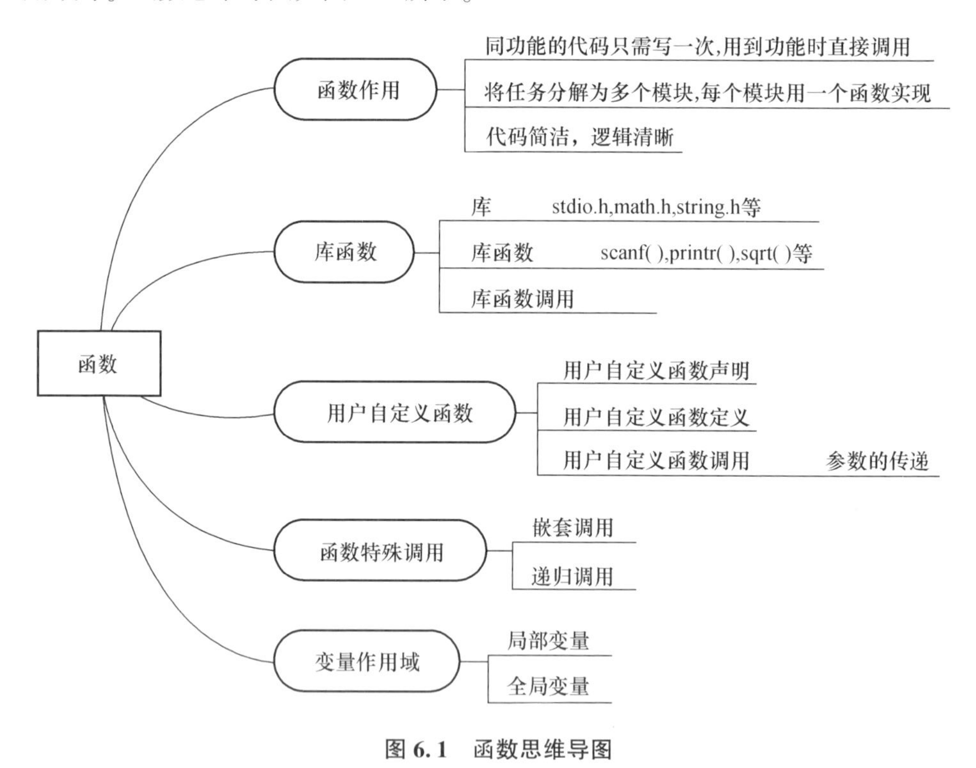

图6.1 函数思维导图

(2)实例

【实例6.1】

①任务描述。

编写程序输出以下结果,用函数调用实现。

```
* * * * * * * * * * * * * * * * * * * *
             中国梦,我们的梦!
* * * * * * * * * * * * * * * * * * * *
```

②算法分析。

观察上面的输出结果,可以发现在文字的上下分别有一行“ * ”,要求用函数调用实现,可以编写两个函数,一个用来输出一行“ * ”,另一个用来输出中间的这行文字,再在主函数中调用它们。

③算法描述。

实例 6.1 算法流程图如图 6.2 所示。

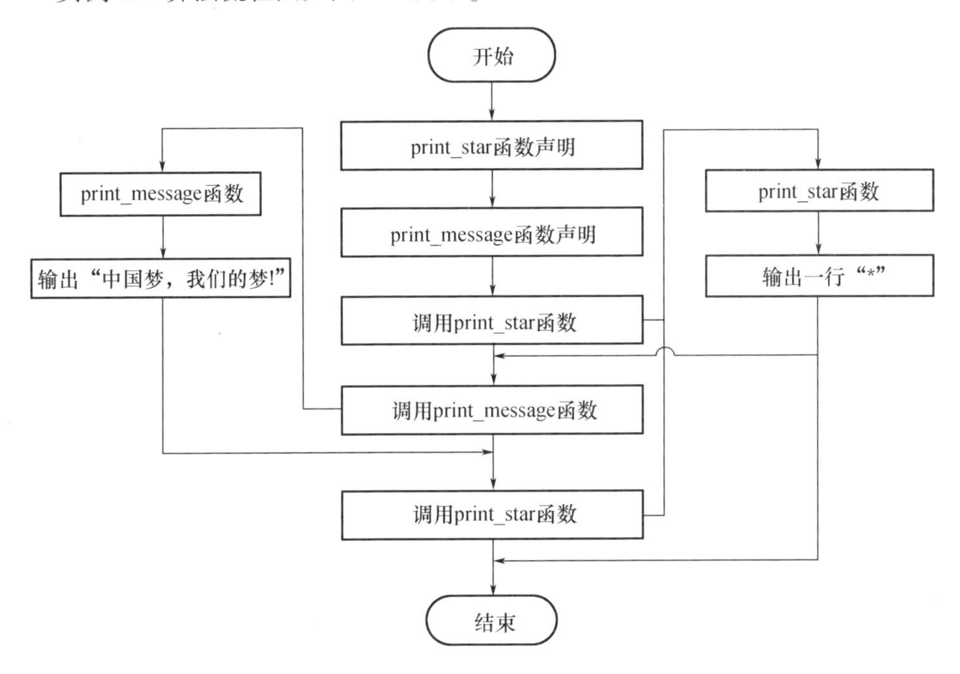

图 6.2　实例 6.1 算法流程图

④编写程序。

读下面的程序,并根据注释将程序补充完整。

```
1   #include <stdio. h>
2   #include <stdlib. h>
3   int main( )
4   {
5     void print_star( ) ;
6     ________________//print_message( ) 函数声明
7     print_star( ) ;
8     ________________ //print_messgae( ) 函数调用
9     ________________ //print_star( ) 函数调用
10     system( " pause" ) ;
11     return 0;
12  }
```

```
13  void print_star( )
14  {
15      printf(" * * * * * * * * * * * * * * * * * * * * * * * \n");
16  }
17  void print_message( )
18  {
19      printf("中国梦,我们的梦! \n");
20  }
```

程序的第 5~6 行是函数声明,第 7~9 行是函数调用,第 10 行是调用“pause”命令,防止外部终端窗口闪退,第 13~16 行是 print_star( ) 函数定义,第 17~20 行是 print_message( ) 函数定义。

⑤运行结果。

实例 6.1 程序运行结果如图 6.3 所示,可以看到输出了正确的结果。

```
* * * * * * * * * * * * * * * * * * * * * * * 
中国梦,我们的梦!
* * * * * * * * * * * * * * * * * * * * * * * 
请按任意键继续……
```

图 6.3　实例 6.1 程序运行结果

⑥思考。

a. print_star( ) 和 print_message( ) 两个函数,属于下列哪一类函数? (　　)

A. 有参数,有返回值　　　B. 有参数,无返回值

C. 无参数,有返回值　　　D. 无参数,无返回值

b. 简述 print_star( ) 和 print_message( ) 两个函数的功能是什么。

【实例 6.2】

①任务描述。

编写程序,输出如图 6.4 所示等腰梯形图案,其中上底长度 a 和高度 h 可由用户自定义,用函数调用实现。

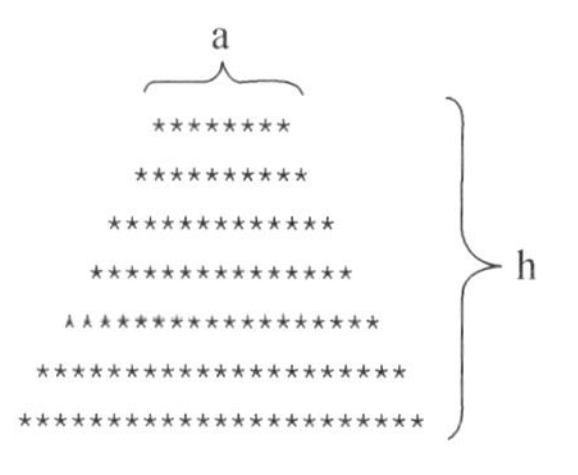

图 6.4　输出图形

②算法分析。

任务要求中输出的等腰梯形上底长度和高度可以由用户自定义,可以编写一个带两个参数的 print_trapezoid( ) 函数,一个参数用于输入上底长度 a,另一个参数用于输入高度 h。print_trapezoid( ) 函数执行体输出 h 行由空格和“ * ”组成的图形,第一行输出的空格的个数为 h,输出的“ * ”的个数为 a,第二行输出的空格的个数为 h-1,输出的“ * ”的个数为 a+2……第 h 行输出的空格的个数为 0,输出的“ * ”的个数为 a+2h。可以采用二重循环,外层循环控制行数,内层循环控制每一行的输出。最后在主函数中调用该函数即可。

③算法描述。

实例 6.2 算法流程图如图 6.5 所示。

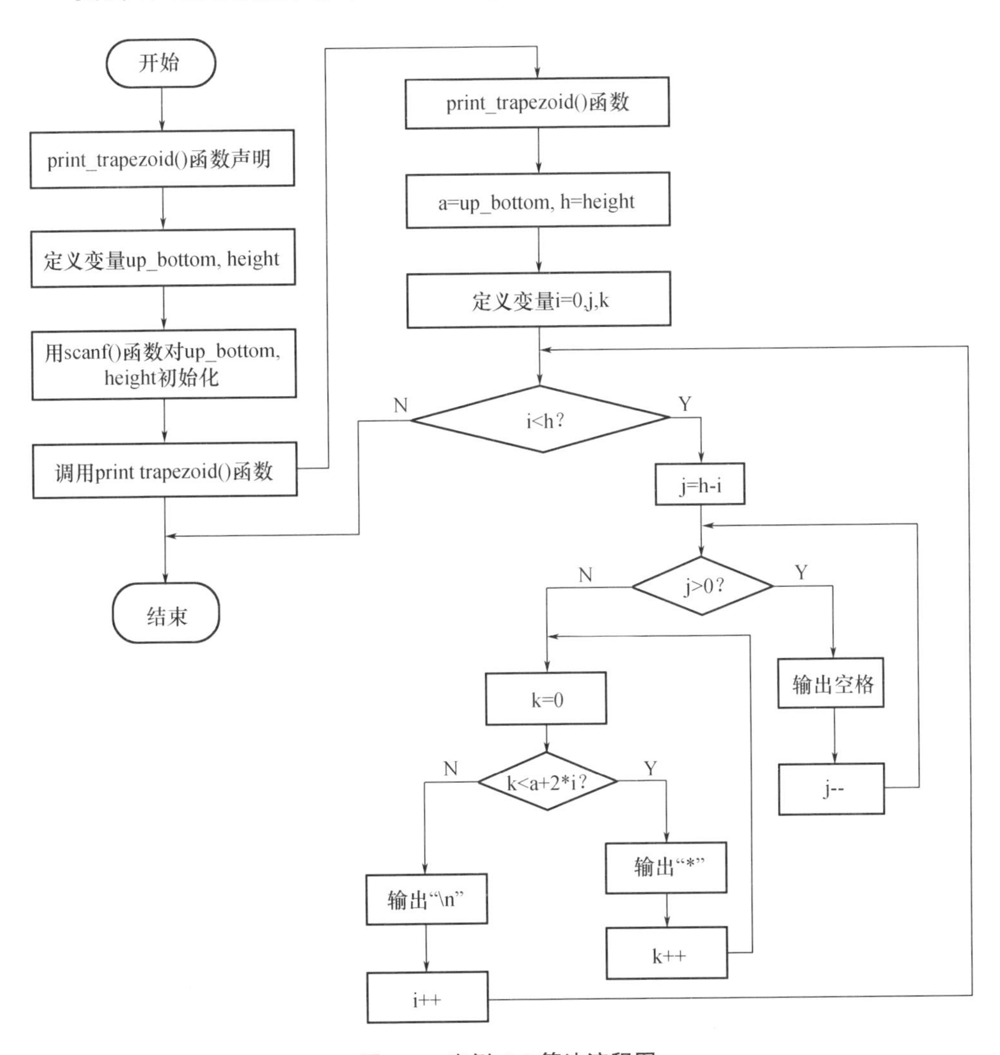

图 6.5　实例 6.2 算法流程图

④编写程序。

读下面的程序,并根据注释将程序补充完整。

```
1   #include <stdio.h>
2   #include <stdlib.h>
3   int main()
4   {
5   void print_trapezoid(int a,int h);
6   int up_bottom,height;
7   scanf("%d,%d",&up_bottom,&height);
8   ________________________;//调用函数
9   system("pause");
10  return 0;
11  }
12  void print_trapezoid(int a,int h)
13  {
14    int i,j,k;
15    for(i=0;__________;i++)//外层循环用于控制输出行数
16    {
17      for(__________;j>0;j--)//内层循环,用于输出空格
18        printf(" ");
19      for(__________________)//内层循环,用于输出星号
20        printf("*");
21      printf("\n");
22    }
23  }
```

程序第 5 行是函数声明,第 7 行是从键盘输入值,初始化 up_bottom、height 两个变量,第 8 行是调用 print_trapezoid()函数,第 12~23 行是 print_trapezoid()函数的定义。特别要注意函数执行体中用双重循环实现梯形的输出,第 17~18 行和第 19~20 行两个循环的地位是平行的,没有嵌套关系。

⑤运行结果。

实例 6.2 程序运行结果如图 6.6 所示。运行程序时,输入的上底长度为 3,高度为 6。

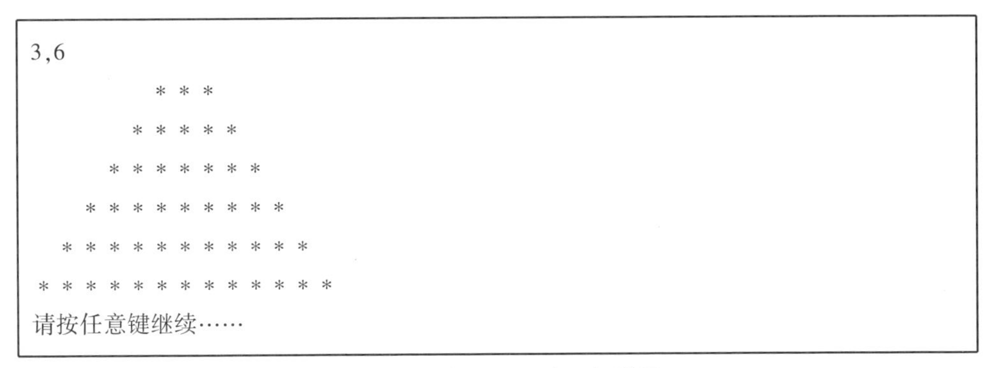

```
3,6
          * * *
        * * * * *
      * * * * * * *
    * * * * * * * * *
  * * * * * * * * * * *
* * * * * * * * * * * * *
请按任意键继续……
```

图6.6 实例6.2程序运行结果

⑥思考。

a. print_trapezoid( )函数属于下列哪一类函数？（　　）

A. 有参数,有返回值　　B. 有参数,无返回值

C. 无参数,有返回值　　D. 无参数,无返回值

b. 上述程序在调用的过程中,数据传递过程是怎样的？

c. 在本实例的基础之上,增加函数功能:在输出等腰梯形的同时,返回一共输出了多少个“ * ”。请写出程序代码,并查看运行结果。

d. 程序修改后,此时的print_trapezoid( )函数属于下列哪一类函数？（　　）

A. 有参数,有返回值　　B. 有参数,无返回值

C. 无参数,有返回值　　D. 无参数,无返回值

e. 有返回值和无返回值在函数调用时有区别吗？如果有的话区别是什么？

f. 函数的返回值可以有多个吗？

【实例6.3】

①任务描述。

“三天打鱼,两天晒网”出自曹雪芹《红楼梦》:“因此也假说来上学,不过是三日打鱼,两日晒网,白送些束修礼物与贾代儒。”比喻对学习、工作没有恒心,经常中断,不能长期坚持。做事要持之以恒,坚持不懈,一定不要三天打鱼,两天晒网。

某渔民从2018年1月1日起按照“三天打鱼,两天晒网”工作,请用函数嵌套实现确定之后的某一天,该渔民应该打鱼还是晒网。

②算法分析。

要判断某一天是打鱼还是晒网,需要计算从2018年1月1日到指定的日期一共是多少天,计算天数时,需考虑相关年份是闰年还是平年,用函数嵌套实现。先定义函数isleapyear( ),用来判断相关年份是闰年还是平年,然后再定义函数days( ),用来计算从2018年1月1日到指定日期的天数,计算天数的时候分别计算整年的天数、整月的天数和不成整年且不成整月的天数,计算过程中调用isleapyear( )函

数,最后在主函数中调用 days( ) 函数即可。

③算法描述。

实例 6.3 算法流程图如图 6.7~6.9 所示。

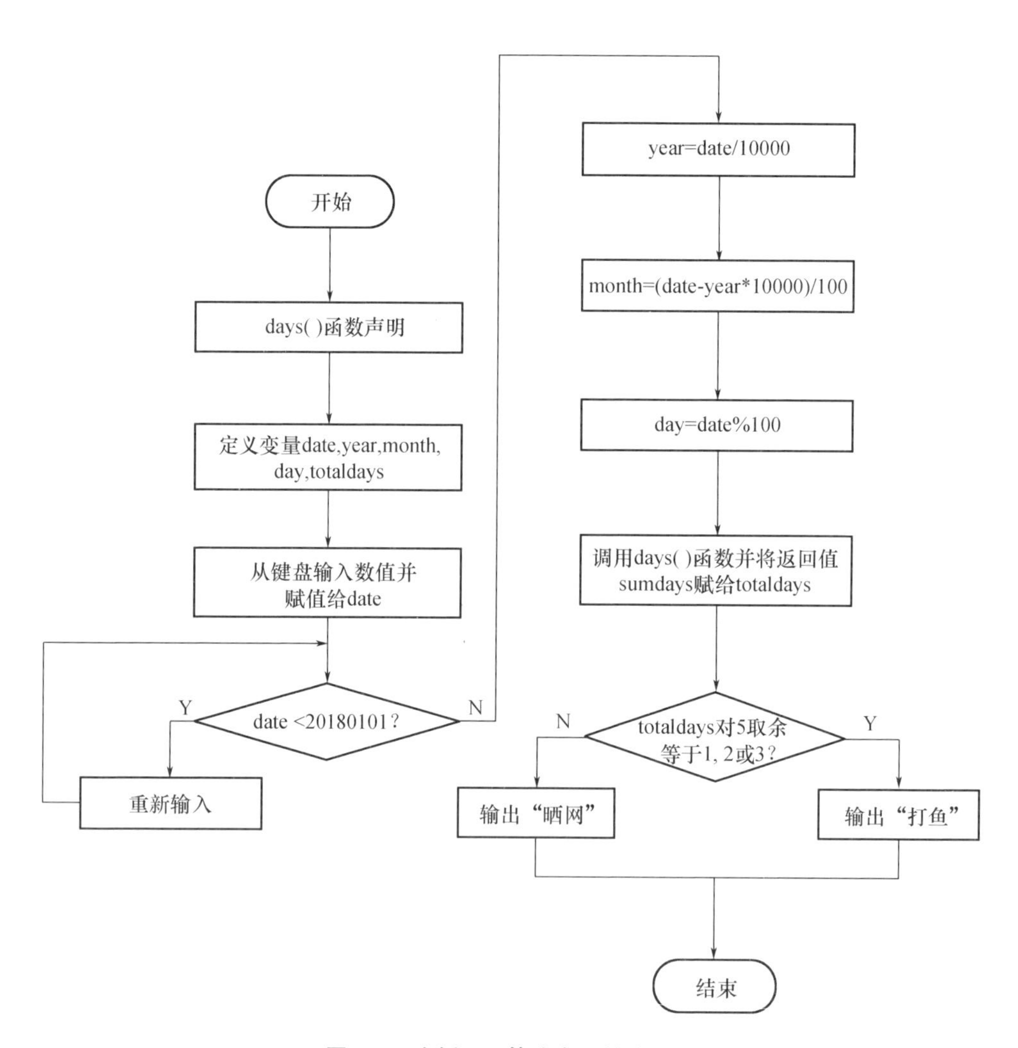

图 6.7　实例 6.3 算法主函数流程图

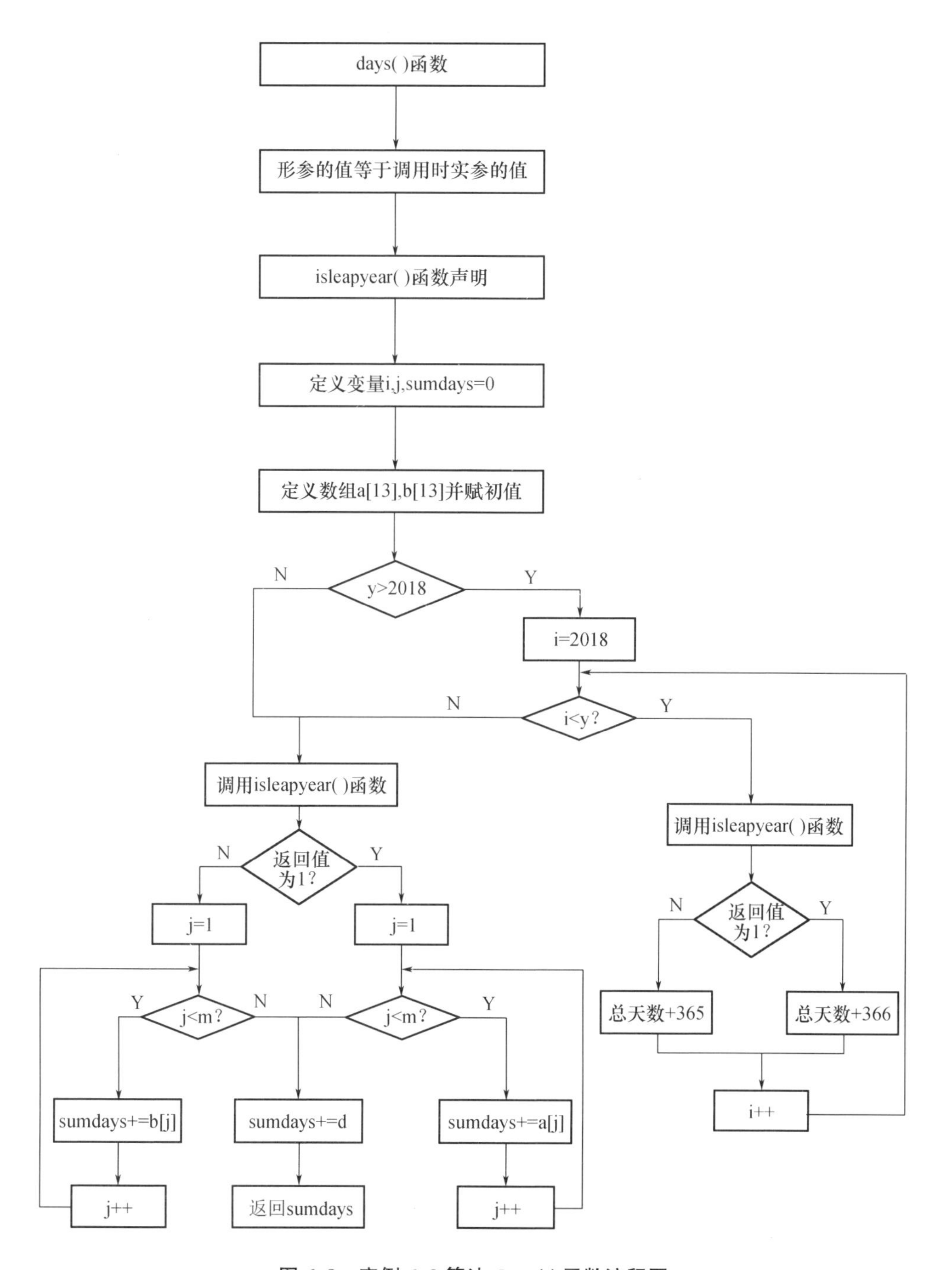

图 6.8　实例 6.3 算法 days( ) 函数流程图

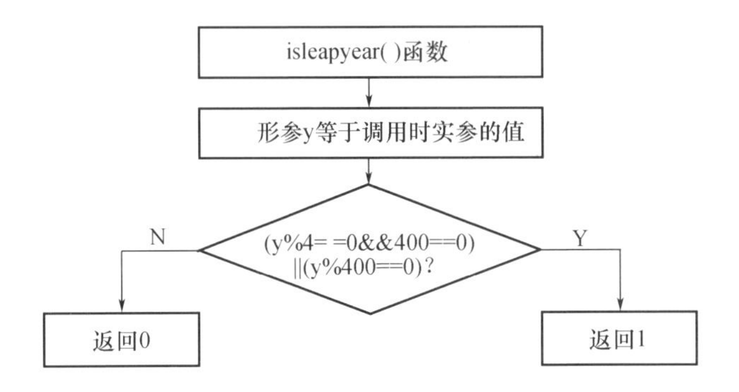

图 6.9　实例 6.3 算法 isleapyear( ) 函数流程图

④编写程序。

读下面的程序,并根据注释将程序补充完整。

```
1  #include <stdio. h>
2  #include <stdlib. h>
3  int main( )//主函数
4  {
5     int days( int y,int m,int d) ;//函数声明
6     int data,year,month,day,totaldays;
7     printf( "请输入 20180101 之后的日期,格式如:20220112\n") ;
8     scanf( "%d" ,&data) ;
9     while( data<20180101)
10      {
11        printf( "日期输入错误,请重新输入:\n") ;
12        scanf( "%d" ,&data) ;
13      }
14      ______________________ //提取输入日期年份
15      ______________________ //提取输入日期月份
16      day = data%100;//提取输入日期日
17      ______________________ ;//调用 days( )函数,返回值赋给 totaldays
18      printf( "%d\n" ,totaldays) ;
19      if( ( totaldays%5) = =1||( totaldays%5) = =2||( totaldays%5) = =3)
20        printf( "%d 打鱼" ,data) ;
21      clsc
22        printf( "%d 晒网" ,data) ;
23      system( "pause" ) ;
```

```
24    return 0;
25  }
26  int isleapyear(int y)//定义判断闰年函数
27  {
28    if((y%4==0&&y%400==0)||(y%400==0))
29      return 1;
30    else
31      return 0;
32  }
33  int days(int y,int m,int d)//定义计算天数函数
34  {
35    int isleapyear(int y);
36    int i,j,sumdays=0;
37    int a[13]={0,31,29,31,30,31,30,31,31,30,31,30,31};//闰年每月
    天数数组
38    int b[13]={0,31,28,31,30,31,30,31,31,30,31,30,31};//平年每月
    天数数组
39    if(y>2018)
40    for(i=2018;i<y;i++)//整年天数计算
41    {
42      if(________________)//调用 isleapyear()函数,将返回值作为条件
43        sumdays +=366;
44      else
45        sumdays +=365;
46    }
47    if(isleapyear(y))//整月天数计算
48    {
49      for(j=1;j<m;j++)
50      sumdays += a[j];
51    }
52    else
53    {
54      for(j=1;j<m;j++)
55      sumdays += b[j];
56    }
```

```
57      sumdays += d;//剩下天数计算
58      return sumdays;
59  }
```

程序第 14～16 行是将输入的日期中年的值赋值给 year,月的值赋值给 month,天的值赋值给 day,作用是把年月日的值提取出来。第 17 行是调用 days( )函数,在执行这一行时程序就跳到 days( )函数定义处执行,执行时形式参数的值等于实际参数的值,即 y=year,m=month,d=day,运行完 days( )函数之后,将 days( )函数的返回值 sumdays 赋值给 totaldays。第 19～22 行是根据 totaldays 的值判断输入的日期是打鱼还是晒网并输出。第 26～32 行是 isleapyear( )函数的定义,该函数的作用是判断某年是否是闰年。第 33～59 行是 days( )函数的定义,其作用是计算出输入日期距 2018 年 1 月 1 日一共是多少天。第 37～38 行定义的两个数组分别存储了闰年和平年每月的天数。

⑤运行结果。

实例 6.3 程序运行结果如图 6.10 所示,当输入日期为"20220101"时,输出"打鱼"。

```
请输入 20180101 之后的日期,格式如:20220112
20220101
1461
20220101 打鱼
请按任意键继续……
```

图 6.10　实例 6.3 程序运行结果

⑥思考。

a. days( )函数在调用 isleapyear( )函数时,数据是怎样传递的? 主函数在调用 days( )函数时,数据又是怎样传递的?

b. 函数嵌套的概念是什么? 说明本程序是如何使用函数嵌套的,并写出实现嵌套的过程。

c. 运行程序,输入不同的日期,观察输出结果。

【实例 6.4】

①任务描述。

中国南宋数学家杨辉 1261 年所著的《详解九章算法》一书中出现了杨辉三角,其是中国古代数学的杰出研究成果之一,也称贾宪三角形,又称帕斯卡三角形。帕斯卡发现这一规律比杨辉迟 393 年,比贾宪迟 600 年。在杨辉三角这堆数字里面隐藏了很多信息和模式,让很多数学家都为之着迷。它与二项式 $(x+y)^n$ 展开后的系数的联系:n 代表杨辉三角行数, 且初始值为 0。当 n 等于不同的整数时,展开多项式得到的每一项的系数，都会与杨辉三角对应行数的一整行数字完全一致。

1

1 1

1 2 1

1 3 3 1

1 4 6 4 1

1 5 10 10 5 1

1 6 15 20 15 6 1

……

请用函数递归调用输出杨辉三角，行数用户可以自己确定。

②算法分析。

观察杨辉三角，发现每一行的第一个数和最后一个数都是 1，其他数都等于上一行对应数与前一个数之和，例如：第 5 行的"6"等于第 4 行中的"3"和"3"的和。因此本任务可以用函数递归实现，然后在主函数中调用该递归函数即可。

③算法描述。

实例 6.4 算法流程图如图 6.11 和图 6.12 所示。

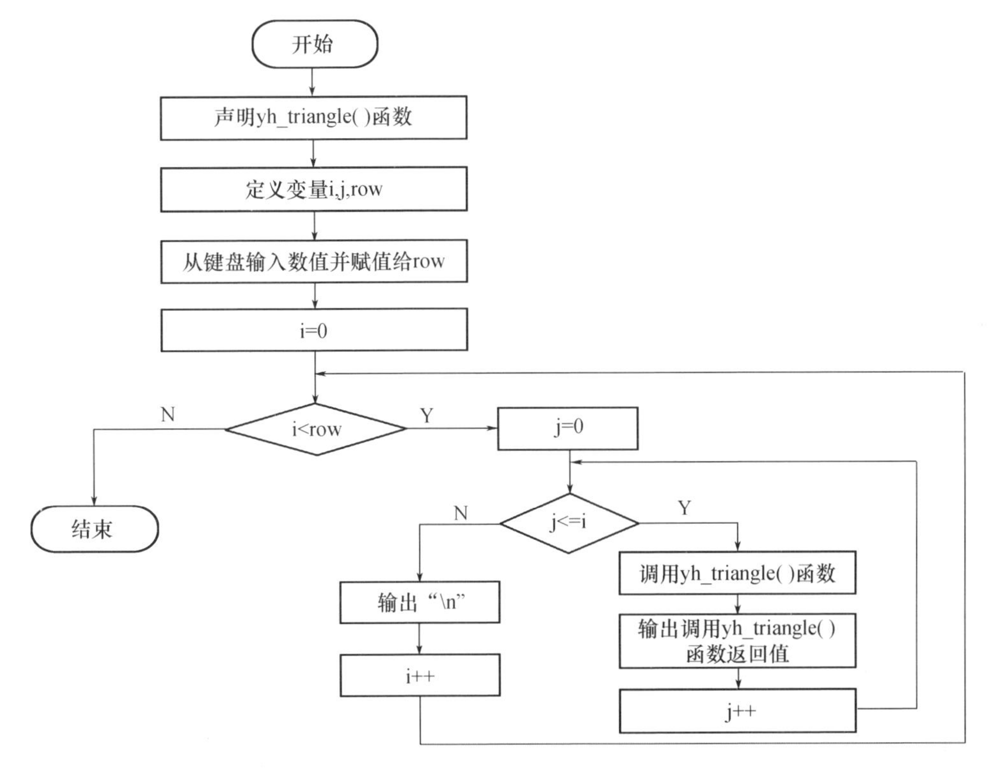

图 6.11　实例 6.4 算法主函数流程图

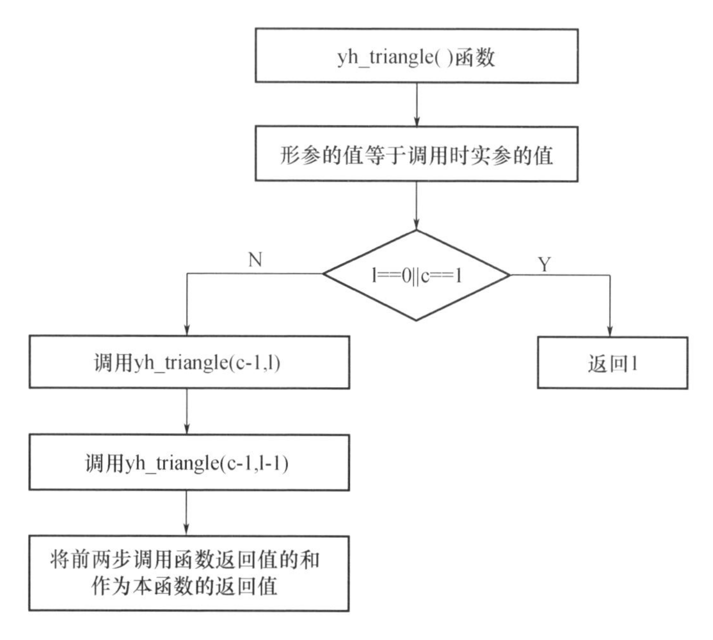

6.12　实例 6.4 算法 yh_triangle( ) 函数流程图

④编写程序。

读下面的程序,并根据注释将程序补充完整。

```
1  #include <stdio.h>
2  #include <stdlib.h>
3  int main( )//主函数
4  {
5     int yh_triangle( int c,int l);
6     int i,j,row;
7     printf( "请输入杨辉三角的行数:\n");
8     scanf( "%d",&row);
9     for( i=0;i<row;i++)
10      {
11        for( j=0;j<=i;j++)
12        printf( "%5d",____________________); //调用 yh_triangle( )函数作
          为输出值
13        printf( "\n");
14      }
15     system( "pause");
```

```
16    return 0;
17  }
18  int yh_triangle(int c,int l)
19  {
20    if((l==0)||(c==1))
21    return 1;
22    else
23    return ____________; //调用 yh_triangle()函数本身作为返回值
24  }
```

程序第9~14行是双重循环,在内层循环调用yh_triangle()函数,计算出杨辉三角第i行第j列位置上元素的值,并输出。第18~24行是定义yh_triangle()函数。观察杨辉三角的特征,可以看到最前面一列位置上的数全部为1,每行最后的数也全部为1,每一行数的个数就是这行的行数,其他数都等于上一行对应数与前一个数之和,所以有了程序的第18~24行。第23行调用了yh_triangle()函数本身,因此本程序使用了递归调用。

⑤运行结果。

实例6.4程序运行结果如图6.13所示。在运行过程中,输入的杨辉三角的行数为10。

```
请输入杨辉三角的行数:
10
    1
    1   1
    1   2   1
    1   3   3   1
    1   4   6   4   1
    1   5   10  10  5   1
    1   6   15  20  15  6   1
    1   7   21  35  35  21  7   1
    1   8   28  56  70  56  28  8   1
    1   9   36  84  126 126 84  36  9   1
请按任意键继续……
```

图6.13 实例6.4程序运行结果

⑥思考。

a.函数递归在哪些情况下可以使用?

b. 使用函数递归调用有哪些风险?

c. 运行程序,输入不同的杨辉三角行数,观察运行结果。

4. 课外拓展

排序是处理数据的一种重要方法,它指的是将一组数据按照特定的规律排列,在数据库查询、搜索引擎、数字信号处理、图像处理、大数据等领域都有应用。我们已经了解过冒泡排序算法,除了冒泡排序算法外,还有很多种排序算法,如选择排序、插入排序、快速排序、希尔排序等算法。

请自行查阅资料,了解除冒泡排序算法之外的任意两种排序算法,要求如下:

(1)写出你了解的两种排序算法的算法原理,并进行算法描述。

(2)分别定义实现上述算法的函数。

(3)在主函数中根据需要,用户可通过键盘输入一组数,选择不同算法进行排序。

(4)按照要求输出排序算法排序后的新数组。

实验7　指　　针

1. 知识概述

在本书的前几章中,我们已经介绍了变量的基本概念。一般来说,访问变量的常见方式是直接使用变量名。然而,除了直接访问之外,还有一种被称为间接访问的方法。这种方法涉及一种特殊类型的变量——指针变量,它使我们能够通过存储变量地址的方式来访问数据。在本实验中,我们将深入探索指针变量的概念和用法。

指针变量本质上是指向内存地址的变量。由于不同类型的变量占用的内存大小不同,因此指针变量有不同的类型。指针变量本身也占据一定的内存空间,但与其他类型的变量不同,它存储的是内存地址而非常规数据。为了区分指针变量与其他类型的变量,我们通常使用"类型标识符 * 指针变量名"的格式来定义指针变量。初始化一个指针变量通常涉及使用取地址符"&"获取另一个变量的地址,并将其赋给指针变量。

指针变量的一个重要用途是通过改变指针变量所指向的存储单元的值来影响程序中的变量。这在函数调用中特别有用,因为它允许我们通过函数参数(指针变量)改变函数外部的变量值。此外,指针变量也在数组和字符串的操作中扮演着关键角色,使得访问和处理这些数据结构更加高效。在实验中,我们将通过一系列示例和练习,来展示如何有效地使用指针变量,并探讨它们在实际编程中的广泛应用。

2. 实验目的

(1)理解指针的概念。

(2)掌握指针变量的定义、赋值和引用。

(3)学会编写指针变量作为参数的函数。

(4)学会通过指针变量引用数组。

3. 实验内容

(1)研读教材,熟悉关键语句。

学习指针,编写与指针相关的程序,必须研读教材讲授的相关知识点,包括:指针的概念,指针变量的定义、赋值和引用,指针变量作为函数参数,以及指针变量与数组和字符串的关系等。指针思维导图如图7.1所示。

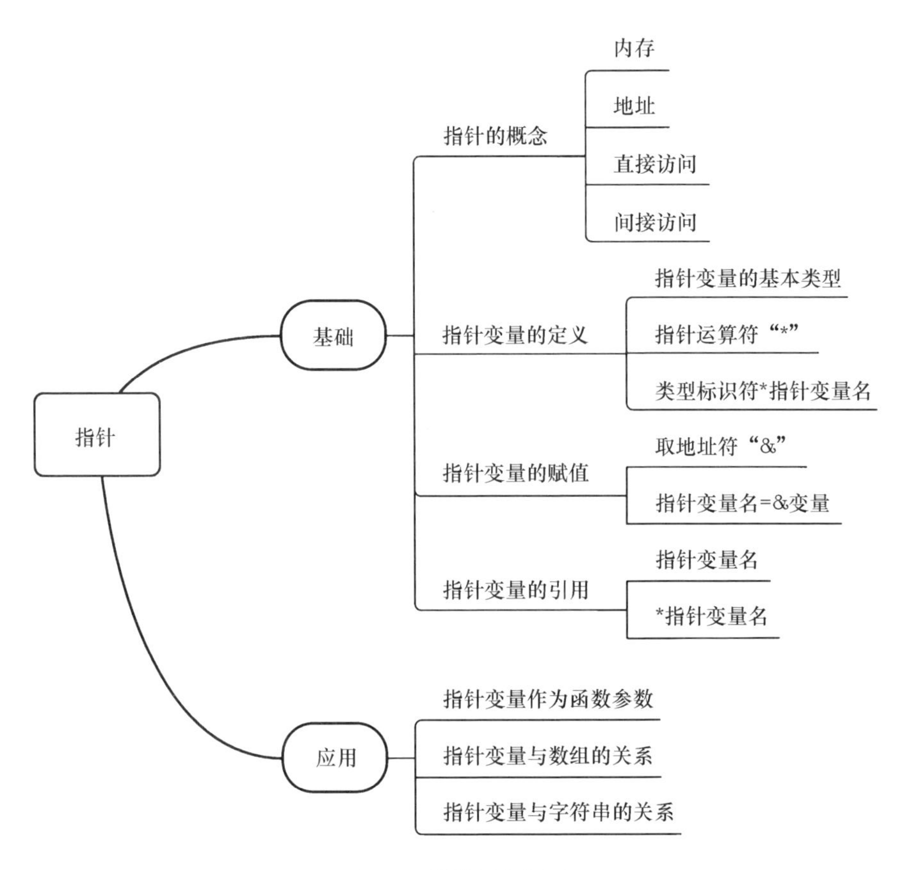

图 7.1　指针思维导图

(2)实例。

【实例 7.1】

①任务描述。

读程序,将其补充完整后运行程序,并回答问题。

②编写程序。

读下面的程序,并根据注释将程序补充完整。

```
1  #include <stdio.h>
2  #include <stdlib.h>
3  int main( )
4  {
5     int a;
6     int ________//定义指向整型变量的指针变量 p
7     a=22;
```

```
8        ________ //指针变量 p 指向变量 a
9        printf("……变量的地址……\n");
10       printf("&a=%d\n",&a);
11       printf("p=%d\n",p);
12       printf("&p=%d\n",&p);
13       printf("…变量的值…\n");
14       printf("a=%d\n",a);
15       printf("*p=%d\n",*p);
16       *p=30;
17       printf("…变量的值…\n");
18       printf("a=%d\n",a);
19       printf("*p=%d\n",*p);
20       a=35;
21       printf("…变量的值…\n");
22       printf("a=%d\n",a);
23       printf("*p=%d\n",*p);
24       system("pause");
25       return 0;
26   }
```

阅读本程序代码可知,第 5~8 行是定义整型变量和整型指针变量,并对变量进行初始化,建立 p 和 a 的指向关系。第 9~12 行是用不同的方式输出变量地址的值,包括变量 a 和指针变量 p 的地址。第 13~15 行是用不同的方式输出变量的值。第 16 行是改变 p 所指向的地址单元的值,第 17~19 行是观察改变 * p 所指向的地址单元的值之后,a 和 * p 的值的变化。第 20 行是改变变量 a 的值,第 21~23 是观察改变 a 的值之后,a 和 * p 的值的变化。

③运行结果。

实例 7.1 程序运行结果如图 7.2 所示。观察运行结果可知,&a 和 p 的值相同,a 和 * p 的值相同,改变 * p 或 a 的值,都能使 a 或 * p 的值发生改变。

④思考。

a. 本例中 a、p、&a、* p、&p 分别表示什么?改变 * p 的值,a、&a、p、&p 的值如何变化?改变 a 的值,&a、* p、&p、p 的值又如何变化?

b. 对变量的访问形式有间接访问和直接访问,在本例中可以用 * p 间接访问 a,其实现过程是怎样的?

```
……变量的地址……
&a=6422044
p=6422044
&p=6422032
…变量的值…
a=22
 *p=22
…变量的值…
a=30
 *p=30
…变量的值…
a=35
 *p=35
请按任意键继续……
```

图 7.2　实例 7.1 程序运行结果

【实例 7.2】

①任务描述。

求一元二次方程 $ax^2+bx+c=0$ 的根，a、b、c 的值由键盘输入，用带指针参数的函数编程实现。

②算法分析。

确定一元二次方程的根的情况，首先要判断 $\Delta=b^2-4ac$ 与 0 之间的大小关系：若 $\Delta<0$，方程无实数根；若 $\Delta=0$，方程有两个相等的实根 $x_1=x_2=\frac{-b}{2a}$；若 $\Delta>0$，方程有两个不等的实根 $x_1=\frac{-b-\sqrt{\Delta}}{2a}$，$x_2=\frac{-b+\sqrt{\Delta}}{2a}$。用带指针参数的函数实现，可以通过调用含指针参数的函数，在被调函数中改变指针变量指向的存储单元的值，从而改变主调函数中变量的值。因此我们可以编写一个求根函数 rootfun()，在函数中定义两个指针参数指向主函数中根的变量，求根函数中求出两个根，并存放指针函数所指单元，最后在主函数中调用该函数即可。

③算法描述。

实例 7.2 算法流程图如图 7.3 所示。

④编写程序。

读下面的程序，并根据注释将程序补充完整。

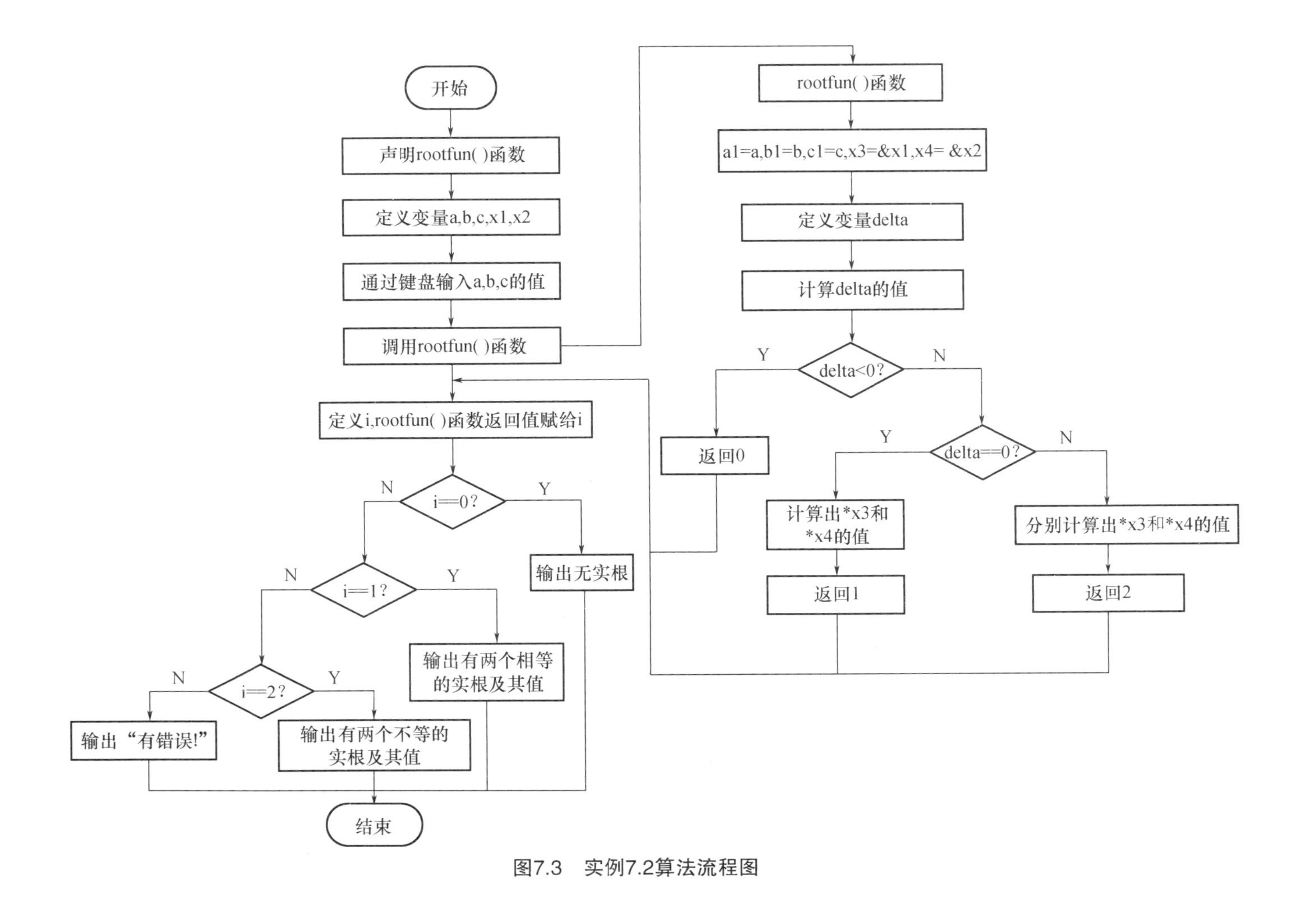

图7.3　实例7.2算法流程图

```
1   #include <stdio. h>
2   #include <stdlib. h>
3   #include <math. h>
4   int main( )
5   {
6      int rootfun( double a1,double b1,double c1, double *x3,double *x4);
7      double a,b,c,x1,x2;
8      printf("请输入 a,b,c 的值:\n");
9      scanf("%lf %lf %lf",&a,&b,&c);
10     int i;
11     ____________________________ //调用 rootfun()函数,并将返回值赋给 i
12     switch (i)
13     {
14        case 0:printf("%.2fx^2+%.2fx+%.2f=0 没有实根",a,b,c);break;
15        case 1:printf("%.2fx^2+%.2fx+%.2f=0 有两个相等的实根    x1=
          x2=%.2f",a,b,c,x1);break;
16        case 2:printf("%.2fx^2+%.2fx+%.2f=0 有两个不等的实根    x1=%.
          2f,x2=%.2f",a,b,c,x1,x2);break;
17        default:printf("有错误!");
18     }
19     system("pause");
20     return 0;
21  }
22  int rootfun( double a1,double b1,double c1, double *x3,double *x4)
23  {
24     double delta;
25     delta = b1*b1-4*a1*c1;
26     if(delta<0)
27        return 0;
28     else if(delta == 0)
29     {
30        *x3= *x4=_______________ //计算两个相等的实根的值
31        return 1;
32     }
```

```
33    else
34    {
35    ______________________//计算实根 * x3 的值
36    ______________________//计算实根 * x4 的值
37        return 2;
38    }
39 }
```

本程序中第 4~21 行是 main( )函数,第 6 行是对 rootfun( )函数的声明。第 7 行定义了 5 个变量,包括方程的 3 个系数 a,b,c 及两个根 x1 和 x2。第 8~9 行是从键盘输入方程的系数的值。第 11 行是调用 rootfun( )函数,并将其返回值赋值给 i。第 12~18 行是根据不同的 i 值输出不同的值。第 22~39 行是 rootfun( )函数的定义,可以看出该函数有 5 个参数,前 3 个参数都是 double 变量,调用时用来接收方程的系数,后 2 个参数是指针变量,用来接收方程的两个根的存储单元的地址,函数的返回值的类型为 int。从程序中可以看出,其返回值可根据不同方程系数值,返回 0,1 或 2,此返回值将作为主函数中输出结果的依据。

⑤运行结果。

实例 7.2 程序运行结果如图 7.4 所示。输入方程系数 a,b,c 的值,可以输出方程根的情况及其值。

```
请输入 a,b,c 的值:
1 4 4
1.00x^2+4.00x+4.00=0 有两个相等的实根 x1=x2=-2.00 请按任意键继续……
```

图 7.4　实例 7.2 程序运行结果

⑥思考。

a. 本程序代码第 11 行在调用函数时,参数是如何传递的?

b. 本程序代码中第 7 行的 x1、x2 的值分别和(　　)的值相等。

A. 第 22 行的 x3、x4

B. 第 22 行的 * x3、* x4

c. 简述本程序中是如何通过改变 * x3 和 * x4 的值来改变 x1 和 x2 的值的。

d. 运行程序,输入不同方程系数 a,b,c 的值,输出方程根的情况及其值。

【实例 7.3】

①任务描述。

用冒泡法对数组元素进行升序排列(用指针实现)。数组的维数可由用户自定义,数组元素的值由键盘输入。

②算法分析。

因为数组的维数可以自定义,所以需要定义符号常量 N,根据数组的维度设定 N 的值,定义数组 a[N],再通过循环语句,从键盘输入数组元素的值。定义 bubble_sort( )函数,其功能是对数组的元素进行升序排列,冒泡法排序可用双重循环实现,将其参数定义为指针变量,建立指向关系,方便对原数组进行排序,然后在主函数中调用 bubble_sort( )函数,并用循环语句输出原数组的元素。

③算法描述。

实例 7.3 算法流程图如图 7.5 所示。

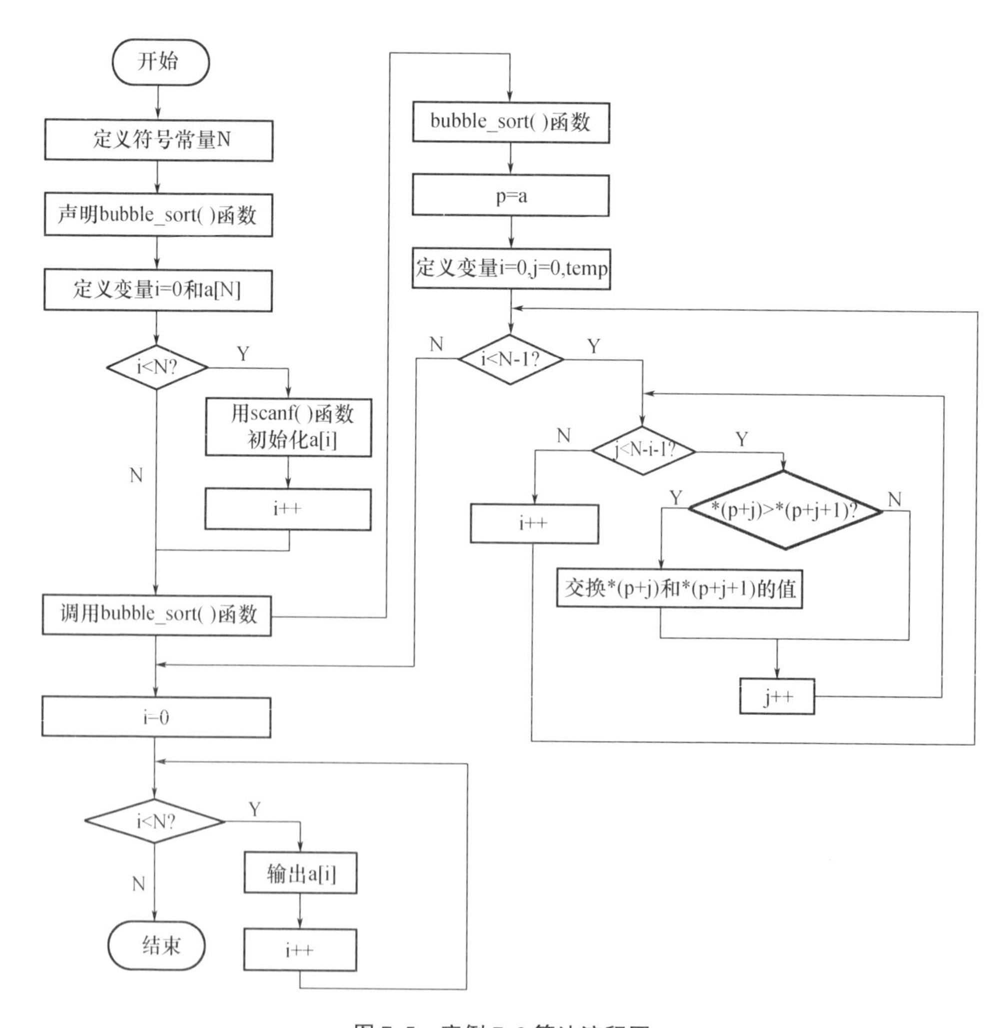

图 7.5　实例 7.3 算法流程图

④编写程序。

读下面的程序,并根据注释将程序补充完整。

```
1   #include <stdio.h>
2   #include <stdlib.h>
3   #define N 20
4   int main()
5   {
6     void bubble_sort(int *p);
7     int i,a[N];
8     printf("请输入数组元素的值:\n");
9     for(i=0;i<N;i++)
10      scanf("%d",&a[i]);
11    printf("\n");
12    ________________//调用 bubble_sort()函数
13    for(i=0;i<N;i++)
14      printf("%3d",a[i]);
15    printf("\n");
16    system("pause");
17    return 0;
18  }
19
20  void bubble_sort(int *p)
21  {
22    int i,j,temp;
23    for(i=0;i<N-1;i++)
24      for(j=0;j<N-i-1;j++)
25        if(*(p+j)>*(p+j+1))
26        {
27          ________________//实现数组元素值的交换
28          ________________
29          ________________
30        }
31  }
```

程序第 3 行是定义符号常量 N,第 4~18 行是 main()函数,其中第 6 行是 bubble_sort()函数的声明,第 9~10 行是通过 scanf()函数为 a[N]数组元素赋初值。第 12 行是调用 bubble_sort( ) 函数。第 13～14 行是输出 a[N] 数组元素。第 20～31 行是 bubble_sort( ) 函数的定义,该函数有 1 个参数,该参数的类型是指针变量,无返回值,其功能是对 p 所指向的数组元素进行排序。

⑤运行结果。

实例 7.3 程序运行结果如图 7.6 所示。输入的数组元素值如图 7.6 所示,程序运行完成后对数组元素进行了升序排列,并输出了结果。

```
请输入数组元素的值:
12 13 1 3 2 4 7 8 5 19 22 25 68 11 34 17 29 10 20 16
1 2 3 4 5 7 8 10 11 12 13 16 17 19 20 22 25 29 34 68
请按任意键继续……
```

图 7.6　实例 7.3 程序运行结果

⑥思考。

a. 在本程序中,a 除了表示数组的名字之外,还可以表示________,它的值与程序中的________值相等。

b. 在本程序中,*(p+1)指什么?在执行程序第 12 行函数调用的时候,*(p+1)的值和哪个值相等?p+1 的值和哪个值相等?

c. 运行程序,为数组元素输入其他值,观察输出值。

【实例 7.4】

①任务描述。

进制是指进位计数制,我们常用的进制有二进制、八进制、十进制和十六进制等。二进制计数规律是逢二进一,其数码有 0,1。八进制计数规律是逢八进一,其数码有 0～7。十六进制计数规律是逢十六进一,其数码有 0～9 加上字母 A～F。十进制是我们日常用得最多的进制,逢十进一,其数码有 0～9。

进制转换在计算机中具有非常重要的作用。编写程序实现将十进制数转化为以上任意进制数,其中十进制数由键盘输入。用含指针参数的函数实现。

②算法分析。

十进制数转化为其他进制数的方法是用十进制数除以要转换的进制数,再用商除以要转换的进制数,直到商为 0,并将每次得到的余数逆向排列即可。下面以将十进制数 16 转化为二进制数为例。

16/2=8……0

8/2=4……0

4/2=2……0

2/2=1……0

1/2=0……1

所以十进制数 16 转换为二进制数为$(10000)_2$。

可以定义一个数组来存放这些余数。因为转换为 16 进制数时，可能出现字母 A～F，将存放余数的数组定义为 char 类型。定义 decimal_conversion( ) 函数，它有 3 个参数：p，指针变量，用来指向存放余数的数组，方便根据余数的值对数组的元素进行赋值；num，用来接收输入的十进制数的值；dec，用来接收需要转换成几进制数。函数的作用是将输入的十进制数转换为其他进制数。在主函数中调用该函数，并将余数数组中的元素逆向输出即可。

③算法描述。

实例 7.4 算法流程图如图 7.7 所示。

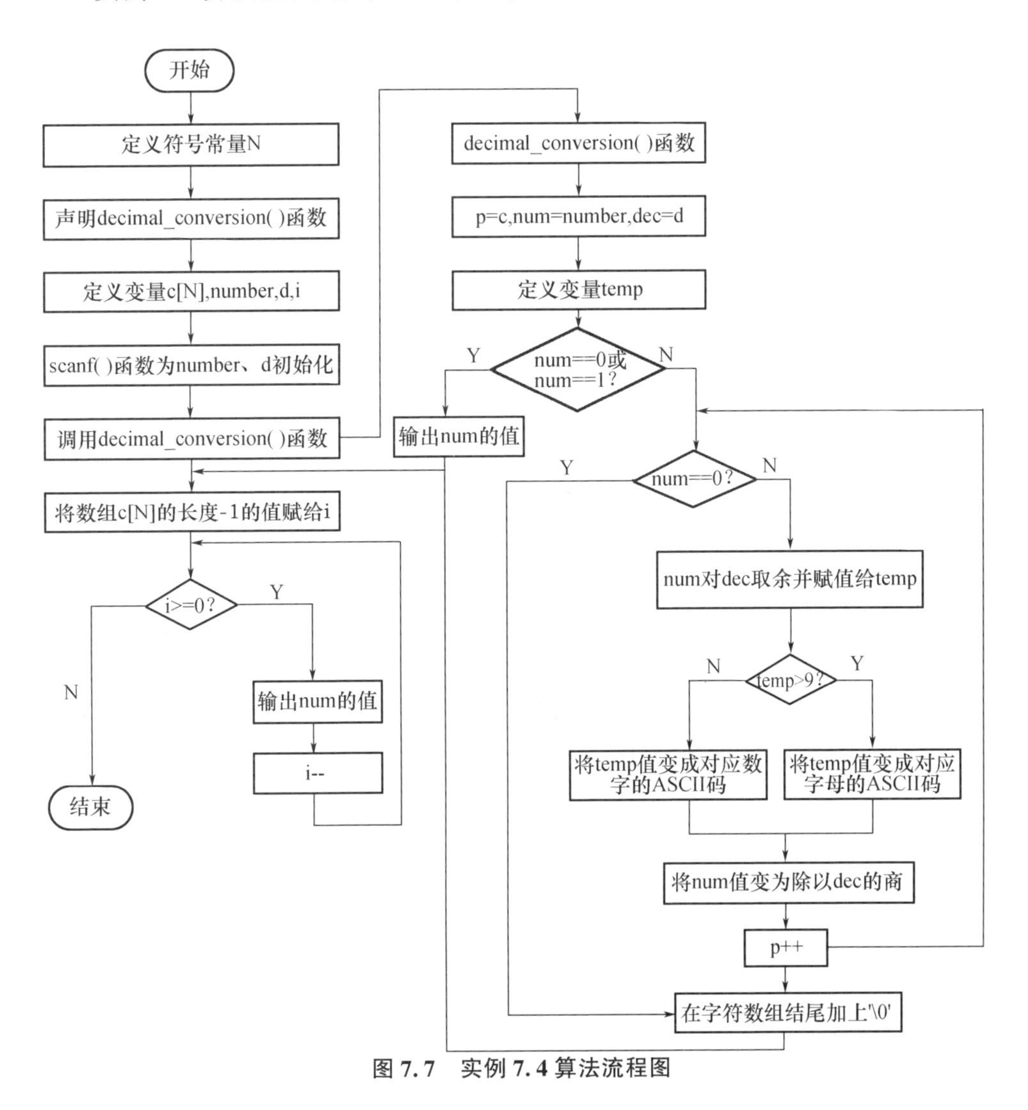

图 7.7　实例 7.4 算法流程图

④编写程序。

读下面的程序，并根据注释将程序补充完整。

```
1   #include <stdio. h>
2   #include <stdlib. h>
3   #include <string. h>
4   #define N 20
5   int main( )
6   {
7     void decimal_conversion( char  * p,int num,int dec) ;
8     char c[ N] ;
9     int number,d,i;
10    printf( "请输入您要转换的十进制数:\n") ;
11    scanf( "%d" ,&number) ;
12    printf( "请输入您要转换的进制:\n") ;
13    scanf( "%d" ,&d) ;
14    ______________________________ //调用 decimal_conversion( )函数
15    for( ________ ;i>=0;i--)//逆序输出 c[N]数组中的元素
16      printf( "%c" ,c[i]) ;
17    printf( "\n" ) ;
18    system( "pause" ) ;
19    return 0;
20  }
21
22  void decimal_conversion( char  * p,int num,int dec)
23  {
24    int temp;
25    if( num= =0||num= =1)
26    printf( "%d\n" ,num) ;
27    else
28     {
29      while( num)
30      {
31      ______________ //将 num 与 dec 的余数赋值给 temp
32        if( temp>9)
```

```
33          * p=temp+55;
34      else
35          * p=temp+48;
36      ________________ //将 num 与 dec 的商赋值给 num
37      ____________ //p 指针指向下一个单元
38    }
39      * p='\0';
40    }
41  }
```

程序第 15 行要注意是逆序输出 c[N]中的元素,所以首先要输出的是 c[N]最后一个有值的元素。第 22~41 行是定义 decimal_conversion()函数。有第 25~26 行是因为 0 和 1 两个数字不管什么进制下都是 0 和 1。第 29~38 行是进制的转换过程,第 33 行是在 temp 大于 9 的时候,将 temp 的值变为对应的 A~F 中字母的 ASCII 码,第 35 行是当 temp 小于 10 时,将 temp 的值变为对应的数字的 ASCII 码。

⑤运行结果。

实例 7.4 程序运行结果如图 7.8 所示。输入的十进制数为 16,转换为二进制数 10000。

```
请输入您要转换的十进制数:
16
请输入您要转换的进制:
2
10000
请按任意键继续……
```

图 7.8 实例 7.4 程序运行结果

⑥思考。

a. 运行程序,输入十进制数,转换为其他进制数,判断其结果的正确性。

b. 此函数为什么要引入头文件 string.h?

c. 重新为 * p 赋值,除了改变了 * p 的值,还改变了哪个变量的值?改变此变量的值和改变 * p 的值是等效的吗?为什么?

4. 课外拓展

十进制、二进制、八进制和十六进制是最常见的 4 种进制,十进制日常使用最广泛,二进制是计算机能识别的进制,十六进制和八进制是编程中最常用的进制。相比于二进制,十六进制和八进制的数位较少,4 位二进制表示 1 位十六进制,3 位二进制表示 1 位八进制,八进制还不用引入新的字符。这些进制之间的转换是很重要的,在实例 7.4 中我们编写程序实现了十进制数转化为其他 3 种进制数,但是未实现其他进制数的相互转换。请编程实现上述 4 种进制数的相互转换,要求如下:

(1)键盘输入原进制的数值,原进制数。

(2)键盘输入目标进制数。

(3)输出原进制的数值对应的目标进制的数值。

(4)用含指针参数的函数实现。

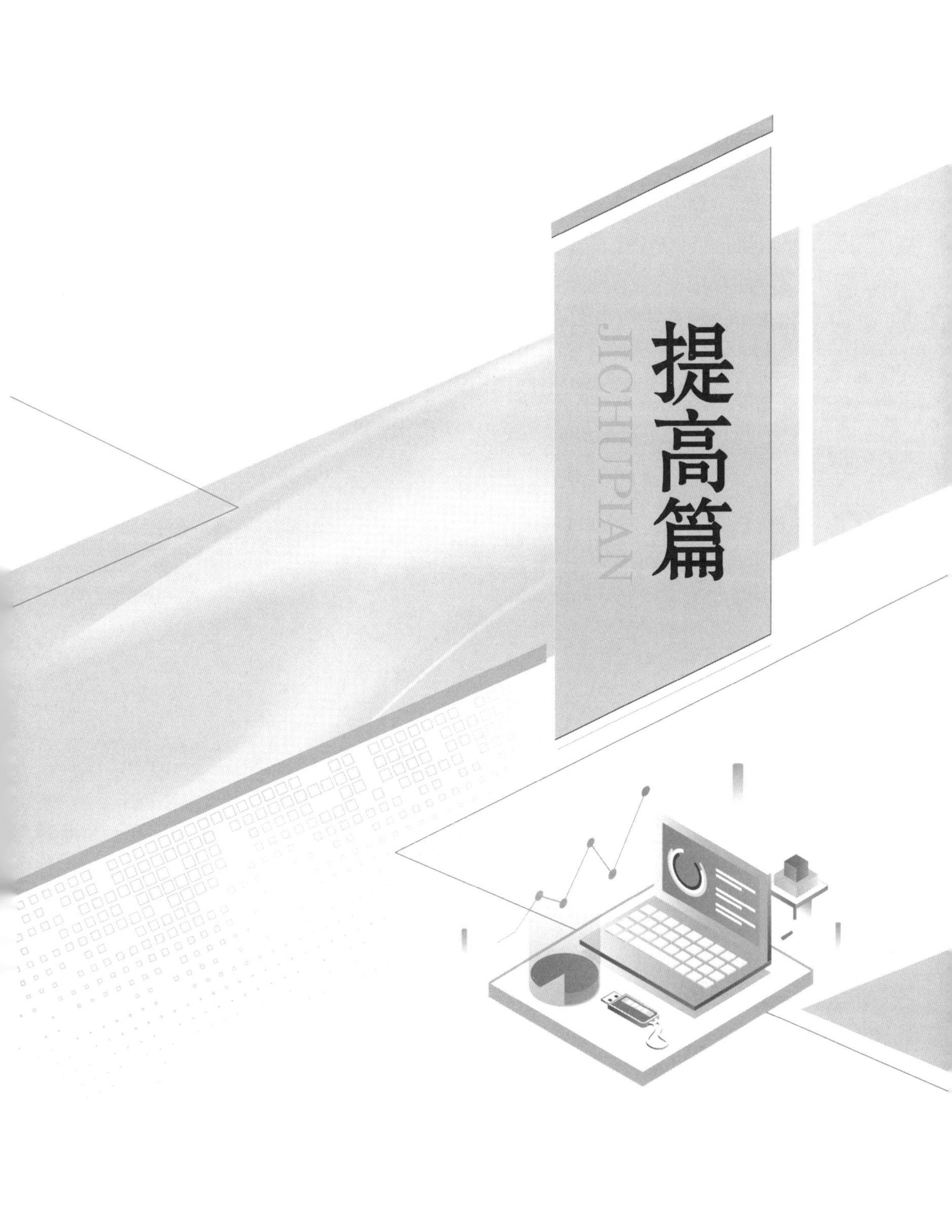
提高篇
JICHUPIAN

实验8　结　构　体

1. 知识概述

在本书前面的实验中，我们定义的变量大多数是独立的，并没有表现出它们之间的内在联系。例如，我们可能会单独定义年、月和日来表示一个日期，但这样做并没有将这些元素联系起来形成一个整体。尽管数组允许我们一次性定义多个同类型的变量，但它不能容纳不同类型的数据项。在实际的程序设计中，我们经常遇到需要多种数据类型组合描述的复杂变量，例如定义一个“学生”时，可能需要包含学号、姓名、班级和成绩等多种类型的数据。这就是我们引入结构体的原因所在。

结构体是一种复合数据类型，它允许我们将不同类型的数据组合成一个单一的实体。与数组不同，结构体可以包含多种不同类型的数据项，从而使得数据的组织更为合理。使用结构体，我们可以定义一个包含年、月、日的“日期”类型，或者定义一个包含学号、姓名、班级和成绩的“学生”类型。

在本实验中，我们将深入学习结构体这一用户自定义的数据类型。通过结构体，用户可以根据实际需求将多种不同的数据类型组合为一个新的数据类型。这不仅提高了程序的可读性和组织性，还极大地简化了复杂数据的处理。例如，我们可以定义一个“学生”类型的结构体，其中包含学号、姓名、班级和成绩等多种类型的数据。一旦定义了这样的结构体，我们就可以轻松地创建和操作“学生”类型的变量，使得对学生信息的管理更加直观和高效。

2. 实验目的

(1)理解结构体的概念。

(2)掌握结构体的定义、初始化和成员的引用。

(3)学会使用和定义结构体数组。

(4)学会使用和定义结构体指针。

(5)学会编写结构体变量和结构体变量指针作为参数的函数。

3. 实验内容

(1)研读教材，熟悉关键语句。

学习结构体，编写与结构体相关的程序，必须研读教材讲授的相关知识点，包括：结构体的概念、定义、初始化和引用，结构体数组和结构体指针等。结构体思维导图如图 8.1 所示。

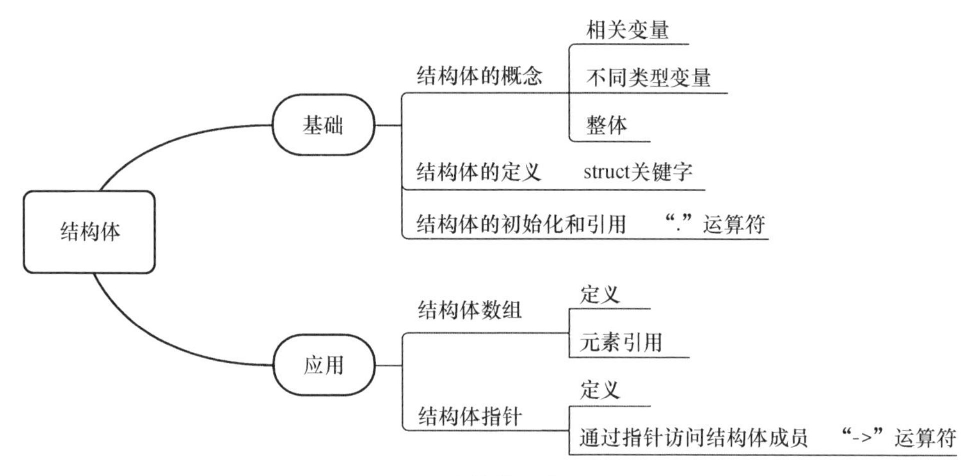

图 8.1　结构体思维导图

(2)实例。

【实例 8.1】

①任务描述。

读程序,根据注释将程序补充完整后运行程序,并回答问题。

②程序代码。

读下面的程序,并根据注释将程序补充完整。

```
1   #include <stdio.h>
2   #include <stdlib.h>
3   struct student
4   {
5     int id;
6     char name[20];
7     char sex;//用 1 表示“女”,用 2 表示“男”
8     char source[10];
9     float score;
10  }          //建立 student 结构体类型
11  int main()
12  {
13    struct student stu1 = {1012,"li hong",'1',"sichuan",578}, ________ =
      {1011,"wang xi",'2',"chongqing",620};//定义结构体变量 stu1 和
      stu2,并初始化
14    ____________________ //定义结构体指针变量 p
```

```
15    ________________ //使结构体指针指向 stu2
16    printf("输出学生 stu1 的信息:\n");
17    printf("学号:%d,姓名:%s,性别:%c,生源地:%s,高考成绩:%.2lf\
      n",    ________________________);//输出 stu1 的信息
18    printf("输出学生 stu2 的信息:\n");
19    printf("学号:%d,姓名:%s,性别:%c,生源地:%s,高考成绩:%.2lf\
      n",    ______________________);//用"->"运算符实现输出 stu2 的
      信息
20    system("pause");
21    return 0;
22  }
```

阅读本程序,可知第 3~10 行构建了 student 结构体,该结构体有 5 个成员:学号(id)、姓名(name)、性别(sex)、生源地(source)、高考成绩(score),它们的类型不一样,其中 sex 只有两个取值,用 1 表示“女”,2 表示“男”。第 11~22 行是主函数;第 13 行定义了两个 student 结构体变量,变量名分别为 stu1 和 stu2;第 14 行定义了结构体指针变量,变量名为 p,它用来存放结构体的地址;第 15 行是将 stu2 的地址赋值给 p,建立指向关系;第 16~19 行是用不同的方法输出 stu1 和 stu2 的信息。

③运行结果。

实例 8.1 程序结果如图 8.2 所示。分析结果,结合程序代码可以看出其正确地输出了 stu1 和 stu2 的初始化信息。

```
输出学生 stu1 的信息:
学号:1012,姓名:li hong,性别:1,生源地:sichuan,高考成绩:578.00
输出学生 stu2 的信息:
学号:1011,姓名:wang xi,性别:2,生源地:chongqing,高考成绩:620.00
请按任意键继续……
```

图 8.2　实例 8.1 程序运行结果

④思考。

a. 在定义结构体变量时,我们可以先定义结构体,再定义结构体变量,本程序采用的就是这种方法。除了上述方法外,我们还可以在定义结构体的同时定义结构体变量,请用这种方法改写以上程序中定义结构体和定义结构体变量的部分。

b. 在本程序中,stu2.id 和下列哪些表示方法是等价的?(　　)

A. stu1.id　　B. (*p).id　　C. p->id　　D. stu2.name

【实例 8.2】

①任务描述。

计算任意两点之间的距离常用的算法有欧氏距离、曼哈顿距离、切比雪夫距

离等,其中欧氏距离也称欧几里得距离,是以古希腊数学家欧几里得命名的距离,也是最常用的距离度量,用来衡量多维空间中两点之间的直线距离。对于 n 维空间,欧式距离的计算公式为

$$d=\sqrt{\sum_{i=1}^{n}(x_i-y_i)^2}$$

式中,d 为欧式距离;n 为空间维度;$(x_1,x_2,\cdots,x_i,\cdots,x_n)$ 为 n 维空间中一个点的坐标;$(y_1,y_2,\cdots,y_i,\cdots,y_n)$ 为 n 维空间中另一个点的坐标。

根据上述公式,编程实现求三维空间中任意两点间的欧氏距离,用结构体编程实现,其中点的坐标用键盘输入。

②算法分析。

三维空间中任意点的坐标可以表示为 (x_1,x_2,x_3),因此我们可以构建 point 结构体,来表示三维空间点变量类型,该结构体有 3 个成员,都为浮点型。再定义两个结构体变量,用于存放输入的两个点的坐标值。计算欧氏距离我们可以定义 Euclidean_distance( ) 函数来实现,设置两个形式参数,其类型均为 struct point,输入两个点的坐标值,计算出欧氏距离后作为函数的返回值。最后在主函数中调用该函数即可。应特别注意的是,因为欧氏距离计算公式有开方计算,所以需要引入 math. h 头文件。

③算法描述。

实例 8. 2 算法流程图如图 8. 3 所示。

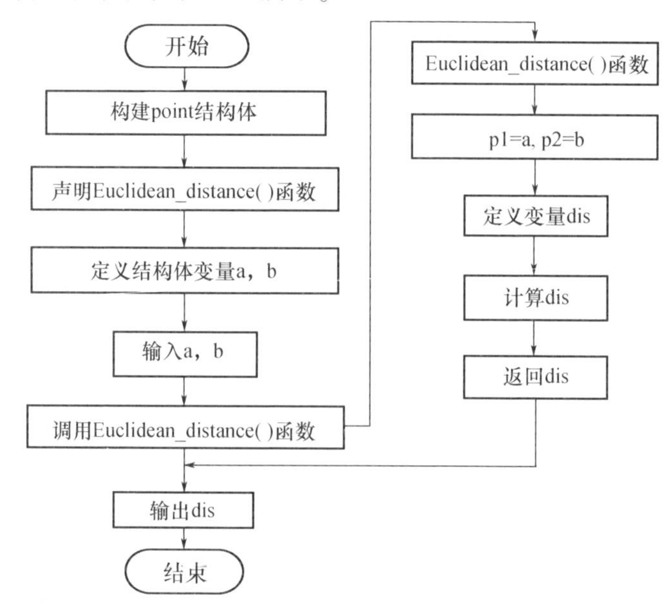

图 8. 3　实例 8. 2 算法流程图

④程序代码。

程序代码如下，请根据题目要求和注释将程序补充完整。

```
1   #include <stdio.h>
2   #include <stdlib.h>
3   #include <math.h>
4   struct point
5   {
6     double x;
7     double y;
8     double z;
9   };
10  int main()
11  {
12    double Euclidean_distance(struct point p1,struct point p2);
13    struct point a,b;
14    printf("请输入其中一个点的坐标:\n");
15    ______________________//键盘输入 a 点的坐标
16    printf("请输入另一个点的坐标:\n");
17    ______________________//键盘输入 b 点的坐标
18    printf("ab 两点的距离为:%lf\n",________);//调用函数返回值作为
      输出
19    system("pause");
20    return 0;
21  }
22  double Euclidean_distance(struct point p1,struct point p2)
23  {
24    double dis;
25    dis=sqrt((p1.x-p2.x)*(p1.x-p2.x)+(p1.y-p2.y)*(p1.y-p2.y)+
      (p1.z-p2.z)*(p1.z-p2.z));
26    return dis;
27  }
```

程序第 4~9 行构建了 point 结构体，第 13 行定义了 a，b 两个结构体变量。第 14~17 行是从键盘中输入值，并将其值赋给 a，b。第 18 行是调用 Euclidean_distance()函数，同时将函数的返回值作为输出值。第 22~27 行是函数 Euclidean_ distance( )的定义,此函数有两个参数,这两个参数都是结构体变量。

⑤运行结果。

实例 8.2 程序运行结果如图 8.4 所示。程序中输入点 a 的坐标为(2,3,5),点 b 的坐标为(4,7,8),通过程序计算出这两点的欧氏距离为 5.385165。

```
请输入其中一个点的坐标:
2 3 5
请输入另一个点的坐标:
4 7 8
ab 两点的距离为:5.385165
请按任意键继续……
```

图 8.4　实例 8.2 程序运行结果

⑥思考。

a. 本例中 Euclidean_distance( )函数的两个参数都是结构体变量,请分析并简述在这个函数中,结构体变量中成员的值是如何传递的。

b. 运行程序,请输入其他点的坐标,计算两点的欧氏距离。

【实例 8.3】

①任务描述。

在大学阶段,平均成绩、挂科门数和平均绩点是衡量学生成绩的重要指标,平均成绩是所有课程成绩总和除以课程门数,挂科门数是指成绩不及格的课程门数,平均绩点(Grade Point Average,GPA)=(课程学分 1 * 绩点 1+课程学分 2 * 绩点 2+…+课程学分 n * 绩点 n)/(课程学分 1+课程学分 2+…+课程学分 n),而课程绩点与该门课程的成绩有关,计算方法有多种,其中一种是根据成绩分段计算,见表 8.1。

表 8.1　成绩与绩点对应关系

绩点	4.0	3.9	3.7	3.3	3.0	2.7	2.3	2.0	1.7	1.0	0
成绩	94~100	90~93	85~89	82~84	78~81	75~77	71~74	66~70	62~65	60~61	59 及以下

请编写程序,根据学生的成绩计算出学生挂科门数、平均绩点和平均成绩,并输出,用结构体实现。

②算法分析。

构建结构体变量 student,成员包括学号、姓名、成绩、挂科门数、平均绩点和平均成绩。定义结构体数组 stu[N],并根据学生数量定义其长度 N,为方便改变 N

的值,将N定义为符号常量,再对数组初始化。因为对同一个年级的学生来说,各课程的学分是相同的,所以可以定义一个数组变量credit[5],保存课程对应的学分,方便计算平均绩点。定义函数score_inf()用于统计挂科门数、计算平均成绩和平均绩点,以结构体指针s和数组cre作为参数,在主函数中对其进行调用即可。

③算法描述。

实例8.3算法流程图如图8.5所示。

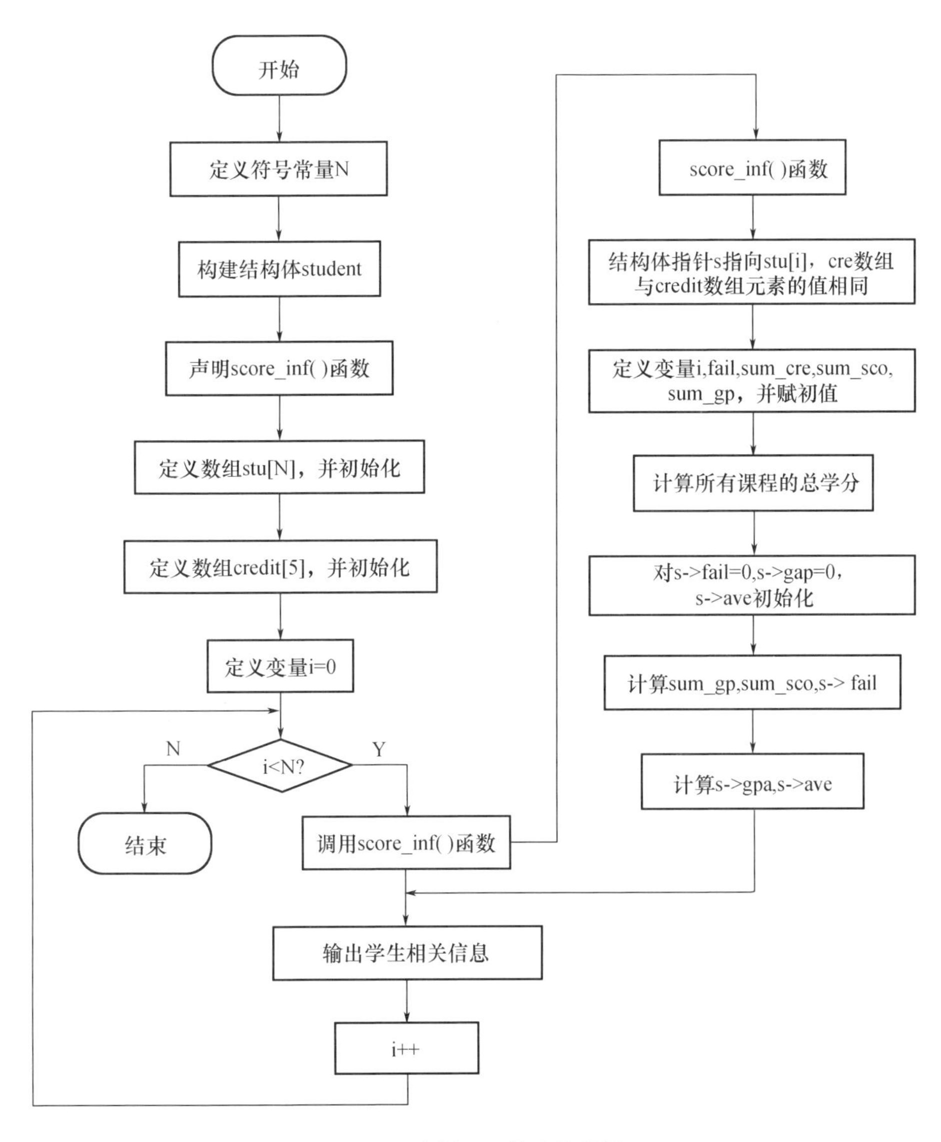

图8.5 实例8.3算法流程图

④编写程序。

程序代码如下，请根据题目要求和注释将程序补充完整。

```
1   #include <stdio.h>
2   #include <stdlib.h>
3   ________________ //定义符号常量 N,值为 4
4   struct student
5   {
6    int id;
7    char name[20];
8    float score[5];
9    int fail;
10   float gpa;
11   float ave;
12  };
13  int main()
14  {
15    void score_inf(struct student * s,int cre[5]);
16    struct student stu[N]={{2301,"zhang san",68,79,81,45,90},{2303,"
      wang sha",89,41,72,36,92},{2304,"zhang hui",88,90,92,79,91},
      {2306,"yang shuang",99,82,85,80,90}};
17    int credit[5]={3,4,2,2,1};
18    int i;
19    for(i=0;i<N;i++)
20    {
21      ________________________ //调用 score_inf()函数
22      printf("学号:%d,姓名:%s,挂科门数:%d,平均绩点:%.2lf,平均成
      绩:%.2lf\n",stu[i].id,stu[i].name,stu[i].fail,stu[i].gpa,stu[i].
      ave);
23    }
24    system("pause");
25    return 0;
26  }
27  void score_inf(struct student * s,int cre[5])
28  {
29    int i,fail,sum_cre=0;
```

```
30      float sum_sco=0,sum_gp=0;
31      for(i=0;i<5;i++)
32      {
33          sum_cre+=cre[i];
34      }
35      s->fail=0;
36      s->gpa=0;
37      s->ave=0;
38      for(i=0;i<5;i++)
39      {
40          sum_sco+=s->score[i];
41          if(94<=s->score[i]&&s->score[i]<=100)
42            sum_gp+=(cre[i]*4.0);
43          else if(90<=s->score[i]&&s->score[i]<=93)
44              sum_gp+=(cre[i]*3.9);
45          else if(85<=s->score[i]&&s->score[i]<=89)
46              sum_gp+=(cre[i]*3.7);
47          else if(82<=s->score[i]&&s->score[i]<=84)
48              sum_gp+=(cre[i]*3.3);
49          else if(78<=s->score[i]&&s->score[i]<=81)
50              sum_gp+=(cre[i]*3.0); 8 13 084  32
51          else if(75<=s->score[i]&&s->score[i]<=77)
52              sum_gp+=(cre[i]*2.7); 8 13 084  32
53          else if(71<=s->score[i]&&s->score[i]<=74)
54              sum_gp+=(cre[i]*2.3); 8 13 084  32
55          else if(66<=s->score[i]&&s->score[i]<=70)
56              sum_gp+=(cre[i]*2.0); 8 13 084  32
57          else if(62<=s->score[i]&&s->score[i]<=65)
58              sum_gp+=(cre[i]*1.7);
59          else if(60<=s->score[i]&&s->score[i]<=61)
60              sum_gp+=(cre[i]*1);
61          else
62          {
63              sum_gp+=(cre[i]*0);
```

```
64          ________________//统计挂科门数
65          }
66      }
67      ____________________//计算平均绩点
68      ____________________//计算平均成绩
69  }
```

程序第 3 行是定义符号常量 N,其值为 4,可以根据学生具体人数修改 N 的值。第 4~12 行是构建结构体变量 student,包括 6 个成员:id(学号),name[20](姓名),score[5](5 门课程的成绩),fail(挂科门数),gpa(平均绩点),ave(平均成绩),前 3 个成员是初始化的时候就给定的值,后 3 个成员是通过计算得到的值。第 13~26 行是主函数部分,其中第 15 行是 score_inf( )函数声明,第 16 行是定义并初始化 stu[N]结构体数组,第 17 行是 5 门课程对应的学分,第 19~23 行是调用 score_inf( )函数,并输出学生信息,需要注意,对每位同学都需要根据其成绩计算平均成绩、挂科门数和平均绩点,所以调用 score_inf( )函数是在循环内部调用,同时计算出平均成绩、挂科门数和平均绩点并输出每位学生的信息,因此 printf( )函数也是在循环内部调用。第 27~69 行是 score_inf( )函数定义,其功能是计算出学生的挂科门数、平均绩点和平均成绩。

⑤运行结果。

实例 8.3 程序运行结果如图 8.6 所示。可以从结果中发现,通过运行程序,正确计算出了 4 位同学的挂科门数、平均绩点和平均成绩。

```
学号:2301,姓名:zhang san,挂科门数:1,平均绩点:2.33,平均成绩:72.60
学号:2303,姓名:wang sha,挂科门数:2,平均绩点:1.63,平均成绩:66.00
学号:2304,姓名:zhang hui,挂科门数:0,平均绩点:3.70,平均成绩:88.00
学号:2306,姓名:yang shuang,挂科门数:0,平均绩点:3.54,平均成绩:87.20
请按任意键继续……
```

图 8.6　实例 8.3 程序运行结果

⑥思考。

a. 改变符号常量 N 的值,并重新初始化 stu[N]结构体数组,运行程序并分析运行结果。

b. 数组 stu[N]中的元素是什么类型的?(　　)

A. int　　B. char　　C. struct student　　D. float

c. 阅读程序,分析程序运行结果,不难发现程序中通过改变 * s 成员的值,改变了 stu[i]的值,请分析是如何改变的。

【实例 8.4】

①任务描述。

编写程序实现卡拉 OK 比赛的计分和排名。

卡拉 OK 比赛规则:所有评委的打分中去掉一个最高分并去掉一个最低分后的平均分作为参赛选手的最后得分。比赛结束时,用选手的最后得分从高到低排序决定比赛名次。

②算法分析。

首先构建结构体 player,成员包括 name、id、score[99]和 add[99]。定义结构体数组 A[99],根据比赛实际情况用户可以从键盘输入选手人数和评委人数。用循环语句确定选手的 id,从键盘输入选手的 name 和 add,这些信息是选手固有的信息,接下来用循环语句输入每位评委给每位选手的评分,计算出每位选手总的得分,找出最高分和最低分,按照比赛规则算出每位选手的最后得分。接下来对每位选手的最后得分进行降序排列,注意在交换选手信息时,选手的所有信息都要交换,正如 Excel 排序时选择“扩展选定区域”。

③算法描述。

实例 8.4 算法流程图如图 8.7 所示。

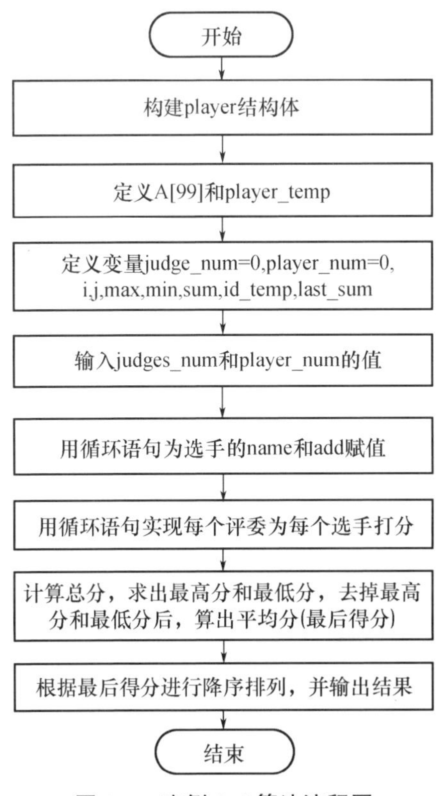

图 8.7 实例 8.4 算法流程图

④编写程序。

程序代码如下,请根据任务要求和注释将程序补充完整。

```
1   #include <stdio.h>
2   #include <stdlib.h>
3   int main()
4   {
5     struct player
6     {
7       char name[20];
8       int id;
9       float score[99];
10      char add[99];
11    };
12    struct player A[99];
13    struct player player_temp;
14    int judges_num=0;
15    int player_num=0;
16    int i,j,max,min,sum,id_temp;
17    float last_sum;
18    printf("请输入本次比赛的评委人数:");
19    scanf("%d",&judges_num);
20    printf("请输入本次比赛的选手人数:");
21    scanf("%d",&player_num);
22    for(i=0;i<player_num;i++)
23      A[i].id=i+1;
24    for(i=0;i<player_num;i++)
25    {
26      scanf("%s",&A[i].name);
27      scanf("%s",&A[i].add);
28    }
29    for(i=0;i< player_num;i++)
30    {
31       max=0;
32       min=1000;
```

```
33        sum=0;
34        printf("请输入第%d 号选手的得分:",i+1);
35        for(j=0;j<judges_num;j++)
36        {
37            scanf("%f",&A[i].score[j]);
38            ________________________;//求总和
39            if(A[i].score[j]>max)
40            __________________ ;//更新 max 的值
41            if(A[i].score[j]<min)
42            __________________;  //更新 min 的值
43        }
44        last_sum=(sum-max-min)/(judges_num-2);
45        printf("第%d 号选手的最后得分:%f\n",i+1, last_sum);
46        A[i].score[j]=last_sum; //将选手最后得分存入成绩数组中
47    }
48        for(i=0;i< player_num;i++)
49        {
50            for(j=i+1;j<player_num;j++)
51            {
52                if(A[i].score[judges_num]<A[j].score[judges_num])
53                {
54                 __________;
55                 __________;
56                 __________;//交换选手信息
57                }
58            }
59        }
60            printf("本次比赛选手的排名为:\n");
61            for(i=0;i<player_num;i++)
62                printf("选手号:%d 姓名:%s 最后得分:%f\n",A[i].id,A[i].
                  name,A[i].score[judges_num]);
63            system("pause");
64            return 0;
65    }
```

程序第5~11行是定义player结构体。第12行是定义结构体数组A[99],数组的长度可以根据参赛的人数增加。第13行是定义结构体变量player_temp,该变量在后面进行选手按照得分排序时作为中间变量使用。第29~47行是评委为选手打分,并且算出总分,找出最高分和最低分,按照规则求出平均值,并将平均值作为选手的最后得分,存储在A[i].score[j]变量中。第48~59行是根据选手的最后得分进行降序排列。第61~62行是用循环输出本次比赛选手的排名。

⑤运行结果。

输入选手人数输入3,评委人数输入2,得到运行结果如图8.8所示。

```
请输入本次比赛的评委人数:3
请输入本次比赛的选手人数:2
xiaoming
123
xiaoxue
125
请输入第1号选手的得分:89   92   88
第1号选手的最后得分:89.000000
请输入第2号选手的得分:89   87   96
第2号选手的最后得分:89.000000
本次比赛选手的排名为:
选手号:1   姓名:xiaoming   最后得分:89.000000
选手号:2   姓名:xiaoxue   最后得分:89.000000
请按任意键继续……
```

图8.8　实例8.4运行结果

⑥思考。

a.评委人数和选手人数输入其他值,观察输出结果。

b.将程序中的第26行"scanf("%s",&A[i].name);"和第27行"scanf("%s",&A[i].add);"分别改成"gets(A[i].name);"和"gets(A[i].add);"是否能运行出正确的结果?如果能,请观察分析结果;如果不能,请修改程序。

4.课外拓展

复数是16世纪人们在解决代数方程时引入的,它的表示形式为$z=a+b\mathrm{i}$,其中z为复数,a为实部,b为虚部,i为虚数单位。复数也有加减乘除运算,其运算规律如下。

设有两个复数:$z_1=a+b\mathrm{i}$,$z_2=c+d\mathrm{i}$。

复数的加减法:$z_1 \pm z_2=(a+b\mathrm{i})\pm(c+d\mathrm{i})=(a \pm c)+(b \pm d)\mathrm{i}$。

复数的乘法：$z_1 \times z_2 = (a+bi)(c+di) = (ac-bd)+(ad+bc)i$。

复数的除法：$\frac{z_1}{z_2} = \frac{a+bi}{c+di} = \frac{(a+bi)(c-di)}{(c+di)(c-di)} = \frac{ac+bd}{c^2-d^2} + \frac{bc-ad}{c^2-d^2}i$。

请编写程序实现两个复数的加减乘除运算，要求如下。

(1)构建复数结构体。

(2)通过键盘输入复数的实部和虚部。

(3)通过键盘输入要进行加减乘除哪种运算(除法时考虑分母不能为 0 的情况)。

(4)每种运算用函数实现。

(5)计算完成后输出计算结果。

实验9　文件访问

1. 知识概述

在之前的实验中，我们学习的程序大多从键盘获取数据进行处理，并将结果输出到显示器。然而，在实际应用中，特别是处理大量数据时，这些数据往往存储在外部存储介质如磁盘上，并以文件的形式存在。因此，理解如何从文件中读取数据和如何将处理结果写回文件，对于编写实用和高效的程序至关重要。这种对文件的读取和写入操作，即文件访问，是本实验的核心内容。

计算机文件，即存储在外部存储器上的数据集合，通常通过文件标识字符串来定位和识别。这个标识字符串包括文件的存储路径、主名和扩展名。例如，存储路径为“d:\temp\a.txt”的文件位于d盘的“temp”目录下，文件主名为“a”，扩展名为“txt”。当文件与执行程序位于同一目录下时，可以省略文件的存储路径。根据文件编码的不同，文件分为文本文件和二进制文件。文本文件通常存储字符的ASCII码，而二进制文件则将数据按照内存中的存储形式原样保存。

为了提高文件数据访问的准确性和效率，ANSI C标准采用了缓冲文件系统模式。这种模式通过在计算机内存中自动开辟一个缓冲区(通常大小为512字节)来临时存储即将被程序使用的文件数据。当程序从文件中读取数据时，数据首先被读取到这个缓冲区，然后再从缓冲区传输到程序数据区；类似地，写入数据到文件时，数据先被送入缓冲区，待缓冲区满时，再将数据统一写入磁盘文件。这种方法减少了与磁盘的直接交互次数，从而优化了文件操作的性能。本实验将详细介绍这一模式的工作原理。图9.1提供了一个直观的原理图来帮助理解。

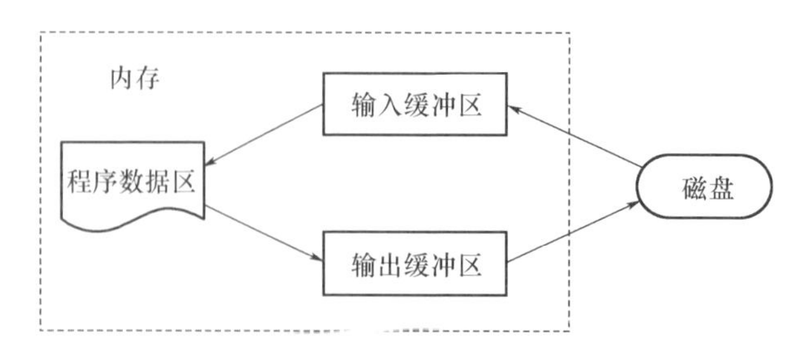

图9.1　缓冲文件系统模式原理图

2. 实验目的

(1)理解文件的概念和文件访问的意义。

(2)掌握 C 语言程序访问文件的步骤和方法。

(3)运用文件访问步骤和方法,编写程序访问磁盘文件。

3. 实验内容

(1)研读教材,熟悉关键语句。

文件访问思维导图如图 9.2 所示,学习文件访问,编写与文件访问相关的程序,必须研读教材讲授的相关知识点,包括:计算机文件的概念、C 语言文件访问涉及的操作步骤和有关函数。

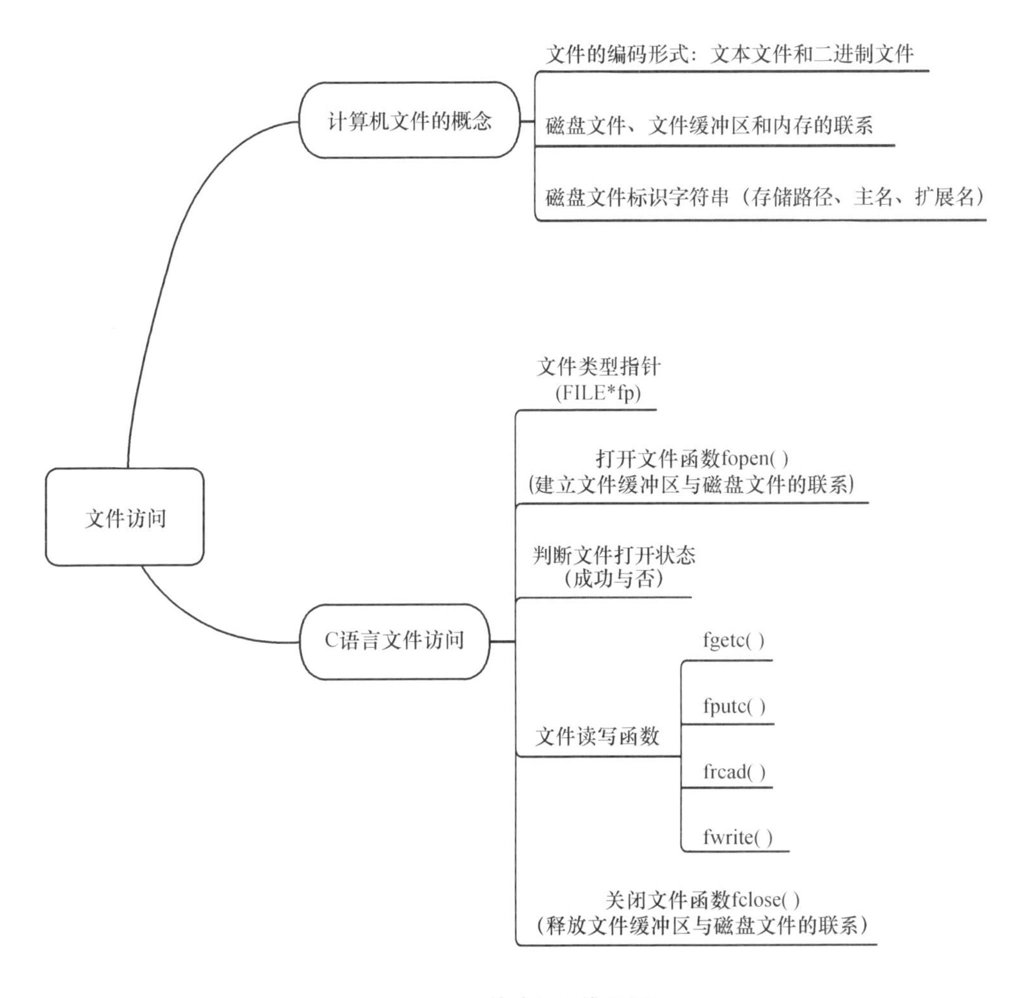

图 9.2　文件访问思维导图

(2)实例。

【实例9.1】

①任务描述。

假设磁盘文件“plaintext. txt”中存有一封重要的英文书信,为了保密,要将该书信内容通过加密变换(凯撒密码变换),转换为一封密文书信。为此需要编写程序读取明文文件“plaintext. txt”,将其加密为密文文件“ciphertext. txt”,并在需要时,能将密文文件“ciphertext. txt”还原为明文文件“decrypted. txt”。

②算法分析。

根据任务要求,编写的程序应该具有以下特点。

a. 程序处理的源数据(明文)来自已经存储在磁盘(外部存储器)中的文件。

b. 程序处理后的目标数据(密文)需要存储在磁盘(外部存储器)中的文件中。

c. 源数据(明文)需要经过凯撒密码变换,转换为目标数据(密文),反之依然。

d. 只有成功建立磁盘文件与内存缓冲区映射才能正确读写文件数据。

③算法描述。

所谓凯撒密码变换就是:将明文字母按照英文字母顺序向后顺延3位进行加密;将密文字母按照英文字母顺序向前顺延3位进行解密。凯撒密码映射表见表9.1。

表9.1　凯撒密码映射表

明文	A	B	C	D	E	F	G	H	I	J	K	L	M	N	O	P	Q	R	S	T	U	V	W	X	Y	Z
密文	D	E	F	G	H	I	J	K	L	M	N	O	P	Q	R	S	T	U	V	W	X	Y	Z	A	B	C

为此,凯撒密码变换运算如下。

密文=(明文字母ASCII码-“A”字母ASCII码+3+26)%26+“A”字母ASCII码

明文=(密文字母ASCII码-“A”字母ASCII码-3+26)%26+“A”字母ASCII码

由于ANSI C标准采用了缓冲文件系统模式读写文件,因此当需要读写某个磁盘文件时,需要建立磁盘文件与内存缓冲区的映射,即使用fopen()函数进行“打开文件”操作。但由于磁盘是外部存储器,在进行打开文件操作时,易受“打开文件不存在”“磁盘故障”“磁盘已满无法建立新文件”等原因影响,导致无法建立磁盘文件与内存缓冲区映射(打开文件不成功),读写文件出错。所以,在程序中还需要对是否能成功进行打开文件操作进行判断。实例9.1算法流程图如图9.3所示。

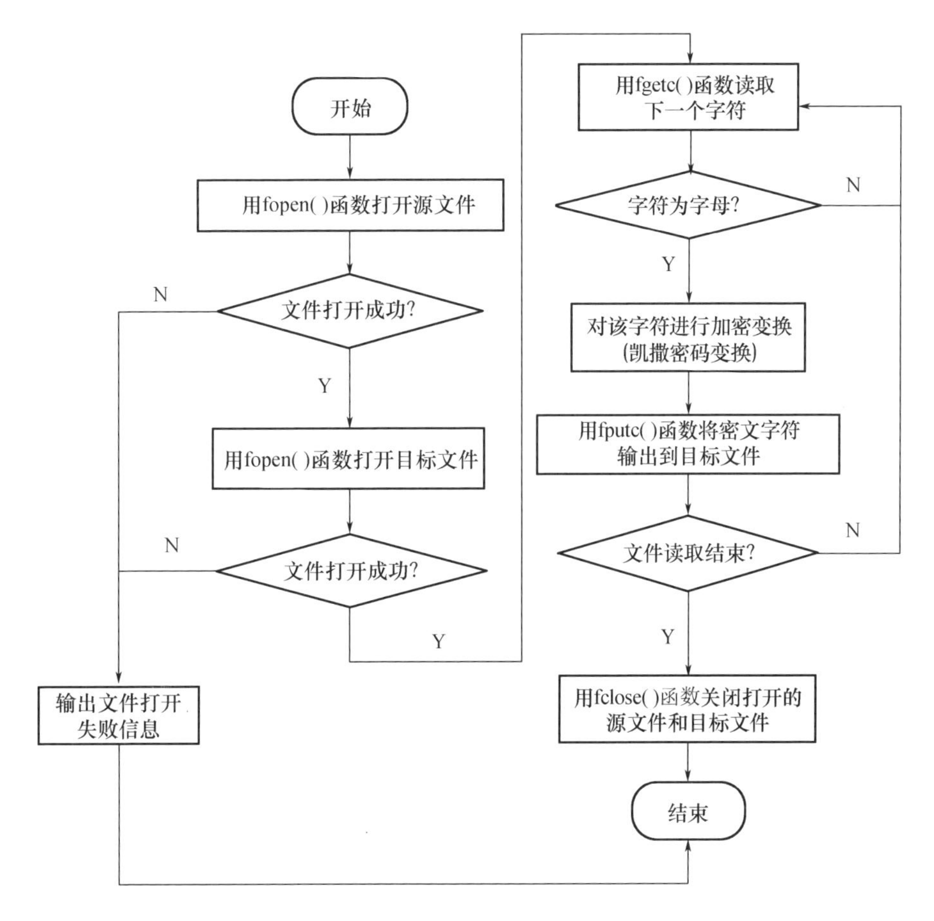

图 9.3 实例 9.1 算法流程图

④编写程序。

按照算法流程图(图 9.3),编写加密程序“caesar_encryption.c”如下。

```
1  #include <stdlib.h>
2  #include <stdio.h>
3  int main()
4  {
5      FILE *in, *out;
6      char ch1;
7      if((in=fopen("plaintext.txt","r"))==NULL)
8      {
9        printf("cannot open plaintext.txt\n");
```

```
10          exit(0);
11      }
12      if((out=fopen("ciphertext.txt","r"))==NULL)
13      {
14          printf("cannot open ciphertext.txt\n");
15          exit(0);
16      }
17      while(!feof(in))
18      {
19          ch1=fgetc(in);
20          if (ch1>='A' && ch1<='Z')
21              ch1=((ch1-65-3)%26)+65;
22          else if (ch1>='a' && ch1<='z')
23              ch1=((ch1-97-3)%26)+97;
24          fputc(ch1,out);
25      }
26      fclose(in);
27      fclose(out);
28      return 0;
29  }
```

程序第 5 行是定义两个文件类型的指针变量 * in 和 * out，分别用于存放映射输入文件缓冲区和输出文件缓冲区地址。

第 7~16 行是使用函数 fopen( ) 建立输入缓冲区、输出缓冲区与指定磁盘文件的映射。fopen( ) 函数用来打开一个文件，其调用的一般形式为

文件指针变量=fopen(文件名，使用文件方式)；

其中：

"文件指针变量"是被说明为 FILE 类型的指针变量。

"文件名"是被打开文件的文件名。例如："a.txt"表示打开当前文件夹(与程序文件所在的文件夹相同)中文件"a.txt"；"d:\\a.txt"表示打开 d 磁盘根文件夹下文件"a.txt"。

"使用文件方式"是指访问文件的类型和操作。

使用文件方式共有 12 种，采用不同符号表示，见表 9.2。

表 9.2　使用文件方式

文件使用方式	意义
r	只读打开一个文本文件
w	只写打开或建立一个文本文件
a	追加打开一个文本文件
rb	只读打开一个二进制文件
wb	只写打开或建立一个二进制文件
ab	追加打开一个二进制文件
r+	读写打开一个文本文件
w+	读写打开或建立一个文本文件
a+	追加读写打开一个文本文件
rb+	读写打开一个二进制文件
wb+	读写打开或建立一个二进制文件
ab+	追加读写打开一个二进制文件

if 语句用于判断打开文件操作的状态。计算机程序在打开一个磁盘文件时，如果由于“打开文件不存在”“磁盘故障”“磁盘已满无法建立新文件”等原因，无法建立磁盘文件与内存缓冲区映射，fopen( )函数将返回一个空指针值 NULL。在程序中可以用这一信息来判别是否成功建立了磁盘文件与内存缓冲区的映射，如果不能成功建立磁盘文件与内存缓冲区映射，则输出操作失败提示，结束程序运行。exit( )函数是 C 语言的标准库函数，其功能是终止程序运行，返回调用过程。exit( )函数原型为 void exit(int state)，参数 state=0 表示正常终止，state≠0 表示非正常终止。使用 exit( )函数需要引入 stdlib. h 头文件(见程序第 1 行)。

第 17~25 行采用 while 语句依次逐个读取文件中的每一个字符。其中，第 20~23 行判断第 19 行使用 fgetc( )函数从文件指针变量 in 映射的输入缓冲区读取的一个字符是否是英文字母，若是，则进行凯撒加密变换。第 24 行使用 fputc( )函数将加密变换后的密文字符写入文件指针变量 out 映射的输出缓冲区。

while 循环条件中，使用 feof( )函数判断文件读取的状态。因为当读取的字符是文件结束符 EOF 时，feof( )函数运算的值为 True，所以在循环逐个读取字符的过程中，如果文件读取结束，就不再需要进行加密变换，从而终止循环过程。

第 26~27 行是使用 fclose( )函数分别关闭打开的输入和输出缓冲区。“关闭”的作用是使文件指针变量与文件“脱钩”，释放被占用的内存缓冲区资源。特别是在向磁盘文件写入数据时，如果数据没充满缓冲区就结束程序，就会丢失暂存在缓冲区里的数据,导致文件数据缺失。而使用 fclose( )函数执行关闭文件操作能避免丢失数据的问题,因为使用 fclose( )函数执行关闭文件操作,会先将缓冲区中的数据存储到磁盘文件中,再释放被占用的内存缓冲区资源,保障了数据不会丢失。因此,当不再访问文件时,应该坚持执行关闭文件操作。

⑤运行结果。

图 9.4 为明文文本“plaintext. txt”。在 IDE(例如:VScode)中输入加密程序“caesar_encryption. c”,经编译和调试后,执行程序结果如图 9.5 所示。

```
China promotes people-centered high-quality development
(Chinadaily. com. cn) 16:22, August 04, 2023
China has promoted people-centered high-quality development and has made great achievements in various areas.
China has made breakthroughs in cutting-edge technologies, new energy and shipping industries, demonstrated by offshore wind turbines, the first domestically produced large cruise ship, high-efficiency solar cells and photovoltaic power generation technology.
Meanwhile, China has also put people first while pursuing high-quality development by focusing on senior citizens' health care and young people's career development.
(Web editor: Zhong Wenxing, Liang Jun)
```

图 9.4　明文文本“plaintext. txt”

```
Fklqd surprwhv shrsoh-fhqwhuhg kljk-txdolwb ghyhorsphqw
(Fklqdgdlob. frp. fq) 16:22, Dxjxvw 04, 2023
Fklqd kdv surprwhg shrsoh - fhqwhuhg kljk - txdolwb ghyhorsphqw dqg kdv pdgh juhdw dfklhyhphqwv lq ydulrxv duhdv.
Fklqd kdv pdgh euhdnwkurxjkv lq fxwwlqj-hgjh whfkqrorjlhv, qhz hqhujb dqg vklsslqj lqgxvwulhv, ghprqvwudwhg eb riivkruh zlqg wxuelqhv, wkh iluvw grphvwlfdoob surgxfhg odujh fuxlvh vkls, kljk-hiilflhqfb vrodu fhoov dqg skrwryrowdlf srzhu jhqhudwlrq whfkqrorjb.
Phdqzkloh, Fklqd kdv dovr sxw shrsoh iluvw zkloh sxuvxlqj kljk-txdolwb ghyhorsphqw eb irfxvlqj rq vhqlru flwlchqv´ khdowk fduh dqg brxqj shrsoh´v fduhhu ghyhorsphqw.
(Zhe hglwru: Ckrqj Zhqalqj, Oldqj Mxq)
```

图 9.5　加密后的密文文本“ciphertext. txt”

⑥思考。

在本实例中,为什么加密运算要按照以下公式进行?还有其他方法吗?

密文 = (明文字母 ASCII 码 - “A”字母 ASCII 码 + 3 + 26) % 26 + “A”字母 ASCII 码

【实例 9.2】

①任务描述。

有加密就有解密,即发送方需要加密,接受方需要解密,为此需要编写解密程序。

②算法分析。

通常,古典密码中解密运算就是加密运算的逆运算。凯撒密码的解密运算就是将密文字符按字母表顺序替换成该密文字符前的第 3 个字符,具体如下。

明文 = (密文字母 ASCII 码 - "A" 字母 ASCII 码 - 3 + 26) % 26 + "A" 字母 ASCII 码

③算法描述。

凯撒密码的解密运算流程与加密运算流程相似,只是将运算中的"+3"变为"-3"即可。

④编写程序。

参考图 9.3 所示算法流程图,编写凯撒密码的解密程序"caesar_decryption.c"如下,空缺语句请参考注释补充完整。

```
1  #include <stdlib.h>
2  #include <stdio.h>
3  int main()
4  {
5      FILE *in, *out;
6      char ch1;
7      if((in=fopen("ciphertext.txt","r"))==NULL)
8      {
9          printf("cannot open ciphertext.txt\n");
10         ________;//停止程序运行
11     }
12     if(____________________________)//判断目标文件打开状态
13     {
14         printf("cannot open decrypted.txt\n");
15         exit(0);
16     }
17     while(!feof(in))
18     {
19         ch1=fgetc(in);
```

```
20      if (ch1>='A' && ch1<='Z')
21          ________________;//解密运算
22      else if (ch1>='a' && ch1<='z')
23          ________________;//解密运算
24      fputc(ch1,out);
25    }
26    ________;//关闭输入文件,释放输入缓冲区
27    fclose(out);
28    return 0;
29  }
```

⑤运行结果。

在 IDE(例如:VScode)中输入解密程序"caesar_decryption. c",经编译和调试后,执行程序结果如图 9.6 所示。

```
China promotes people-centered high-quality development
(Chinadaily. com. cn) 16:22, August 04, 2023
China has promoted people-centered high-quality development and has made great achievements in various areas.
China has made breakthroughs in cutting-edge technologies, new energy and shipping industries, demonstrated by offshore wind turbines, the first domestically produced large cruise ship, high-efficiency solar cells and photovoltaic power generation technology.
Meanwhile, China has also put people first while pursuing high-quality development by focusing on senior citizens' health care and young people's career development.
(Web editor: Zhong Wenxing, Liang Jun)
```

图 9.6　解密后的文本"decrypted. txt"

⑥思考。

在程序的 fopen( )函数中将要打开的文件名都明确地写入函数参数,请分析这样做的优缺点各是什么。

【实例 9.3】

①任务描述。

对比加密程序"caesar_encryption. c"和解密程序"caesar_decryption. c",不难发现:除了第 21 行和第 23 行的加/解密运算不同外,其余语句都是相似的,但实现加/解密却需要重复编写两个程序文件,过于累赘。能否将两个程序合并为一个程序呢?

②算法分析。

经对比分析，可以将实例 9.1 和实例 9.2 中的两个独立的程序合并为一个程序。另加密程序"caesar_encryption.c"或解密程序"caesar_decryption.c"都固定地将被访问文件的文件名写在 fopen() 函数中，程序只能访问指定的磁盘文件，且被访问文件的文件名仅限于"plaintext.txt""ciphertext.txt"和"ciphertext.txt""decrypted.txt"。如果还要访问其他的磁盘文件，例如另一个重要书信文件"plaintext01.txt"进行加密，则需要重新修改程序中的 fopen() 函数参数。为此，可以考虑使用输入语句从键盘采集源文件名和目标文件名，如图 9.7 所示，以增强程序的普适性。

③算法描述。

根据以上算法分析，实例 9.3 算法流程图如图 9.7 所示。

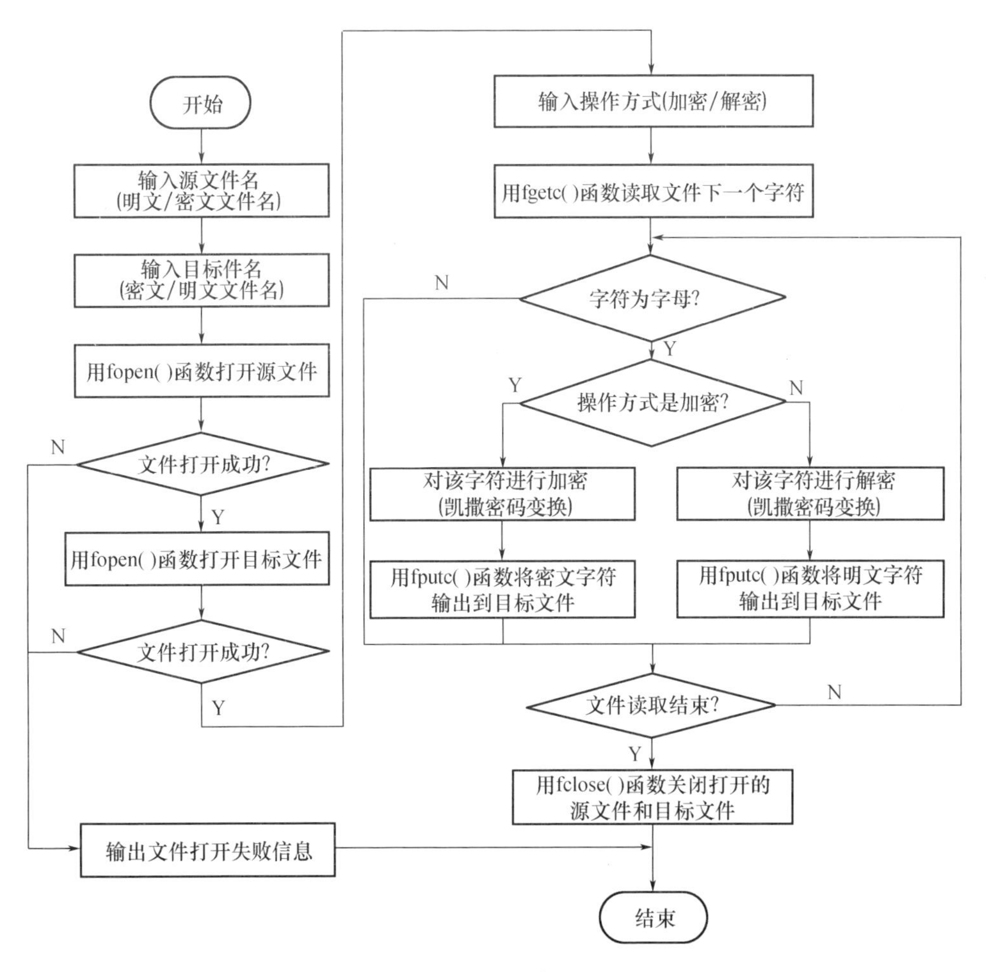

图 9.7　实例 9.3 算法流程图

④编写程序。

按照图 9.7 所示算法流程图，重新编写程序“caesar_cipher. c”如下，空缺语句请参考注释补充完整。

```
1   #include <stdlib. h>
2   #include <stdio. h>
3   int main( )
4   {
5     FILE  * in, * out;
6     char ch1,infile[10],outfile[10];
7     int op_model;
8     printf("Enter the infile name:\n");
9     scanf("%s",infile);
10    printf("Enter the outfile name:\n");
11    ________________;//输入目标文件名
12    if((in=fopen(infile,"r"))= =NULL)
13    {
14      printf("cannot open infile\n");
15      exit(0);
16    }
17    if((out=fopen(outfile,"r"))= =NULL)
18    {
19      printf("cannot open outfile\n");
20      exit(0);
21    }
22    printf("Please enter the operation mode (1. encryption or 2. decryption):\
      n");
23    scanf("%d",&op_model);
24    while(! feof(in))
25    {
26      ch1=fgetc(in);
27      if (ch1>='A' && ch1<='Z')
28        switch(op_model)
29        {
30          case 1:ch1=((ch1-65+3)%26)+65;break;
```

```
31              case 2: ____________________________;//解密运算
32          }
33      else if ____________________________ //判断是否是小写字母
34          switch(op_model)
35          {
36              case 1: ____________________________;//加密运算
37              case 2:ch1=((ch1-97-3)%26)+97;break;
38          }
39
40      fputc(ch1,out);
41    }
42    fclose(in);
43    fclose(out);
44    return 0;
45 }
```

⑤运行结果。

略。

⑥思考。

以上程序中,第 8~11 行是使用输入语句从键盘采集源文件名和目标文件名。第 23 行是使用状态变量 op_model 存储用户将要进行的“加密”或“解密”的操作需求。第 28~32 行、第 34~38 行是根据用户加/解密需求进行加/解密运算。

4. 课外拓展

请利用文件访问操作,解决以下问题。

(1)编写程序,将实验 8 中的卡拉 OK 比赛计分程序计算出的比赛结果存储到磁盘文件“karaoke. txt”中,并在后期需要时能从该磁盘文件读取比赛结果显示到显示器。

(2)编写程序,将磁盘文件中的明文信息与用户指定的密钥进行逐位异或运算,得到密文文件。并在需要时,能将磁盘中的密文文件解密为明文文件。加解密运算规则如下。

密文=明文 XOR 密钥

明文=密文 XOR 密钥

例如:明文信息为“Happiness comes from struggle,and struggle itself is a form of happiness.”,密钥为“abc”,则加密运算如下。

明文	H	a	p	p	i	n	e	s	s		c	o	m	e	s		…
密钥	a	b	c	a	b	c	a	b	c	a	b	c	a	b	c	a	…

密文

H^a = 01001000^01100001 = 00101001 =)

a^b = 01100001^01100010 = 00000011 = ♥

p^c = 01110000^01100011 = 00010011 = !!

p^a = 01110000^01100001 = 00010001 = ◀

……

(3)本实验中程序对中文文本文件也能奏效吗？请验证！

实验 10　中文文本的加解密

1. 知识概述

在实验 9 中,我们学习了如何使用 C 语言程序访问磁盘文件,并实现了英文文本的加解密。你可能注意到了,这里特别强调文件内容必须是英文文本。这是因为当磁盘文件中存储的是中文文本时,加密和解密后的结果往往会变成乱码。产生这种现象的根本原因在于计算机中英文文本和中文文本的字符编码格式不同。

字符编码是文字字符与二进制数据之间的映射关系,用于存储和传输文本。最初,计算机用来存储英文字符的 ASCII 编码格式,每个字符占一个字节,实际使用 7 位(最高位为 0)。ASCII 编码可以表示 128 个不同的符号,包括控制字符和可输出字符。但是,一个字节的 ASCII 编码最多只能表示 256 个字符,它无法涵盖全世界所有语言的字符。因此,随着时间的推移,出现了更多的字符编码格式,例如中文编码格式就包括 GB2312、GBK、GB18030 等。这些编码格式可以使用 2 字节、3 字节或 4 字节来表示每个字符,以容纳更多的符号。

在 C 语言中,基本的字符数据类型 char 只能容纳 1 字节的字符编码,这意味着它只适用于处理英文文本。为了处理中文等需要更长字节的文本,C 语言提供了宽字符数据类型 wchar_t。wchar_t 的长度取决于编译器,例如在微软编译器下,它的长度为 2 字节,而在 GCC 编译器下为 4 字节。为了使用宽字符类型,需要引入 wchar.h 头文件。在处理宽字符时,通常还需要使用 setlocale( ) 函数进行地域设置,以确保程序正确处理中文字符。setlocale( ) 函数位于 locale.h 头文件中,因此也需要引入该头文件。例如,通过 setlocale(LC_ALL, "zh-CN") 可设置程序环境为中文简体。

2. 实验目的

(1) 巩固 C 语言程序访问文件的步骤和方法。

(2) 掌握 C 语言程序处理中文文本的方法和技巧。

(3) 运用中文文件访问步骤和方法,编写程序访问中文文本文件。

3. 实验内容

(1) 研读教材,熟悉关键语句。

图 10.1 为中文文件操作思维导图。

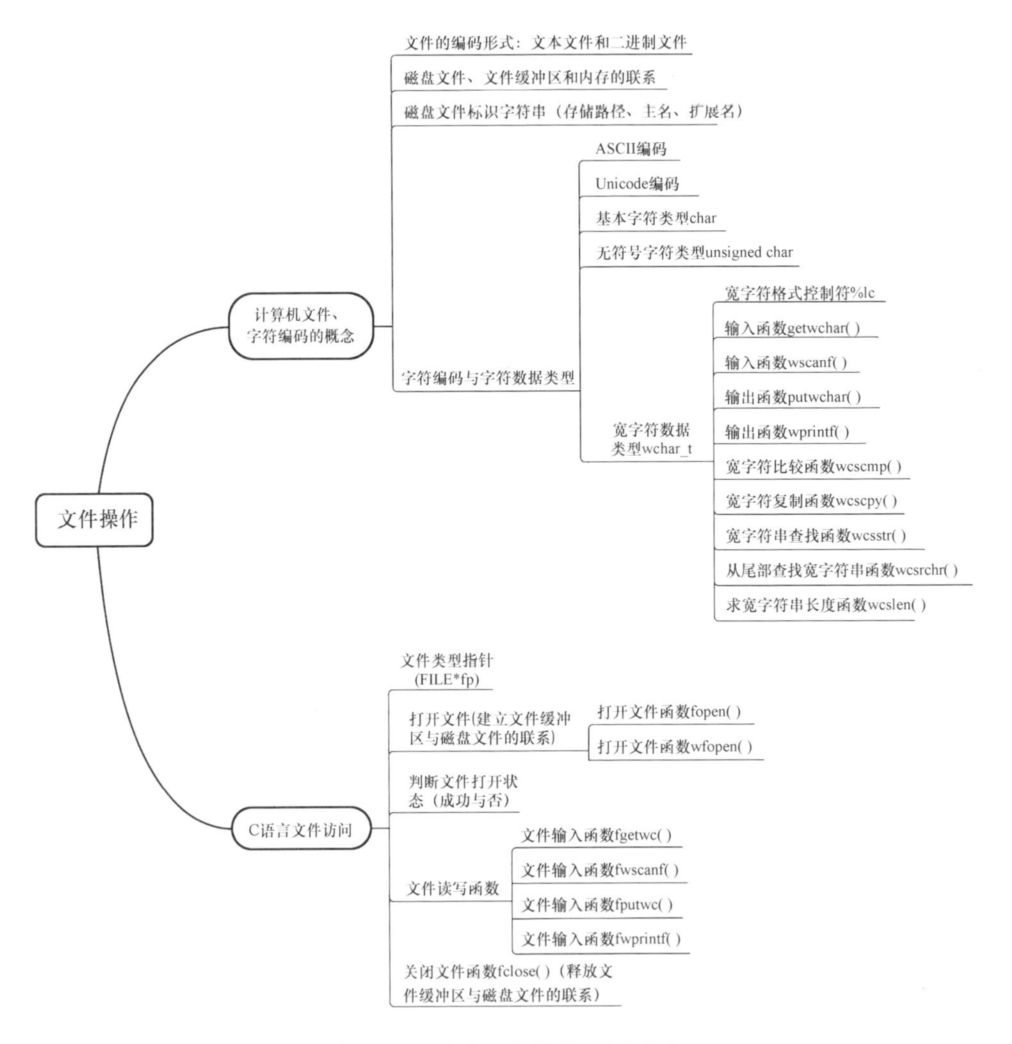

图 10.1　中文文件操作思维导图

(2)实例。

【实例 10.1】

①任务描述。

编写程序,输出中文字符“中”与字符“a”进行一次异或运算的结果,以及与字符“a”进行两次异或运算的结果。

②算法分析。

根据任务要求,编写的程序应具有以下特点。

a. 程序处理的信息均为中文字符。在 C 语言中,存储中文字符的变量数据类型不能使用 char,而应使用宽字符数据类型 wchar_t。

b. 进行一次异或运算实现中文字符的加密，进行二次异或运算实现解密。异或运算的一个运算数是中文字符“中”，为使异或运算能正确进行，密钥字符“a”也应采用中文字符编码格式。

③算法描述。

按照算法分析，实例 10.1 算法流程图如图 10.2 所示。

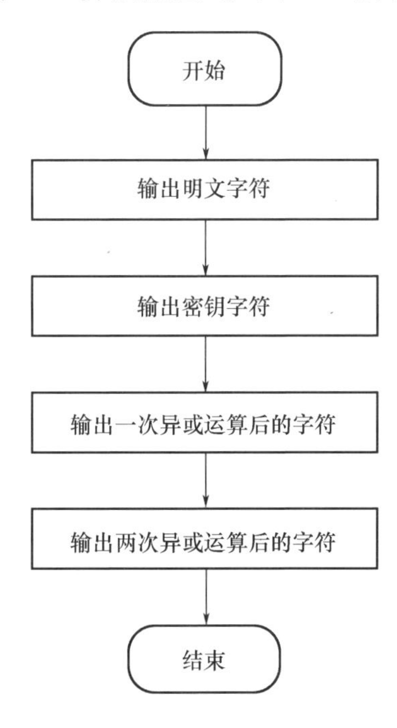

图 10.2　实例 10.1 算法流程图

④编写程序。

```
1   #include<stdio.h>
2   #include<wchar.h>
3   #include<locale.h>
4   int main()
5   {
6     setlocale(LC_ALL,"");
7     wchar_t ss=L'中',m=L'a';
8     wprintf(L"明文=%c\n",ss);
9     wprintf(L"密钥=%c\n",m);
10    wprintf(L"一次异或=%c\n",ss^m);
11    wprintf(L"\n两次异或=%c",ss^m^m);
```

```
12      return 0;
13  }
```

程序第 6 行是利用 setlocale( ) 函数进行地域设置，默认为操作系统设置。由于 setlocale( ) 函数位于 locale. h 文件中，所以第 3 行使用预处理语句“#include < locale. h>”加载 locale. h 头文件到程序。

第 7 行是定义宽字符数据类型变量 ss 和 m，分别存储中文明文字符“中”和中文密钥字符“a”。其中宽字符数据类型 wchar_t 的数据表示与基本字符数据类型 char 的区别是：在字符数据前加上一个大写的 L。因为 C 语言的宽字符数据类型定义在 wchar. h 头文件中，所以第 2 行使用预处理语句“#include < wchar. h >”将 wchar. h 头文件加载到程序中。

第 8~11 行是使用宽字符输出函数 wprintf( ) 输出运算处理后的宽字符。在输出参数中使用大写字母 L 表示按宽字符格式输出。

⑤运行结果。

```
PS D:\temp\c_python_example> ./test1. exe
明文=中
密钥=a
一次异或=乌
两次异或=中
```

在运行结果中，中文字符“中”与密钥字符“a”进行一次异或运算得到密文字符“乌”，密文字符再进行一次异或运算后得到解密后的明文字符“中”。实现了中文字符的加解密。

⑥思考。

宽字符数据类型 wchar_t 和基本字符数据类型 char 在使用上有什么区别？

【实例 10. 2】

①任务描述。

编写程序，输出中文明文文本“中华民族伟大复兴”与密钥文本“中国梦”进行异或加密的结果。

②算法分析。

根据任务要求，编写的程序应具有以下特点。

a. 程序处理的信息均为中文字符。在 C 语言中，存储中文字符的变量数据类型不能使用 char，而应使用 wchar_t。

b. 明文文本与密钥文本进行异或加密算法应按以下规则进行：

明文	中	华	民	族	伟	大	复	兴
密钥	中	国	梦	中	国	梦	中	国
密文(异或)	……							

其中,密钥字符循环使用。

③算法描述。

按照算法分析,实例 10.2 算法流程图如图 10.3 所示。

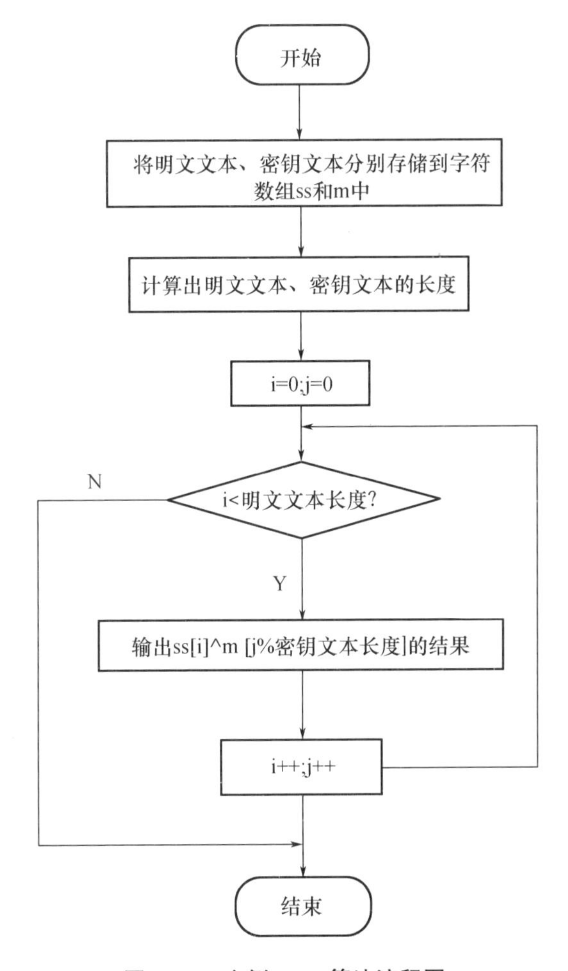

图 10.3　实例 10.2 算法流程图

④编写程序。

```
1  #include<stdio. h>
2  #include<wchar. h>
```

```
3  #include<locale.h>
4  int main()
5  {
6      wchar_t ch1,ss[]=L"中华民族伟大复兴",m[]=L"中国梦";
7      int keysize,plaintextsize,i=0,j=0;
8      setlocale(LC_ALL,"");
9      plaintextsize=wcslen(ss);
10     keysize=wcslen(m);
11     wprintf(L"明文=%s\n",ss);
12     wprintf(L"密钥=%s\n",m);
13     wprintf(L"密文=");
14     for(i=0; i<plaintextsize; i++)
15     {
16         ch1=ss[i]^m[j%keysize];
17         wprintf(L"%c",ch1);
18         j++;
19     }
20    wprintf(L"\n");
21    return 0;
21 }
```

程序第 6 行是定义宽字符类型变量和数组,并对宽字符数组进行初始化。对比实例 10.1 和实例 10.2,宽字符数据都是在传统字符数据或字符串数据的引号前加上一个大写的字母 L。

第 9~10 行使用 wcslen() 函数分别读取明文和密钥宽字符串的长度,并将读取结果记录到变量 plaintextsize 和 keysize 中。

第 11~13 行是使用 wprintf()函数输出明文、密钥字符和密文前导提示信息。

第 14~19 行是循环读取每一个明文字符,并将读取到的每一个明文字符和相应密钥字符进行异或运算,计算出对应的密文字符。其中,第 16 行是进行异或加密,并采用计数变量 j 与密钥长度的模数实现算法描述中的密钥字符的循环使用。采用模运算实现密钥字符的循环使用是类似程序设计中的一个技巧,应该认真理解、掌握和应用。

第 17 行是将加密后的字符输出。

第 18 行是一个计数，目的是记录密钥字符的使用次数，此计数与密钥长度进行模运算，能得到当前循环使用的密钥字符。

⑤运行结果。

```
PS D:\temp\c_python_example> ./test2. exe
明文=中华民族伟大复兴
密钥=中国梦
密文=???????
```

程序实现了加密。但由于加密得到的字符编码不是运行终端能显示的字符（可输出字符），所以在运行结果中看到的加密输出字符是乱码。

⑥思考。

a. 程序第 16 行中利用模运算的什么特点实现循环使用密钥字符？模运算的这个特点还可以进行哪些程序控制？请举例说明。

b. 如果将第 16 行改为“ch1=ss[i]^m[j%keysize]^m[j%keysize];”会得到什么结果呢？请实验之，并按如下格式输出。

```
PS D:\temp\c_python_example> ./test2. exe
明文=中华民族伟大复兴
密钥=中国梦
密文=中华民族伟大复兴
```

4. 课外拓展

假设磁盘中已存有一个重要的中文信件，欲将其采用异或运算加密成密文文件。在之后的一段时间内，又要能将加密后的密文文件还原为明文文件。请编写程序实现这个需求。

提示：

根据任务题意，编写的程序应该具有以下特点。

(1)程序处理的源数据(明文)来自已经存储在磁盘(外部存储器)中的文件。

(2)程序处理后的目标数据(密文)需要存储在磁盘(外部存储器)中的文件中。

(3)源数据(明文)需要经过异或运算，转换为目标数据(密文)，反之依然。

(4)程序加/解密的对象均是中文文本。

(5)只有成功建立磁盘文件与内存缓冲区映射才能正确读写文件数据。

结合实验 9、实验 10 的例子，可考虑算法流程图如图 10.4 所示。

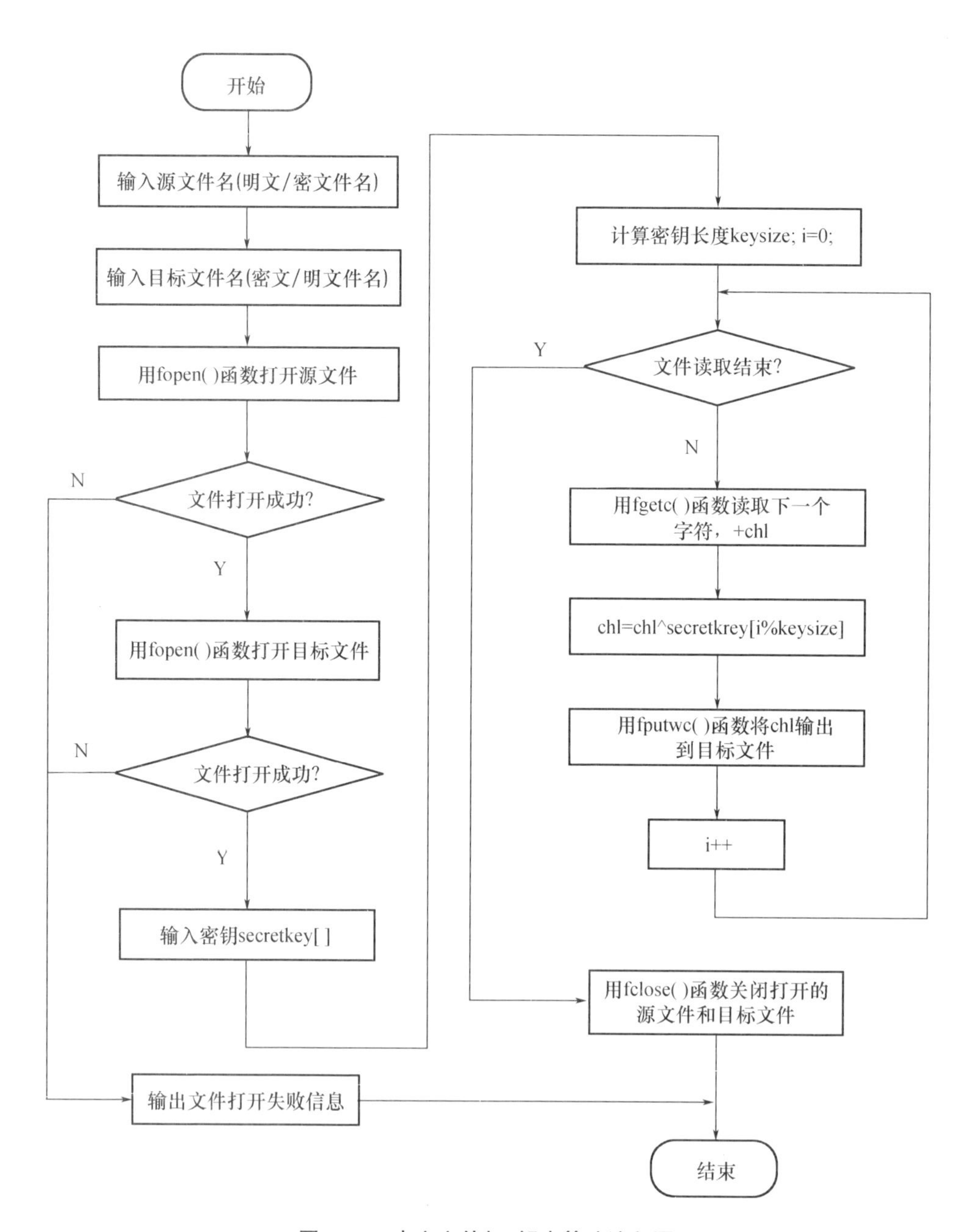

图 10.4　中文文件加/解密算法流程图

实验 11　希尔密码的加解密

1. 知识概述

密码学为信息安全的重要组成部分，自古以来就有着悠久的历史。随着计算机网络的普及和数字化应用的发展，密码技术在保护人们的工作和生活中的信息安全方面发挥着至关重要的作用。在之前的学习中，我们已经接触到了基于单表替代原理的凯撒密码等加密体系。这类单表替代密码的主要缺点是，相同的明文字符总是被替换为相同的密文字符，因而无法有效隐藏明文的统计特性，使得密文容易通过统计分析手段被破解。

为了克服这种缺陷，多表替代策略被引入，成为密码学的一个重要发展。1929 年，数学家希尔发明的希尔密码便是一种高效的多表替代密码。希尔密码的核心在于它能使相同的明文字符在不同的上下文中产生不同的密文字符，从而有效地隐藏了明文的统计特性。这种密码的加密和解密过程是通过矩阵变换和运算来实现的。接下来将详细介绍希尔密码的具体原理和实现方法，包括如何使用矩阵进行明文的加密和密文的解密过程。

(1)将明文字符按照表 11.1 所示的对应关系转换为整数，并按照加密密钥矩阵 $\boldsymbol{K}$ 的维数进行分组。

(2)加密密钥矩阵 $\boldsymbol{K}$ 必须为非奇异矩阵，且矩阵 $\boldsymbol{K}$ 的行列式值必须与整数 26 互素。

(3)解密密钥矩阵 $\boldsymbol{K}^{-1}$ 满足 $\boldsymbol{K}\times\boldsymbol{K}^{-1}=\boldsymbol{I}\pmod{26}$，$\boldsymbol{I}$ 为单位矩阵。

(4)解密密钥矩阵 $\boldsymbol{K}^{-1}$ 可以通过下列计算式计算得到。

$$\boldsymbol{K}^{-1}=\boldsymbol{K}^{*}/|\boldsymbol{K}|=|\boldsymbol{K}|^{-1}\times\boldsymbol{K}^{*}\pmod{26}$$

其中：$|\boldsymbol{K}|$ 为加密密钥矩阵 $\boldsymbol{K}$ 的行列式值(mod 26)；$|\boldsymbol{K}|^{-1}$ 为 $|\boldsymbol{K}|$ 的乘法逆元，即与 26 互素的模 26 剩余集 Z_{26}^{*} 中的元素的乘法逆元，见表 11.2；$\boldsymbol{K}^{*}$ 为加密矩阵 $\boldsymbol{K}$ 的伴随矩阵，若用 $|\boldsymbol{K}_{ij}|$ 表示矩阵 $\boldsymbol{K}$ 去掉第 i 行、第 j 列元素后剩余元素组成的行列式(代数余子式)值，则伴随矩阵 $\boldsymbol{K}^{*}$ 中第 j 行、第 i 列的元素为 $\boldsymbol{K}_{ji}^{*}=(-1)^{i+j}\times|\boldsymbol{K}_{ij}|\pmod{26}$

(5)加密运算：$\boldsymbol{C}$=明文分组矩阵 $\boldsymbol{P}$ * 加密密钥矩阵 $\boldsymbol{K}$(mod 26)。

(6)解密运算：$\boldsymbol{P}$=密文分组矩阵 $\boldsymbol{C}$ * 解密密钥矩阵 $\boldsymbol{K}^{-1}$(mod 26)。

表 11.1　英文字母与整数对应表

字母	A	B	C	D	E	F	G	H	I	J	K	L	M
整数	0	1	2	3	4	5	6	7	8	9	10	11	12
字母	N	O	P	Q	R	S	T	U	V	W	X	Y	Z
整数	13	14	15	16	17	18	19	20	21	22	23	24	25

表 11.2　与 26 互素的模 26 剩余集 $\mathbf{Z}_{26}^{*}$ 中元素的乘法逆元

元素	1	3	5	7	9	11	15	17	19	21	23	25
乘法逆元	1	9	21	15	3	19	7	23	11	5	17	25

例如:选择加密密钥矩阵 $\boldsymbol{K}=\begin{bmatrix}3 & 2\\5 & 7\end{bmatrix}$,希尔密码解密明文“cock”的加密运算如下。

(1)计算解密密钥矩阵。

行列式:$|\boldsymbol{K}|=3\times7-2\times5=21-10=11(\bmod 26)$

查表 11.2 得 $|\boldsymbol{K}|^{-1}=19$

伴随矩阵:

$$\boldsymbol{K}^{*}=\begin{bmatrix}+|7| & -|2|\\-|5| & +|3|\end{bmatrix}=\begin{bmatrix}7 & 24\\2 & 13\end{bmatrix}(\bmod 26)\text{(注:}-a \bmod n=-a+n\text{)}$$

解密密钥矩阵:

$$\boldsymbol{K}^{-1}=|\boldsymbol{K}|^{-1}\boldsymbol{K}^{*}=19\begin{bmatrix}7 & 24\\21 & 3\end{bmatrix}=\begin{bmatrix}133 & 456\\399 & 57\end{bmatrix}=\begin{bmatrix}3 & 14\\9 & 5\end{bmatrix}(\bmod 26)$$

(2)加密。

明文分组:

$$\boldsymbol{p}_1=[\text{c o}]=[2\ 14],\boldsymbol{p}_2=[\text{c k}]=[2\ 10]$$

$$\boldsymbol{c}_1=\boldsymbol{p}_1\times\boldsymbol{K}=[2\quad 14]\times\begin{bmatrix}3 & 2\\5 & 7\end{bmatrix}$$

$$=[2\times3+14\times5\quad 2\times2+14\times7]=[76\quad 102]$$

$$=[24\quad 24](\bmod 26)=[\text{Y Y}](\bmod 26)$$

$$\boldsymbol{c}_2=\boldsymbol{p}_2\times\boldsymbol{K}=[2\quad 10]\times\begin{bmatrix}3 & 2\\5 & 7\end{bmatrix}=[2\times3+10\times5\quad 2\times2+10\times7]=[56\quad 74]$$

$$=[4\quad 22](\bmod 26)=[\text{E W}](\bmod 26)$$

得到密文为“YYEW”。可以看到两个相同的明文字母“c”,加密后分别为“Y”和“E”。

(3)解密。

密文分组:

$$c_1=[\mathrm{Y}\ \ \mathrm{Y}]=[24\quad 24],c_2=[\mathrm{E}\ \ \mathrm{W}]=[4\ 22]$$

$$p_1=c_1\times K^{-1}=[24\quad 24]\times\begin{bmatrix}31 & 4\\ 9 & 5\end{bmatrix}=[24\times 3+24\times 9\quad 24\times 14+24\times 5]$$

$$=[288\quad 456]=[2\quad 14](\mathrm{mod}\ 26)=[\mathrm{C}\ \ \mathrm{O}](\mathrm{mod}\ 26)$$

$$p_2=c_2\times K^{-1}=[4\quad 22]\times\begin{bmatrix}3 & 14\\ 9 & 5\end{bmatrix}$$

$$=[4\times 3+22\times 9\quad 4\times 14+22\times 5]=[210\quad 166]$$

$$=[2\quad 10](\mathrm{mod}\ 26)=[\mathrm{C}\ \ \mathrm{K}](\mathrm{mod}\ 26)$$

还原明文为“COCK”。可以看到两个不同的密文字母“Y”和“E”,解密后都为“C”。

2. 实验目的

(1)巩固“自顶向下,逐步细化”的模块化设计方法和步骤。

(2)掌握数组、指针等在实际问题中的应用。

(3)综合运用习得的知识、技巧和方法,解决更复杂的问题。

3. 实验内容

(1)研读教材,熟悉关键语句。

图 11.1 为希尔密码的加解密思维导图。

(2)实例。

①任务描述。

已知希尔密码的加密密钥矩阵 $\boldsymbol{K}$ 为 $N\times N$ 的矩阵,请编写程序实现希尔密码的加解密运算。例如:$\boldsymbol{K}=\begin{bmatrix}17 & 17 & 5\\ 21 & 18 & 21\\ 2 & 2 & 19\end{bmatrix}$,$\boldsymbol{K}=\begin{bmatrix}3 & 2\\ 5 & 7\end{bmatrix}$等。

②算法分析。

根据任务要求,编写的程序具有以下特点。

a. 加密密钥矩阵 $\boldsymbol{K}$ 的维数不确定,需要用户从键盘输入后才能确定。

b. 任务涉及矩阵存储、按矩阵维数进行信息分组、计算矩阵行列式、求解伴随矩阵、矩阵乘法、求解乘法逆元等多项子任务的分解和程序设计。因此,可以采用函数,划分模块实现。

c. 因为矩阵维数是一个非固定值 N,所以不能采用指定数组维数的方式定义矩阵,而需要采用指针对矩阵进行动态定义,即使用指针为矩阵动态申请内存空间。

d. 在求解伴随矩阵、解密密钥矩阵,以及加密、解密等运算中都需要进行模 26

运算。

e. 由于任务涉及的乘法逆元数量少，且固定，因此关于乘法逆元的计算，可以采用一维数组存储表 11.2 中的数据，需要时查询数组即可。

f. 假设加解密的信息只涉及英文字母，即其中没有空格、标点等除英文字母之外的符号。

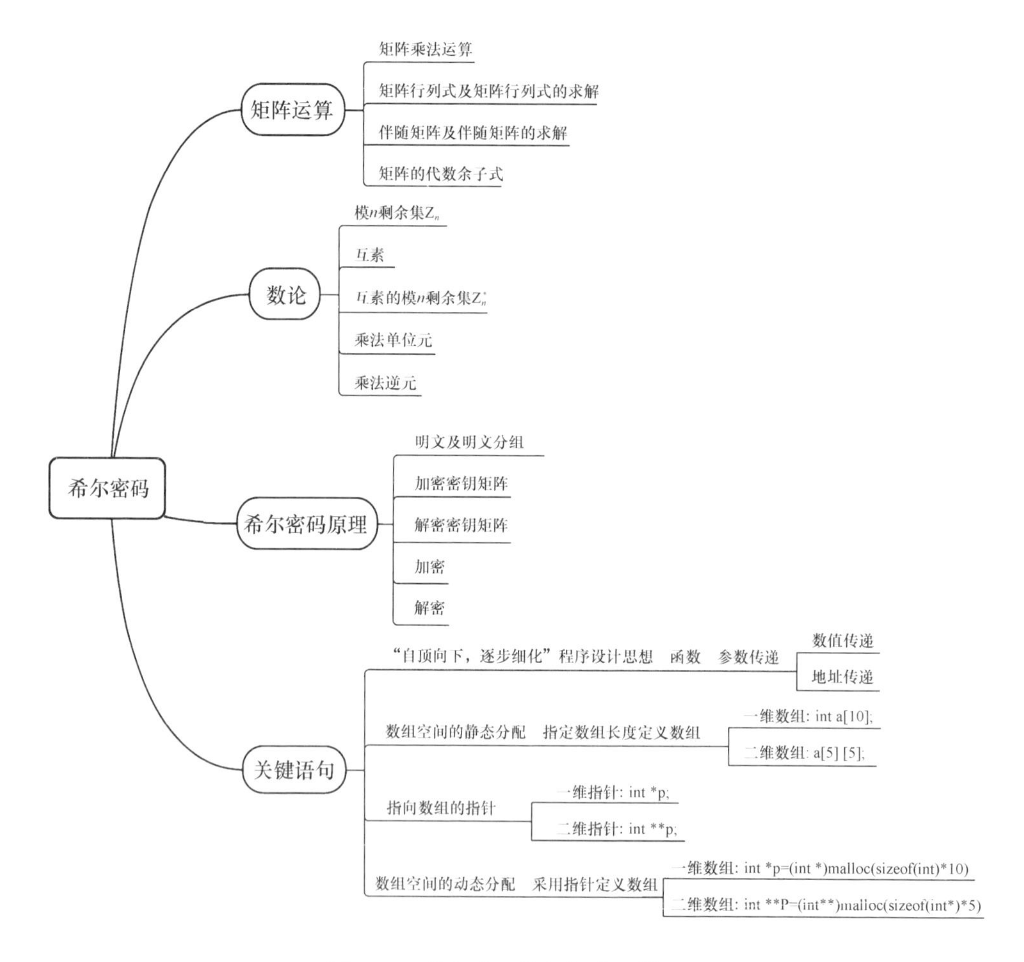

图 11.1　希尔密码的加解密思维导图

③算法描述。

对于复杂任务的程序设计，通常采用“自顶向下，逐步细化”的模块化设计思想，将复杂任务逐级分解为若干子模块，每一个子任务设计为一个函数，负责完成一个具体的功能。主函数（模块）通过调用各个具体函数，完成复杂任务。因此，按照希尔密码原理划分模块如下。

如图 11.2 所示，采用“自顶向下，逐步细化”的模块化设计思想，进行四个层次的模块划分。在第一层模块划分中,将任务划分为“数据输入”“数据输出”“加密/解密运算”和“主函数”四个模块。

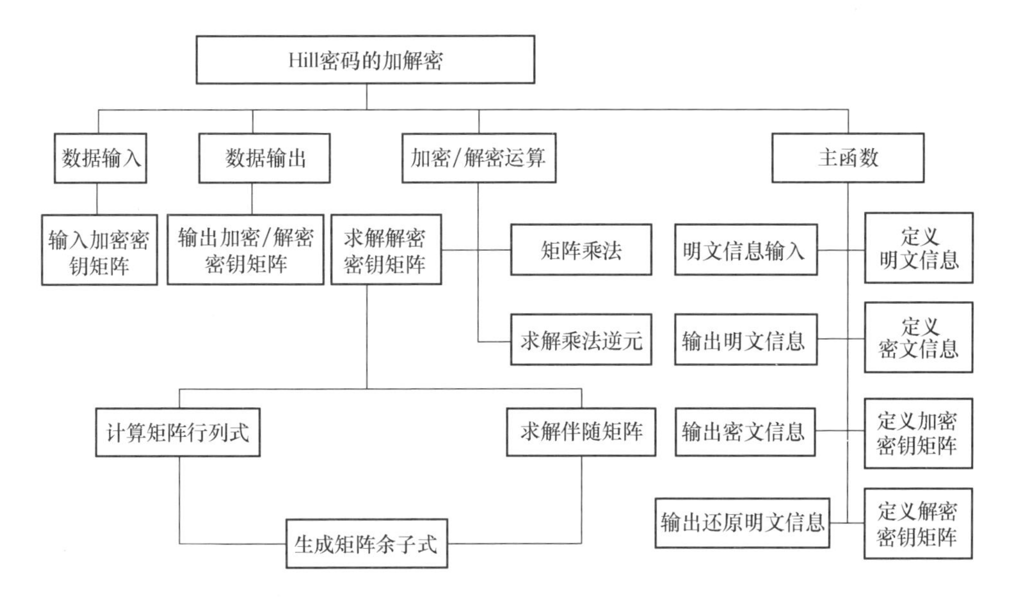

图 11.2　希尔密码加解密模块划分

在第二层模块划分中由于任务涉及的“明文信息”“密文信息”“加密密钥矩阵”“解密密钥矩阵”等数据是任务的关键数据,需要传递到多个模块进行运算,因此将这些信息放在主函数模块中定义和输入,但把加密/解密密钥矩阵的输出单独列为一个模块。“明文信息”“密文信息”是字符串信息,可以使用 C 语言的输出语句直接输出,方便简单,因此直接放在主函数模块里完成,而“加密密钥矩阵”“解密密钥矩阵”是二维整数数组,其输出需要按照矩阵结构,使用循环控制逐一输出每个整数元素,程序相对复杂,所以单独列为一个模块进行输出。加密/解密运算模块又划分为“求解解密密钥矩阵”“矩阵乘法”和“求解乘法逆元”三个模块。

在第三层模块划分中,将“求解解密密钥矩阵”模块划分为“计算矩阵行列式”和“求解伴随矩阵”两个模块。

在第四层模块划分中,将“计算矩阵行列式”和“求解伴随矩阵”都需要用到的“生成计算矩阵余子式”功能提出来,划分为一个独立的模块完成,这样在计算矩阵行列式和求解伴随矩阵过程中都可以调用这个功能模块。

【子任务 1】

①任务描述。

首先完成数据的输入和输出模块。本任务完成明文信息输入与输出,以及加密密钥矩阵输入与输出。

②算法分析。

根据分析,明文信息、加密密钥矩阵、解密密钥矩阵都在主函数中定义,且主函数包含明文信息的输入和输出,而把加密密钥矩阵($N \times N$ 的二维矩阵)的输入和输出设计为单独的函数。

③算法描述。

程序应包括矩阵输入、矩阵输出和主函数三个函数。由于需要将主函数里定义的加密密钥矩阵传递给矩阵输入函数和矩阵输出函数,且在调用矩阵输入函数后又要将加密密钥矩阵返回给主函数,因此,加密密钥矩阵采用指向二维数组的二维指针来存储,并利用地址传递的参数传递方式调用矩阵输入函数和矩阵输出函数。矩阵输入和输出都采取按行访问的控制策略。矩阵输入和输出流程图如图 11.3 和图 11.4 所示。

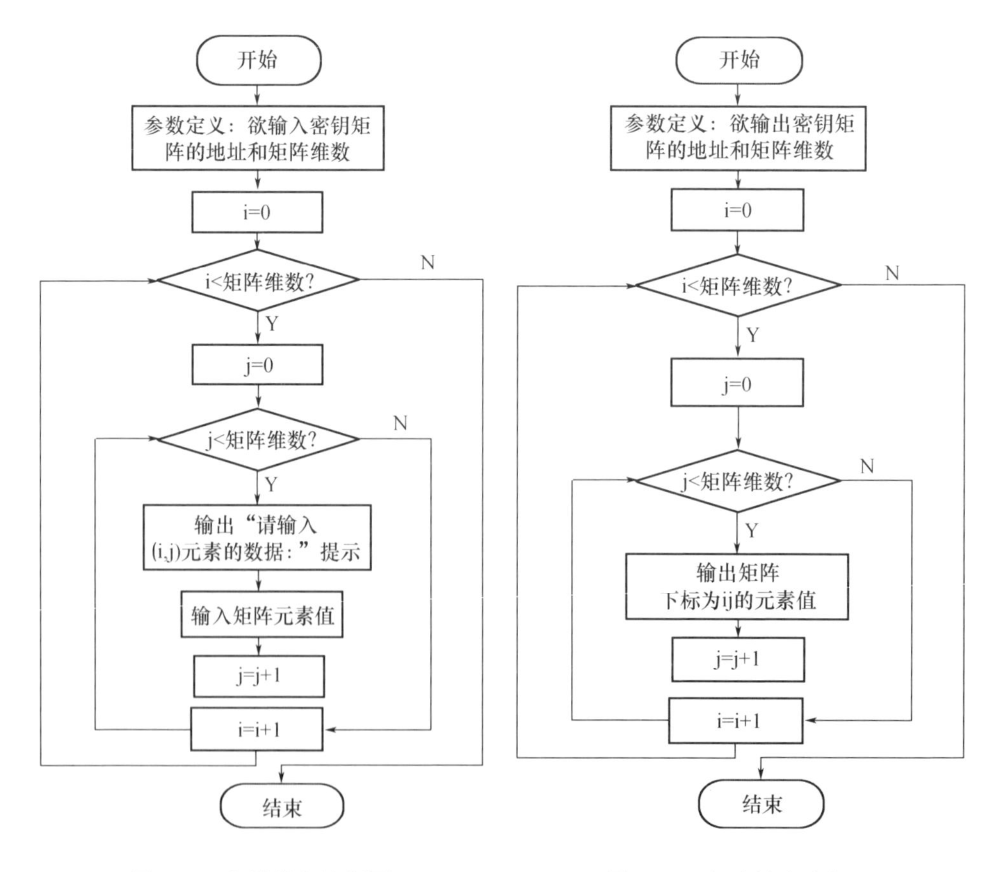

图 11.3　矩阵输入流程图

图 11.4　矩阵输出流程图

④编写程序。

```
1  #include<stdio.h>
2  #include<stdlib.h>
3  #include<string.h>
4
5  int input_matrix(int **matrix, int order) //矩阵输入函数
6  {
7    int i,j;
8    for (i=0;i<order;i++) {
9        for (j=0;j<order;j++) {
10           printf("请输入(%d,%d)元素的数据:",i+1,j+1);
11           scanf("%d",&matrix[i][j]);
12       }
13    }
14    return 0;
15 }
16
17  void show_matrix(int **matrix, int order) //矩阵输出函数
18 {
19    for (int i=0;i<order;i++) {
20        for (int j=0; j<order;j++) {
21            printf("%-6d", matrix[i][j]);
22        }
23        printf("\n");
24    }
25 }
26
27    int main() {
28    int i,j;
29    int k,order;
30    char plaintext[20],ciphertext[20];
31    printf("输入加密密钥矩阵的阶 N:");
32    scanf("%d", &order);
33    int *info_matrix=(int *)malloc(sizeof(int) * order);
34    int *newinfo_matrix=(int *)malloc(sizeof(int) * order);
```

```
35      int * * encryption_key_matrix = (int * * )malloc(sizeof(int * ) * order);
36      int * * decryption_key_matrix = (int * * )malloc(sizeof(int * ) * order);
37      //动态申请加密密钥矩阵和解密密钥矩阵的存储空间
38      for (i=0;i<order;i++) {
39          encryption_key_matrix[i] = (int * )malloc(sizeof(int) * order);
40          decryption_key_matrix[i] = (int * )malloc(sizeof(int) * order);
41      }
42      k=input_matrix(encryption_key_matrix,order);
43      if(k==0)
44          {
45              printf("加密密钥矩阵为:\n");
46              show_matrix(encryption_key_matrix,order);
47          }
48      else
49          printf("加密密钥矩阵输入错误,请检查程序!");
50      return 0;
51  }
```

按照“见名知意”的标识符命名原则,将矩阵输入函数命名为“input_matrix”,将矩阵输出函数命名为“show_matrix”。矩阵输入与输出函数都含有两个参数:采用地址传递方式的矩阵参数,以及采用数值传递方式的矩阵维度(矩阵的阶)参数。

在主函数中,第 29 行是定义矩阵维度(矩阵的阶)。第 30 行是定义明文信息、密文信息,是长度为 20 的字符型数组。第 33~36 行是分别使用指针定义明文分组整数矩阵和密文分组整数矩阵,这两个整数矩阵分别用于存储由明文信息和密文信息按照加密密钥矩阵维度(矩阵的阶)进行分组的字母分组序号。因为分组长度需要根据矩阵维度(矩阵的阶)确定,是一个可变数,所以采用指针定义,以便能向操作系统动态申请存储空间。C 语言中使用 malloc()函数动态分配内存空间,并获得指向该空间的指针,例如“int * p=(int *)malloc(sizeof(int));”,动态申请一个存储整数数据的内存空间,并把指向该整数空间的指针赋值给指针变量 p。因此,第 33 行、第 34 行是

```
int * info_matrix = (int * )malloc(sizeof(int) * order);
int * newinfo_matrix = (int * )malloc(sizeof(int) * order);
```

定义并动态申请一个能存储矩阵的阶(order)个整数存储空间,并把指向该组整数存储空间的第一个空间(元素)指针赋值给指针变量 info_matrix 和 newinfo_matrix,如图 11.5 所示。

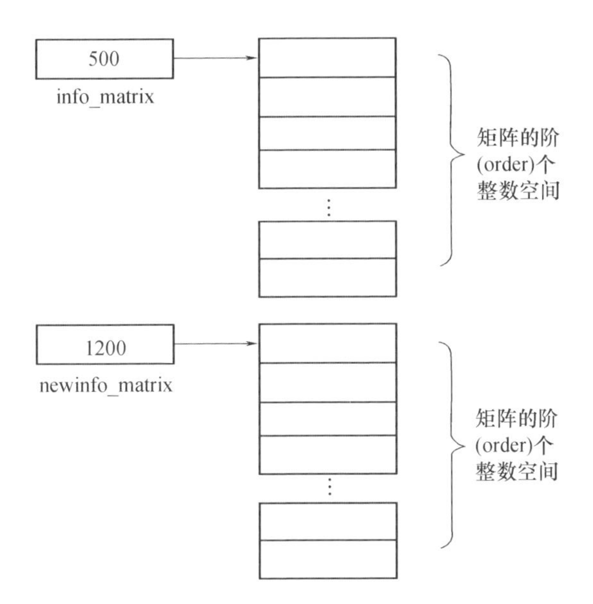

图 11.5　指向一维数组的指针示意图

因为二维数组的结构是由 N 个行元素构成的一维数组，其中每一个行元素又是由 N 个整数元素构成的，所以第 35 行、第 36 行是

```
int **encryption_key_matrix=(int**)malloc(sizeof(int*)*order);
int **decryption_key_matrix=(int**)malloc(sizeof(int*)*order);
```

采用二维指针定义加密密钥矩阵和解密密钥矩阵。注意：此定义只动态申请了 N 个行指针空间，即指向 N 行数据的指针变量。要申请每一行的 N 个整数空间还需要利用循环语句逐行申请，因此，第 38～41 行是实现逐行申请整数存储空间：

```
for (i=0;i<order;i++) {
        encryption_key_matrix[i]=(int*)malloc(sizeof(int)*order);
        decryption_key_matrix[i]=(int*)malloc(sizeof(int)*order);
}
```

在 C 语言中，可以使用 free( ) 函数将不再使用的内存数据空间释放返还给操作系统。free( ) 函数原型为

```
void free(void *ptr);
```

指针参数指向由 malloc( ) 函数申请分配到的内存地址，该地址指向的内存块会被返还给操作系统以留作他用。

第 42 行是调用矩阵输入函数 input_matrix( ) 完成加密密钥矩阵的输入，其中实际参数 encryption_key_matrix 是指针变量，存储的是指向加密密钥矩阵的地址。在调用函数 input_matrix( ) 时，向函数传递的是地址，因此函数执行后，可以通过指针参数将函数输入的加密密钥矩阵数据返回主函数。

第 43~49 行是将加密密钥矩阵 encryption_key_matrix 传递给矩阵输出函数，完成矩阵数据的输出。

⑤运行结果。

两次测试运行，分别输入 2 阶矩阵和 3 阶矩阵，输出结果如下。经过测试，实现了子任务 1 的功能。

```
输入加密密钥矩阵的阶 N:2
请输入(1,1)元素的数据:3
请输入(1,2)元素的数据:2
请输入(2,1)元素的数据:5
请输入(2,2)元素的数据:7
加密密钥矩阵为:
3       2
5       7

输入加密密钥矩阵的阶 N:3
请输入(1,1)元素的数据:17
请输入(1,2)元素的数据:17
请输入(1,3)元素的数据:5
请输入(2,1)元素的数据:21
请输入(2,2)元素的数据:18
请输入(2,3)元素的数据:21
请输入(3,1)元素的数据:2
请输入(3,2)元素的数据:2
请输入(3,3)元素的数据:19
加密密钥矩阵为:
17      17      5
21      18      21
2       2       19
```

⑥思考。

a. 指向数组的指针如何定义和实现动态空间申请？

b. 被调函数如何将数组数据返回给主调函数？

【子任务 2】

①任务描述。

编写函数，生成矩阵余子式。

②算法分析。

所谓余子式是指：将 N 阶矩阵 $\boldsymbol{K}$ 的元素 $k_{i,j}$ 所在的第 i 行和第 j 列元素删除后，剩余元素按原来的排列顺序组成的 $N-1$ 阶矩阵。由于在求解伴随矩阵和矩阵行列式时都需要生成元素的余子式，因此将生成矩阵余子式的任务单独设计成一个函数，供其他函数调用。

③算法描述。

设置元素 $k_{i,j}$ 的行标记（row_flag）和列标记（col_flag），以及行状态（row_state）和列状态（col_state）。在遍历矩阵 $\boldsymbol{K}$ 的每一个元素时，判断元素下标是否已超过行标记或列标记，且行状态、列状态是否为“初次超过”，如果是，则将下一行（下一列）对应列（行）的元素赋值到新的 $N-1$ 阶矩阵中，此时行标记（row_flag）和列标记（col_flag）分别设置为 1。生成矩阵余子式算法流程图如图 11.6 所示。

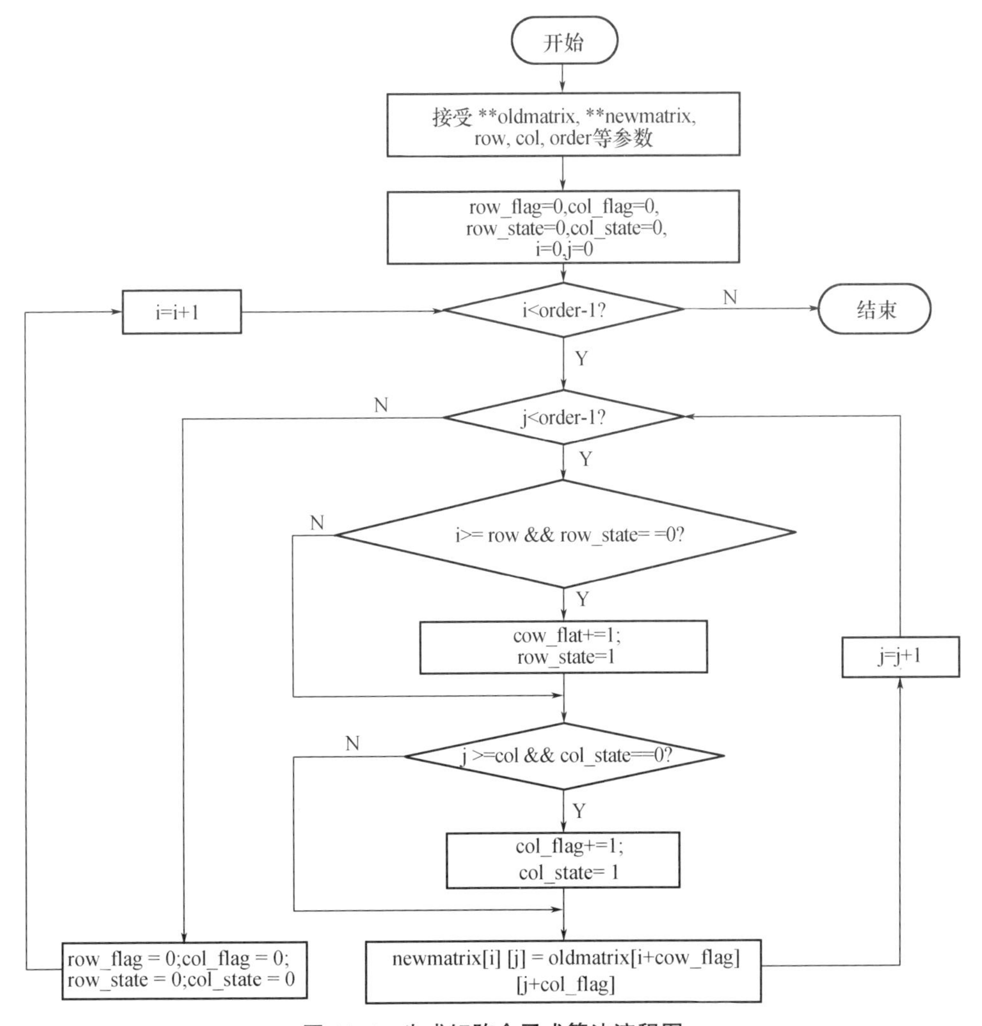

图 11.6　生成矩阵余子式算法流程图

④编写程序。

在子任务 1 的基础上，编写生成矩阵余子式函数，命名为“algebraic_remainder”。为了测试矩阵余子式函数是否正确，需要在主函数中添加调用该函数和输出余子式矩阵的语句。

```
1   #include<stdio. h>
2   #include<stdlib. h>
3   #include<string. h>
4
5   int input_matrix(int * * matrix, int order) //矩阵输入函数
    {
     <略>
    return 0;
15  }
16
17  void show_matrix(int * * matrix, int order)  //矩阵输出函数
18  {
     <略>
26  }
27  //计算矩阵的余子式
28  void algebraic_remainder(int * * oldmatrix, int * * newmatrix, int row, int
    col, int order)
29  {
30    int row_flag=0, col_flag=0;
31    int row_state=0, col_state=0;
32    // i,j 循环原矩阵
33    for (int i=0;i<order-1;i++){
34         for (int j=0;j<order-1;j++){
35             // row_state,col_state 代表行列是否加“1”状态,防止多次加“1”
36             if (i>=row&&row_state==0) {cow_flag+=1;row_state=1;}
```

```
37              if (j>=col&&col_state==0) {col_flag+=1;col_state=1;}
38
39              newmatrix[i][j]=oldmatrix[i+cow_flag][j+col_flag];
40          }
41          row_flag=0;col_flag=0;
42          row_state=0;col_state=0;
43      }
44  }
45
46  int main(){
47      <略>
    k=input_matrix(encryption_key_matrix,order);
61      if(k==0)
62          {
63              printf("加密密钥矩阵为:\n");
64              show_matrix(encryption_key_matrix,order);
65          }
66      else
67          printf("加密密钥矩阵输入错误,请检查程序!");
68
69      algebraic_remainder(encryption_key_matrix,decryption_key_matrix,2,3,
        order);
70      printf("加密密钥矩阵去除第 2 行和第 3 列的矩阵余子式为:\n");
71      show_matrix(decryption_key_matrix,order-1);
72      return 0;
73  }
74
```

第 28~44 行是生成矩阵余子式的函数,其中参数 oldmatrix 存储原矩阵 ***K***,newmatrix 用于存储待求的矩阵余子式 ***R***,row、col 分别为欲删除的行和列,order 为原矩阵 ***K*** 的阶。

第30~31行是分别定义行、列标记cow_flag、col_flag和行、列状态。行、列状态记录是否超过指定删除的行、列,其值为0表示未超过,为1表示已超过。

第36~37行是判断遍历元素的行、列是否初次超过指定删除的行、列,如果是,则将行、列标记设置为1,且行、列状态也设置为1,以保证第二次元素下标超过指定行、列时,行、列标记的值一直为1。这样第39行的赋值就能跳过欲删除的行、列,将除指定i行和j列以外的元素赋值到新的矩阵(newmatrix)中。第41~42行是当遍历完矩阵的一行元素后,将行、列标记和行、列状态都重置为0,以开始下一行的遍历。直到遍历完全部矩阵元素为止。

为了测试矩阵余子式函数是否正确,在主函数中添加第69~71行调用生成矩阵余子式函数删除指定的第2行第3列元素,以及调用矩阵输出函数输出矩阵余子式。注意:第69~71行仅为测试生成矩阵余子式函数所用,待测试正确后,应将这部分测试语句删除。

⑤运行结果。

```
输入加密密钥矩阵的阶N:5
请输入(1,1)元素的数据:1
请输入(1,2)元素的数据:2
请输入(1,3)元素的数据:3
请输入(1,4)元素的数据:4
请输入(1,5)元素的数据:5
请输入(2,1)元素的数据:2
请输入(2,2)元素的数据:3
请输入(2,3)元素的数据:4
请输入(2,4)元素的数据:5
请输入(2,5)元素的数据:6
请输入(3,1)元素的数据:5
请输入(3,2)元素的数据:4
请输入(3,3)元素的数据:3
请输入(3,4)元素的数据:2
请输入(3,5)元素的数据:1
请输入(4,1)元素的数据:6
请输入(4,2)元素的数据:5
请输入(4,3)元素的数据:4
```

```
请输入(4,4)元素的数据:3
请输入(4,5)元素的数据:2
请输入(5,1)元素的数据:3
请输入(5,2)元素的数据:4
请输入(5,3)元素的数据:5
请输入(5,4)元素的数据:6
请输入(5,5)元素的数据:7
加密密钥矩阵为:
1    2    3    4    5
2    3    4    5    6
5    4    3    2    1
6    5    4    3    2
3    4    5    6    7
加密密钥矩阵去除第 2 行和第 3 列的矩阵余子式为:
1    2    3    5
2    3    4    6
6    5    4    2
3    4    5    7
```

由以上运行结果看到,输入的 5×5 矩阵,删除第 2 行和第 3 列元素后,得到一个 4×4 的矩阵余子式。注意:C 语言中数组元素的下标从 0 开始,第 2 行和第 3 列元素实际是行下标为 1 和列下标为 2 的元素。

⑥思考。

a. 为什么程序中要设置行、列标记 row_flag、col_flag 和行、列状态 row_state、col_state?

b. 如果要让参数 row = 2, col = 3 就是“删除第 2 行和第 3 列”的元素,而不是“删除行下标为 2 和列下标为 3 的元素”,则又应该如何修改程序呢?

【子任务 3】

①任务描述。

编写函数,计算矩阵行列式。

②算法分析。

矩阵行列式的计算比较复杂,一般有“对角线法”“代数余子式法”“等价转换法”和“逆序数法”四种计算方法。下面对前两者进行介绍。

a. 对角线法。

假设矩阵 $\boldsymbol{K}=\begin{bmatrix} a_{11} & a_{12} & a_{13} \\ a_{21} & a_{22} & a_{23} \\ a_{31} & a_{32} & a_{33} \end{bmatrix}$,则矩阵 $\boldsymbol{K}$ 的行列式按如下规则计算。

ⅰ. 如图 11.7 所示,将矩阵第 1 列至 $n-1$ 列的元素平移到矩阵右侧。

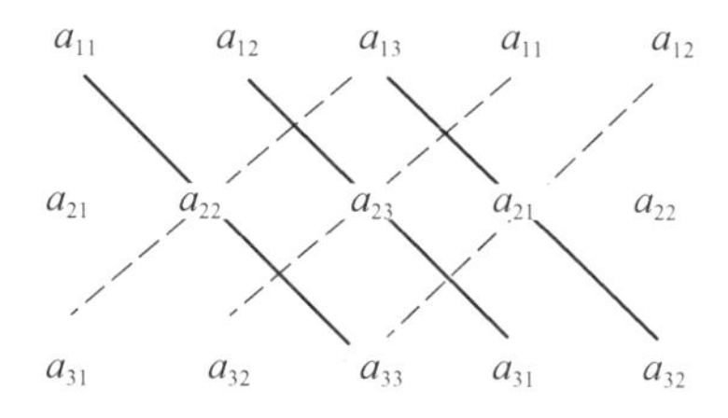

图 11.7　对角线法求解矩阵行列式示意图

ⅱ. 行列式值等于各条实线对角线元素乘积之和减去各条虚线对角线元素乘积。即

$$\begin{aligned}\boldsymbol{K}_{\text{det}} = & a_{11} \times a_{22} \times a_{13} + a_{12} \times a_{23} \times a_{31} + a_{13} \times a_{21} \times a_{32} - \\ & (a_{13} \times a_{22} \times a_{31} + a_{11} \times a_{23} \times a_{32} + a_{12} \times a_{21} \times a_{33})\end{aligned}$$

采用对角线法计算 N 阶矩阵的行列式,直观,比较容易理解,但需要在存储空间中对原矩阵进行 $N-1$ 列的扩展,对于高阶矩阵的计算复杂性极大。

b. 代数余子式法。

假设矩阵 $\boldsymbol{K}=\begin{bmatrix} a_{11} & a_{12} & a_{13} \\ a_{21} & a_{22} & a_{23} \\ a_{31} & a_{32} & a_{33} \end{bmatrix}$,则矩阵 $\boldsymbol{K}$ 的行列式按如下规则计算。

$$\begin{aligned}\boldsymbol{K}_{\text{det}} = & (-1)^{1+1} \times a_{11} \times \begin{vmatrix} a_{22} & a_{23} \\ a_{32} & a_{33} \end{vmatrix} + (-1)^{1+2} \times a_{12} \times \begin{vmatrix} a_{21} & a_{23} \\ a_{31} & a_{33} \end{vmatrix} + \\ & (-1)^{1+3} \times a_{13} \times \begin{vmatrix} a_{21} & a_{22} \\ a_{31} & a_{32} \end{vmatrix}\end{aligned}$$

因此,采用代数余子式法计算 N 阶矩阵的行列式,可以采用递归函数,逐级化解,最后得到问题的解。从程序设计的角度看,采用递归函数实现会比较简单。

③算法描述。

计算矩阵行列式的函数原型设为

```
int determinant(int * * matrix, int order);
```

则算法流程图如图 11.8 所示。

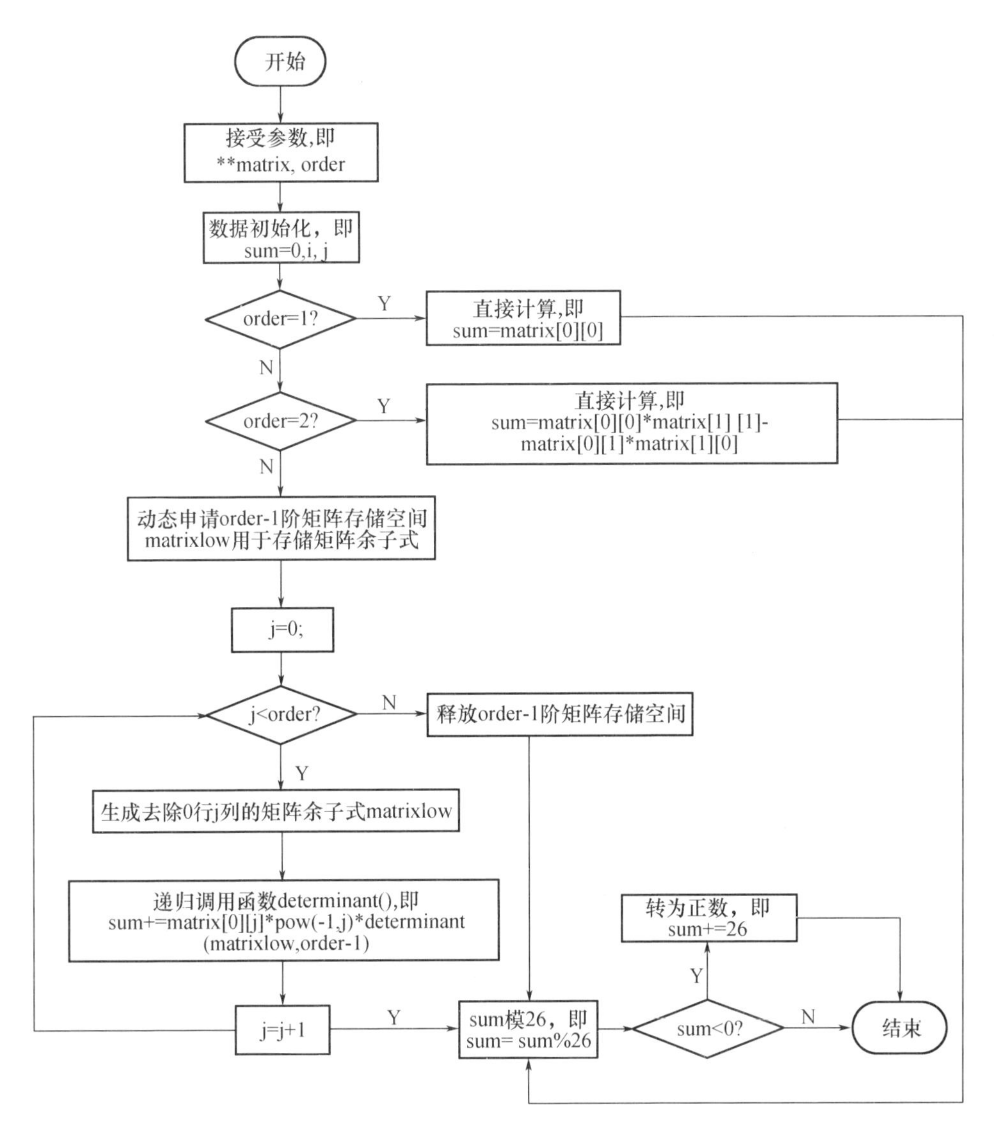

图 11.8　计算矩阵行列式算法流程图

④编写程序。

根据以上算法,编写计算矩阵行列式程序如下。为了测试函数是否正确,需要在主函数中添加调用该函数和输出矩阵行列式的语句。

```
1  #include<stdio. h>
2  #include<stdlib. h>
3  #include<string. h>
```

```
4    #include<math. h>
5
6    int input_matrix( int  * * matrix, int order) //矩阵输入函数
     {
     <略>
     return 0;
16   }

19   void show_matrix( int  * * matrix, int order)   //矩阵输出函数
     {
     <略>
27   }

//计算矩阵余子式
30   void algebraic_remainder( int  * * oldmatrix, int  * * newmatrix, int row, int
     col, int order)
     {
     <略>
46   }

48     int determinant( int  * * matrix, int order)//计算矩阵行列式函数
49     {
50        int sum=0,i,j;
51        if ( order==1)
52             sum=matrix[0][0];
53        else
54             if( order==2) {
55               // 如果是二阶直接获取值
56               sum=matrix[0][0] * matrix[1][1]-matrix[0][1] * matrix[1]
                 [0];
57             }
58             else {
59                  // 创建更小二维数组
60                  order-=1;
61                  int  * * matrixlow=( int * * )malloc( sizeof( int * ) * order);
```

```
62              for(i=0;i<order;i++){
63                  matrixlow[i]=(int *)malloc(sizeof(int) * order);
64              }
65              order += 1;
66              // 循环展开第一行
67              for(j = 0;j<order;j++){
68                          //利用第 1 行元素矩阵余子式化简
69                  algebraic_remainder(matrix,matrixlow,0,j, order);
70                  //调用函数自身,开始递归
71
72              sum+=matrix[0][j] * pow(-1,j) * determinant(matrixlow,
                order-1);
73              }
74              // 释放内存
75              for(i=0;i<order-1;i++)free( *(matrixlow+i));
76          }
77      //行列式模 26
78      sum=sum%26;
79      //如果为负,则加 26
80      if(sum<0) sum+=26;
81      return sum;
82  }
83
84  int main(){
85      int i,j;
86      int k,m,n,order;
87      char plaintext[20],ciphertext[20];
88      printf("输入加密密钥矩阵的阶 N:");
89      scanf("%d", &order);
90      int * info_matrix = (int *)malloc(sizeof(int) * order);
91      int * newinfo_matrix = (int *)malloc(sizeof(int) * order);
92      int * * encryption_key_matrix = (int * *)malloc(sizeof(int *) *
        order);
93      int * * decryption_key_matrix = (int * *)malloc(sizeof(int *) *
        order);
```

```
94        //动态申请加密密钥矩阵和解密密钥矩阵的存储空间
95        for (i = 0; i < order; i++) {
96            encryption_key_matrix[i] = (int *)malloc(sizeof(int) * order);
97            decryption_key_matrix[i] = (int *)malloc(sizeof(int) * order);
98        }
99        k=input_matrix(encryption_key_matrix,order);
100        if(k==0)
101           {
102               printf("加密密钥矩阵为:\n");
103               show_matrix(encryption_key_matrix,order);
104           }
105        else
106            printf("加密密钥矩阵输入错误,请检查程序!");
107
108        k=determinant(encryption_key_matrix, order);
109        printf("加密密钥矩阵的行列式为:%d\n",k);
110
111        return 0;
112    }
```

由于需要计算 $-1^{(i+j)}$，在程序前面增加了“#include<math. h>”预处理命令，将数学函数引入程序以供使用。

在计算矩阵行列式函数（第 48～82 行）中，第 51～57 行是直接计算 1 阶矩阵或 2 阶矩阵的行列式，否则，采用代数余子式法，用矩阵第一行元素，递归化简矩阵计算矩阵行列式。其中，第 60～64 行是动态申请 N-1 阶矩阵存储空间。第 67～73 行是递归调用函数自身计算矩阵行列式。第 78～80 行是按照希尔密码的原理，将计算得到的矩阵行列式进行模 26 运算。第 75 行是释放动态申请的 N-1 阶矩阵存储空间。为了测试矩阵行列式计算函数的止确性，在主函数中添加第 108～109 行，调用矩阵行列式计算函数，并将函数结果输出，以供观察。注意：第 108～109 行仅为测试矩阵行列式计算函数所用，待测试正确后，应将这部分测试语句删除。

⑤运行结果。

```
输入加密密钥矩阵的阶 N:2
请输入(1,1)元素的数据:3
请输入(1,2)元素的数据:2
请输入(2,1)元素的数据:5
```

```
请输入(2,2)元素的数据:7
加密密钥矩阵为:
3    2
5    7
加密密钥矩阵的行列式为:11

输入加密密钥矩阵的阶 N:3
请输入(1,1)元素的数据:17
请输入(1,2)元素的数据:17
请输入(1,3)元素的数据:5
请输入(2,1)元素的数据:21
请输入(2,2)元素的数据:18
请输入(2,3)元素的数据:21
请输入(3,1)元素的数据:2
请输入(3,2)元素的数据:2
请输入(3,3)元素的数据:19
加密密钥矩阵为:
17    17    5
21    18    21
2     2     19
加密密钥矩阵的行列式为:23
```

经过 2 次测试,矩阵行列式计算正确。

⑥思考。

a. 递归函数的执行过程及编写原则是什么?

b. 为什么要用第 75 行释放动态申请的 N-1 阶矩阵存储空间?

【子任务 4】

①任务描述。

编写函数,求解伴随矩阵。

②算法分析。

根据线性代数的计算法则,一个矩阵的伴随矩阵 $\boldsymbol{K}^*$ 中第 j 行第 i 列的元素为

$$\boldsymbol{K}_{ji}^* = (-1)^{i+j} \times |\boldsymbol{K}_{ij}| \pmod{26}$$

其中,$|\boldsymbol{K}_{ij}|$ 为矩阵 $\boldsymbol{K}$ 去掉第 i 行第 j 列的代数余子式。

③算法描述。

由于已经实现了矩阵余子式、矩阵行列式的计算,因此按照伴随矩阵的计算法则,调用相应函数,能很方便地求解伴随矩阵。求解伴随矩阵函数原型设为

void adjoint_matrix(int ＊＊matrix,int ＊＊adjointmatrix,int order);

算法流程图如图 11.9 所示。

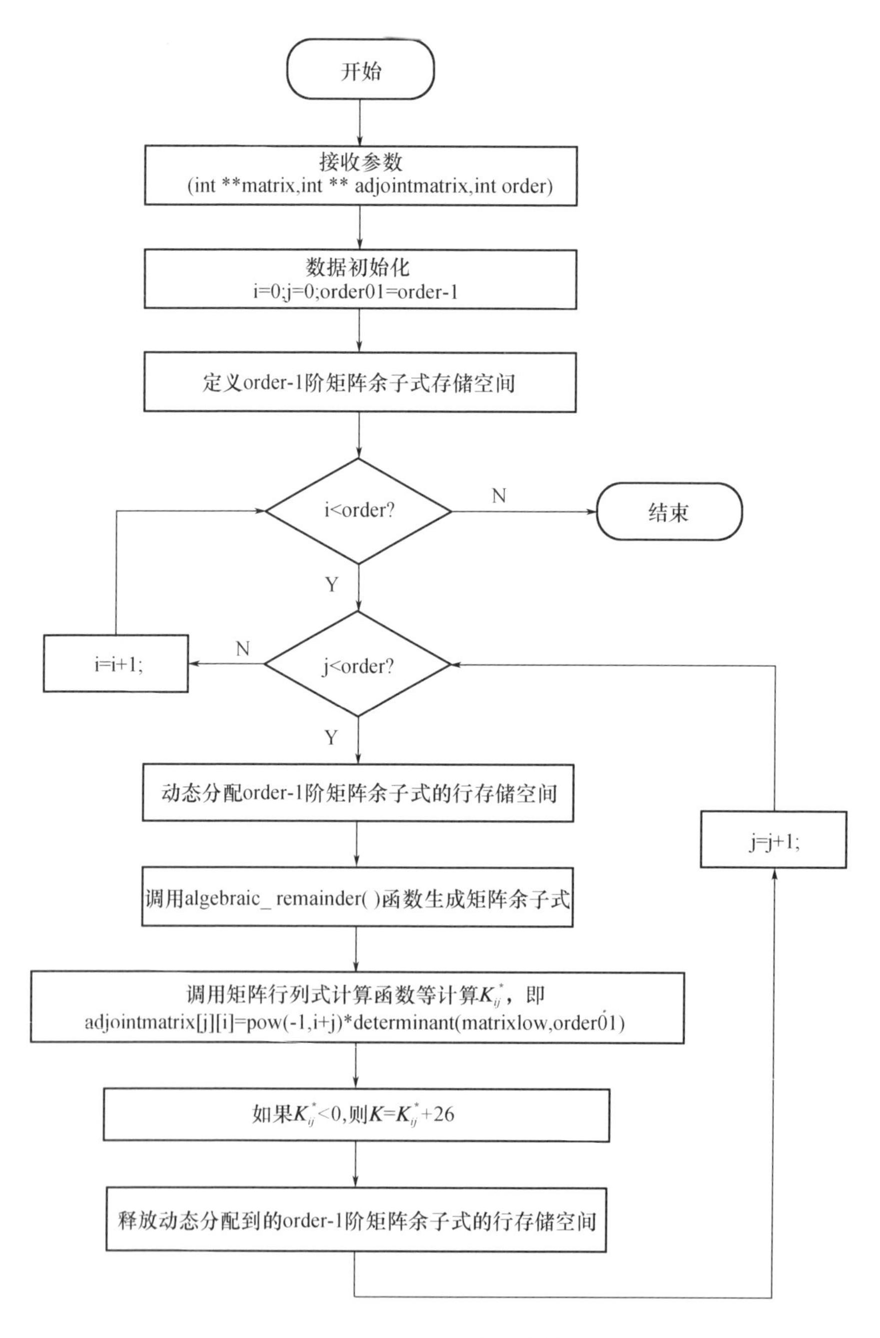

图 11.9　计算伴随矩阵算法流程图

④编写程序。

```
1  #include<stdio. h>
2  #include<stdlib. h>
3  #include<string. h>
4  #include<math. h>

6  int input_matrix(int * * matrix, int order) //矩阵输入函数
   {
    <略>
    return 0;
17 }

19  void show_matrix(int * * matrix, int order)  //矩阵输出函数
    {
    <略>
27  }

  //计算矩阵余子式
30  void algebraic_remainder(int * * oldmatrix, int * * newmatrix, int row, int
    col, int order)
   {
    <略>
   }
46
47   int determinant(int * * matrix, int order)//计算矩阵行列式函数
48   {
     <略>
     return sum;
     }
82
83    void adjoint_matrix(int * * matrix,int * * adjointmatrix,int order)//求解
      伴随矩阵
84    {
85        int i,j,k,order01;
86        order01=order-1;
```

```
87       int **matrixlow=(int**)malloc(sizeof(int*)*order01);
88       for(i=0;i<order;i++)
89         for(j=0;j<order;j++)
90         {
91              for (k=0; k<order01;k++) {
92                   matrixlow[k]=(int*)malloc(sizeof(int)*order01);
93              }
94              algebraic_remainder(matrix,matrixlow,i,j,order);
95
96                adjointmatrix[j][i]=pow(-1,i+j) * determinant(matrixlow,
                  order01);
97              //元素若为负数,则按照"负数模 26,等于负数加 26"转换
98              if(adjointmatrix[j][i]<0) adjointmatrix[j][i]+=26;
99              // 释放内存
100               for (k=0; k<order01;k++) free(*(matrixlow+k));
101          }
102    }
103
104    int main(){
105    int i,j;
106    int k,m,n,order;
107    char plaintext[20],ciphertext[20];
108    printf("输入加密密钥矩阵的阶 N:");
109    scanf("%d",&order);
110    int *info_matrix=(int*)malloc(sizeof(int)*order);
111    int *newinfo_matrix=(int*)malloc(sizeof(int)*order);
112    int **encryption_key_matrix=(int**)malloc(sizeof(int*)*order);
113    int **decryption_key_matrix=(int**)malloc(sizeof(int*)*order);
114    //动态申请加密密钥矩阵和解密密钥矩阵的存储空间
115    for (i=0;i<order;i++) {
116            encryption_key_matrix[i]=(int*)malloc(sizeof(int)*order);
117            decryption_key_matrix[i]=(int*)malloc(sizeof(int)*order);
118    }
119    k=input_matrix(encryption_key_matrix,order);
```

```
120 if(k==0)
121     {
122         printf("加密密钥矩阵为:\n");
123         show_matrix(encryption_key_matrix,order);
124     }
125 else
126     printf("加密密钥矩阵输入错误,请检查程序!");
127
128 adjoint_matrix(encryption_key_matrix,decryption_key_matrix,order);
129     printf("加密密钥矩阵的伴随矩阵为:\n");
130     show_matrix(decryption_key_matrix,order);
131   return 0;
132 }
133
```

第 86 行是计算去掉元素所在行和列后,得到的矩阵余子式的阶。第 88~101 行是采用双重循环遍历矩阵的每一个元素,并生成元素的代数余子式(第 91~94 行),第 91~93 行是动态申请用于存储矩阵余子式行向量的空间。第 96 行是按照公式 $\boldsymbol{K}_{ji}{}^{*}=(-1)^{i+j}\times|\boldsymbol{K}_{ij}|\pmod{26}$ 计算伴随矩阵元素。第 98 行是当伴随矩阵元素值为负时,按照模运算的法则,调整为正数。第 100 行是将为计算该元素的代数余子式申请的用于存储矩阵余子式的空间释放,返还操作系统。同理,为了测试伴随矩阵函数的正确性,在主函数中添加第 128~130 行调用求解伴随矩阵函数,并将伴随矩阵结果输出,以供观察。待测试正确后,应将这部分测试语句删除。

⑤运行结果。

```
输入加密密钥矩阵的阶 N:2
请输入(1,1)元素的数据:3
请输入(1,2)元素的数据:2
请输入(2,1)元素的数据:5
请输入(2,2)元素的数据:7
加密密钥矩阵为:
3     2
5     7
加密密钥矩阵的伴随矩阵为:
7     24
21     3
```

```
输入加密密钥矩阵的阶 N:3
请输入(1,1)元素的数据:17
请输入(1,2)元素的数据:17
请输入(1,3)元素的数据:5
请输入(2,1)元素的数据:21
请输入(2,2)元素的数据:18
请输入(2,3)元素的数据:21
请输入(3,1)元素的数据:2
请输入(3,2)元素的数据:2
请输入(3,3)元素的数据:19
加密密钥矩阵为:
17    17    5
21    18    21
2     2     19
加密密钥矩阵的伴随矩阵为:
14    25    7
7     1     8
6     0     1
```

经过 2 次测试,伴随矩阵计算正确。

⑥思考。

a. 为什么定义伴随矩阵的语句“int ＊＊matrixlow=(int＊＊)malloc(sizeof(int＊)＊order 01);”(第 87 行)要放在双重循环前,而申请和释放伴随矩阵行空间的语句(第 91~93 行、第 100 行)要放在循环里?

b. 按照 $\boldsymbol{K}_{ji}^{*}=(-1)^{i+j}\times|\boldsymbol{K}_{ij}|\ (\mathrm{mod}\ 26)$ 计算法则,为什么在函数中未见模 26 运算?

【子任务 5】

①任务描述。

编写函数,求解乘法逆元。

②算法分析。

由于任务涉及的乘法逆元数量少,且固定,因此乘法逆元的计算可以采用一维数组存储表 11.2 中的数据,需要时查询数组即可。

③算法描述。

定义一维数组存储表 11.2 中乘法逆元的数据。为了避免遍历数组,提高查表速度,需要将乘法逆元存储在以对应元素为下标的元素中,例如:元素“1”的乘法逆元存储在下标为 1 的元素中;元素“9”的乘法逆元存储在下标为 9 的元素中。这样,函数接收到的查询参数对应的乘法逆元就是以查询参数为下标的元素。

④编写程序。

由于该函数程序编写简单,测试语句也容易,因此仅提供函数部分的程序。把这个函数添加到程序中,并编写测试语句进行测试即可。

```
1  int inverse(int n)//查表法求乘法逆元
2  {
3     int inverse_table[26] = {0,1,0,9,0,21,0,15,\
4                              0,3,0,19,0,0,0,7,0,\
5                              23,0,11,0,5,0,17,0,25};
6
7     return inverse_table[n];
8  }
```

注意:第 3 行中的单斜杠“\”是 C 语言中的“续行符号”,它的作用是:当一行语句太长时,可以使用续行符换行书写,在程序编译时,编译器会将续行符删除,跟在续行符后的字符自动接续到前一行。

⑤运行结果。

```
输入元素 N:23
元素 23 对应的乘法逆元是:17

输入元素 N:9
元素 9 对应的乘法逆元是:3

输入元素 N:5
元素 5 对应的乘法逆元是:21
```

经测试,求解乘法逆元函数正确。

⑥思考。

a. 为什么要将乘法逆元存储在以对应元素为下标的元素中?

b. 如何在主函数中编写测试求解乘法逆元函数的测试语句?

c. 如果不采用查表法,乘法逆元又如何计算呢?请查阅资料进行学习,并尝试编写。

【子任务 6】

①任务描述。

编写函数,求解解密密钥矩阵。

②算法分析。

解密密钥矩阵 $\boldsymbol{K}^{-1}$ 可以通过下列计算式计算得到。

$$\boldsymbol{K}^{-1}=\boldsymbol{K}^{*}/|\boldsymbol{K}|=|\boldsymbol{K}|^{-1}\times\boldsymbol{K}^{*}\ (\mathrm{mod}\ 26)$$

其中，$|\boldsymbol{K}|$ 为加密密钥矩阵 $\boldsymbol{K}$ 的行列式值(mod 26)；$|\boldsymbol{K}|^{-1}$ 为 $|\boldsymbol{K}|$ 的乘法逆元，即与 26 互素的模 26 剩余集 Z_{26}^{*} 中的元素的乘法逆元；$\boldsymbol{K}^{*}$ 为加密密钥矩阵 $\boldsymbol{K}$ 的伴随矩阵。

③算法描述。

求解解密密钥矩阵函数原型为

void generate_decryption_key(int * * matrix,int * * new_matrix,int order);

求解解密密钥矩阵算法流程图如图 11.10 所示。

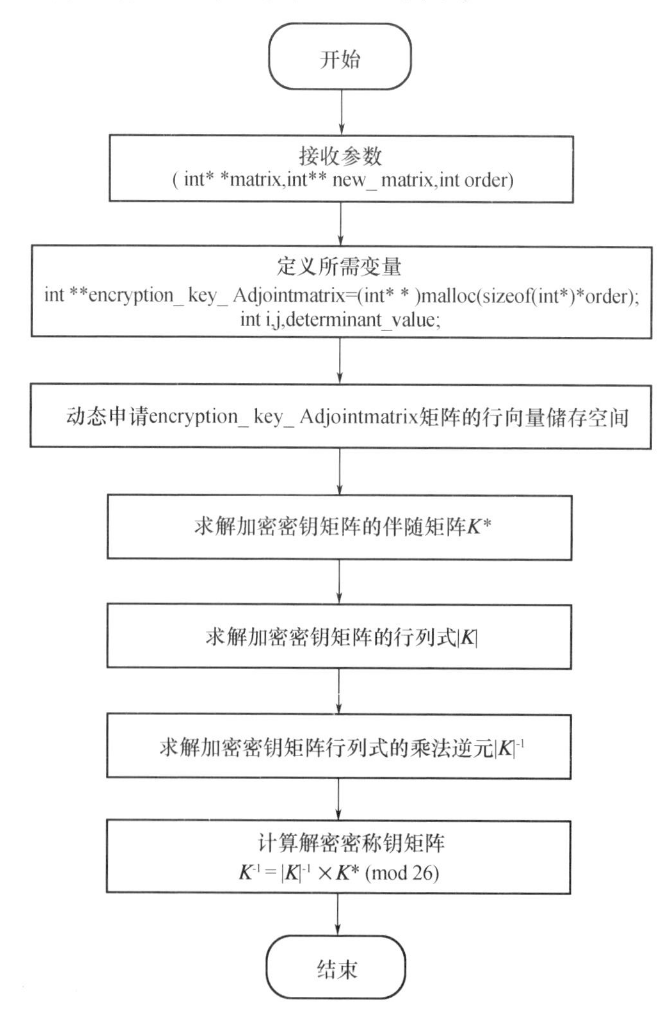

图 11.10　求解解密密钥矩阵算法流程图

④编写程序。

```
1  #include<stdio. h>
2  #include<stdlib. h>
3  #include<string. h>
4  #include<math. h>

6  int input_matrix(int * * matrix, int order) //矩阵输入函数
   {
    <略>
      return 0;
17 }

19  void show_matrix(int * * matrix, int order)   //矩阵输出函数
    {
    <略>
27  }

29  int inverse(int n)//查表法求乘法逆元
    {
     <略>
     return inverse_table[n];
35  }

  //计算矩阵余子式
39  void algebraic_remainder(int * * oldmatrix, int * * newmatrix, int row, int
    col, int order)
    {
     <略>
    }
55
    int determinant(int * * matrix, int order)//计算矩阵行列式函数
57  {

     return sum;
```

```
}
91
92  void adjoint_matrix(int * * matrix,int * * adjointmatrix,int order)//求解伴
    随矩阵
93  {
    <略>
    }
112  //求解解密密钥矩阵
113  void generate_decryption_key(int * * matrix,int * * new_matrix,int order)
114     {
115         int * * encryption_key_Adjointmatrix = (int * * ) malloc( sizeof( int * )
            * order);
116         int i,j,detdeterminant_value;
117
118         for (i=0;i<order;i++) {
119             encryption_key_Adjointmatrix[i] = (int * ) malloc ( sizeof ( int ) *
                order);
120         }
            <略>
123         adjoint_matrix(matrix,encryption_key_Adjointmatrix,order);//求伴随
            矩阵
124         detdeterminant_value = determinant(matrix,order);  //求加密密钥矩
            阵的行列式
125         detdeterminant_value = inverse(detdeterminant_value); //求行列式对应
            的乘法逆元
126
127         //解密密钥矩阵=乘法逆元 * 伴随矩阵 mod 26
128         for(i=0;i<order;i++)
129             for(j=0;j<order;j++)
130          new_matrix[i][j] = (detdeterminant_value * \
131                     encryption_key_Adjointmatrix[i][j])%26;
132     }
133
```

```
134  int main( ) {
135  int i,j;
136  int k,m,n,order;
137  char plaintext[20],ciphertext[20];
138  printf("输入加密密钥矩阵的阶 N:");
139  scanf("%d",&order);
140  int * info_matrix=(int * )malloc(sizeof(int) * order);
141  int * newinfo_matrix=(int * )malloc(sizeof(int) * order);
142  int * * encryption_key_matrix=(int * * )malloc(sizeof(int * ) * order);
143  int * * decryption_key_matrix=(int * * )malloc(sizeof(int * ) * order);
144  //动态申请加密密钥矩阵和解密密钥矩阵的存储空间
145  for (i=0;i<order;i++) {
146        encryption_key_matrix[i]=(int * )malloc(sizeof(int) * order);
147        decryption_key_matrix[i]=(int * )malloc(sizeof(int) * order);
148  }
149  k=input_matrix(encryption_key_matrix,order);
150  if(k==0)
151        {
152              printf("加密密钥矩阵为:\n");
153              show_matrix(encryption_key_matrix,order);
154        }
155  else
156        printf("加密密钥矩阵输入错误,请检查程序!");
157
158     generate_decryption_key(encryption_key_matrix,decryption_key_matrix,
        order);
159        printf("解密密钥矩阵为:\n");
160        show_matrix(decryption_key_matrix,order);
161
162        return 0;
163        }
```

第118~120行是动态申请用于存放加密密钥矩阵的伴随矩阵的空间。第

123～125 行是分别调用函数计算伴随矩阵、加密密钥矩阵行列式、行列式乘法逆元。第 123～125 行采用双重循环，遍历伴随矩阵的每一个元素，并将元素按照公式 $K^{-1}=|K|^{-1}\times K^{*}$ (mod 26) 计算解密密钥矩阵元素。同理，为了测试解密密钥矩阵函数的正确性，在主函数中添加第 158～160 行，调用解密密钥矩阵函数，并将解密密钥矩阵结果输出，以供观察。待测试正确后，应将这部分测试语句删除。

⑤运行结果。

```
输入加密密钥矩阵的阶 N:2
请输入(1,1)元素的数据:3
请输入(1,2)元素的数据:2
请输入(2,1)元素的数据:5
请输入(2,2)元素的数据:7
加密密钥矩阵为:
3    2
5    7
解密密钥矩阵为:
3    14
9    5

输入加密密钥矩阵的阶 N:3
请输入(1,1)元素的数据:17
请输入(1,2)元素的数据:17
请输入(1,3)元素的数据:5
请输入(2,1)元素的数据:21
请输入(2,2)元素的数据:18
请输入(2,3)元素的数据:21
请输入(3,1)元素的数据:2
请输入(3,2)元素的数据:2
请输入(3,3)元素的数据:19
加密密钥矩阵为:
17    17    5
21    18    21
2     2     19
```

解密密钥矩阵为：

4　9　15
15　17　6
24　0　17

经过 2 次测试，求解解密密钥矩阵函数正确。

⑥思考。

求解解密密钥矩阵函数中动态申请的伴随矩阵（encryption_key_Adjointmatrix）存储空间为什么可以不释放？

【子任务 7】

①任务描述。

编写程序，矩阵乘法。

②算法分析。

希尔密码的加解密运算中都需要进行矩阵的乘法运算，因此将矩阵乘法划分为一个程序模块。希尔密码中涉及的矩阵乘法运算相比线性代数中的乘法运算简单，仅是 $1\times N$ 矩阵与 $N\times N$ 矩阵的乘积，例如：

$$\boldsymbol{C}=\boldsymbol{A}\times\boldsymbol{K}=[a_{11}\quad a_{12}\quad a_{13}]\times\begin{vmatrix}k_{11} & k_{12} & k_{13}\\ k_{21} & k_{22} & k_{23}\\ k_{31} & k_{32} & k_{33}\end{vmatrix}(\bmod 26)$$

则 $\boldsymbol{C}$ 矩阵中的元素分别为

$$c_{11}=(a_{11}\times k_{11}+a_{12}\times k_{21}+a_{13}\times k_{31})(\bmod 26)$$
$$c_{12}=(a_{11}\times k_{12}+a_{12}\times k_{22}+a_{13}\times k_{32})(\bmod 26)$$
$$c_{13}=(a_{11}\times k_{13}+a_{12}\times k_{23}+a_{13}\times k_{33})(\bmod 26)$$

若使用一维数组存储 $\boldsymbol{C}$、$\boldsymbol{A}$ 矩阵，则由以上例子的运算规律可以得到乘积矩阵元素 c_i 的值按 $c_i=\sum a_j\times k_{ji}$ 计算，其中 i 作为外层循环控制变量，j 作为内层循环控制变量，它们的取值为 $0,1,2,3,\cdots,N-1$。

③算法描述。

根据算法分析，设矩阵乘法函数原型为

```
int matrix_multiplication(int *info_matrix,int **key_matrix,\
                          int *new_info_matrix,int order)
```

则矩阵乘法算法流程图如图 11.11 所示。

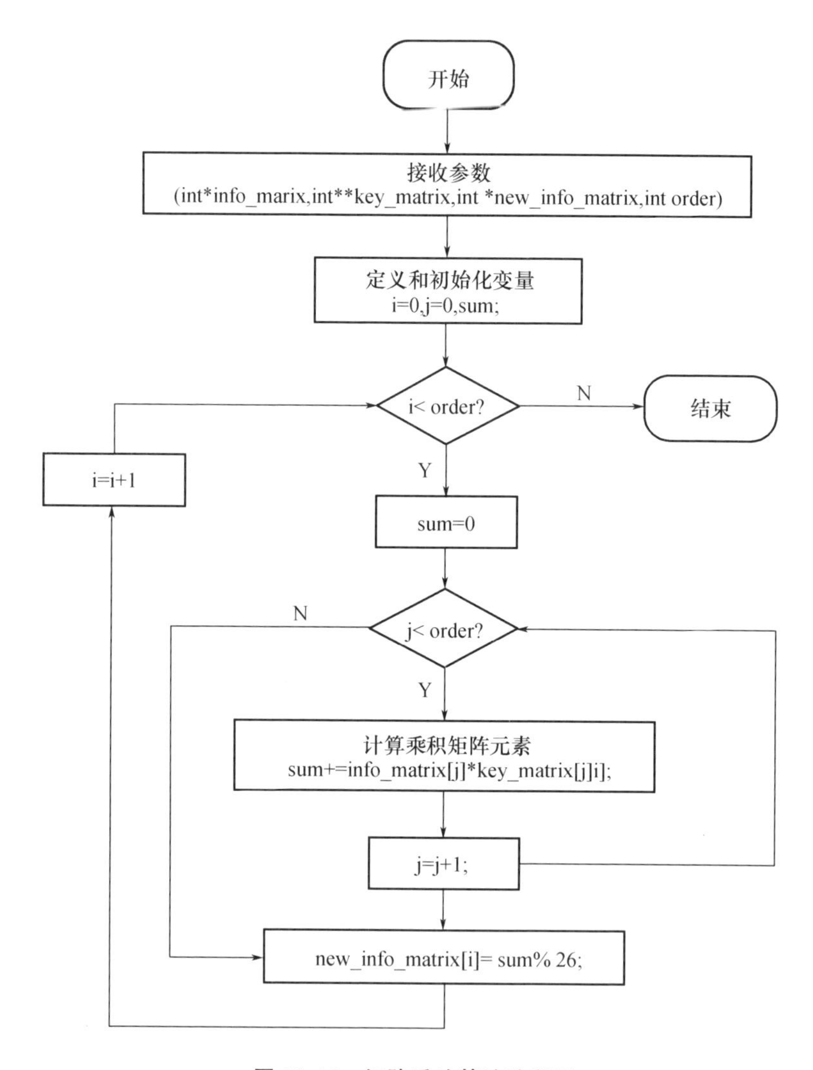

图 11.11　矩阵乘法算法流程图

④编写程序。

由于该函数程序编写简单，测试语句也容易，因此仅提供函数部分的程序。把这个函数添加到程序中，并编写测试语句进行测试即可。

```
132  int matrix_multiplication( int  * info_matrix, int  * * key_matrix, \
133                                   int  * new_info_matrix, int order) {//矩阵乘法
134      int i, j, k, sum;
135      for( i = 0; i<order; i++)
136      {
```

```
137             sum=0;
138             for(j=0;j<order;j++)
139                 sum+=info_matrix[j] * key_matrix[j][i];
140             new_info_matrix[i]=sum % 26;
141         }
142         return 0;
143     }
```

⑤运行结果。

```
输入加密密钥矩阵的阶 N:2
请输入(1,1)元素的数据:3
请输入(1,2)元素的数据:2
请输入(2,1)元素的数据:5
请输入(2,2)元素的数据:7
加密密钥矩阵为:
3       2
5       7
请输入信息矩阵下标为(1)的元素:2
请输入信息矩阵下标为(2)的元素:14
矩阵乘法运算的结果为:
   24    24

输入加密密钥矩阵的阶 N:3
请输入(1,1)元素的数据:17
请输入(1,2)元素的数据:17
请输入(1,3)元素的数据:5
请输入(2,1)元素的数据:21
请输入(2,2)元素的数据:18
请输入(2,3)元素的数据:21
请输入(3,1)元素的数据:2
请输入(3,2)元素的数据:2
请输入(3,3)元素的数据:19
加密密钥矩阵为:
17      17      5
```

```
21      18      21
2       2       19
请输入信息矩阵下标为(1)的元素:7
请输入信息矩阵下标为(2)的元素:14
请输入信息矩阵下标为(3)的元素:19
矩阵乘法运算的结果为:
9    19    14
```

经测试,矩阵乘法函数运算正确。

⑥思考。

a. 请在主函数中添加测试语句测试矩阵乘法函数的正确性。

b. 任务中仅实现了 $1\times N$ 矩阵与 $N\times N$ 矩阵的乘积,若要实现 $N\times N$ 矩阵与 $N\times N$ 矩阵的乘积,如何修改程序?

【子任务 8】

①任务描述。

编写程序实现希尔密码的加密运算。

②算法分析。

根据希尔密码的加密运算法则,首先需要将待加密信息按照加密密钥矩阵的阶(维度)进行分组,并将分组字母转换为对应的字母序号矩阵。再用分组字母序号矩阵乘加密密钥矩阵,完成加密运算。若将长度为 n 的待加密信息存储在一维字符数组 plaintext[ ]中,信息分组长度 order=2,即 2 个字母一组,则信息分组的过程如下。

第 1 分组:P1=plaintext[0],plaintext[1]　　　　i=0

第 2 分组:P2=plaintext[2],plaintext[2]　　　　i=1

第 3 分组:P3=plaintext[4],plaintext[3]　　　　i=2

……

第 n 分组:Pn=plaintext[i×order],plaintext[i+1],i=n-1。

因此,在主函数中按照以上规律遍历待加密信息,进行信息分组加密。为了降低待加密信息字母序号转换的复杂性,在遍历前,先将所有待加密信息字母转换为大写字母,那么在遍历过程中仅需要减去字母“A”的 ASCII 码,即可完成转换。

③算法描述。

根据算法分析,加密运算算法流程图如图 11.12 所示。

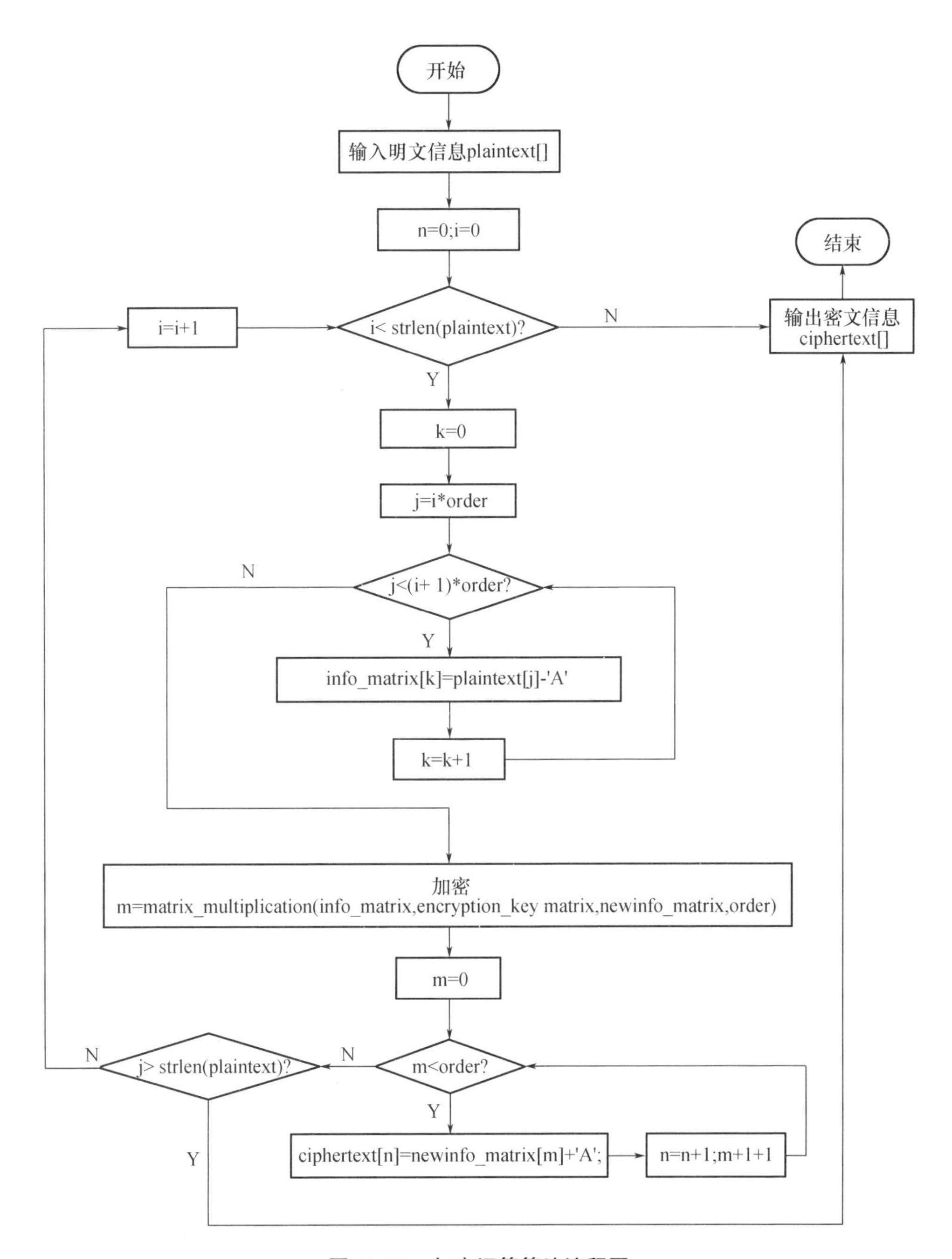

图 11.12　加密运算算法流程图

④编写程序。

由于加密和解密所需要的基础运算函数都已实现,并测试正确,所以本子任务仅给出主函数和加密程序代码如下。

```
144    int main(){
145    int i,j;
146    int k,m,n,order;
147    char plaintext[20],ciphertext[20],plaintext02[20];
148    printf("输入加密密钥矩阵的阶 N:");
149    scanf("%d",&order);
150    int *info_matrix=(int *)malloc(sizeof(int) * order);
151    int *newinfo_matrix=(int *)malloc(sizeof(int) * order);
152    int **encryption_key_matrix=(int **)malloc(sizeof(int *) * order);
       int **decryption_key_matrix=(int **)malloc(sizeof(int *) * order);
       //动态申请加密密钥矩阵和解密密钥矩阵的存储空间
153    for (i=0;i<order;i++) {
154            encryption_key_matrix[i]=(int *)malloc(sizeof(int) *order);
155            decryption_key_matrix[i]=(int *)malloc(sizeof(int) *order);
156    }
157    k=input_matrix(encryption_key_matrix,order);
158    if(k==0)
159      {
160            printf("加密密钥矩阵为:\n");
161            show_matrix(encryption_key_matrix,order);
162            generate_decryption_key(encryption_key_matrix,decryption_key_
               matrix,order);
163
164
165      }
166    else
167    printf("加密密钥矩阵输入错误,请检查程序!");

168    //输入原始信息,并加密
169    printf("请输入明文信息:");
170    scanf("%s",plaintext);
171    strupr(plaintext);
172    printf("明文信息为:%s\n",plaintext);
```

```
173      n=0;
174    //对加密信息进行分组
175    for(i=0;i<strlen(plaintext);i++){
176         printf("第%d 组明文信息对应的字符序号为:\n",i+1);
178         k=0;
179         for(j=i * order;j<(i+1) * order;j++){
180              printf("%d ",plaintext[j]-'A');
181              info_matrix[k]=plaintext[j]-'A';
182              k++;
183         }
184         printf("\n");
185         //进行加密
186
187     m = matrix_multiplication(info_matrix, encryption_key_matrix, newinfo_
        matrix,order);
188         if(m==0){
189              printf("第%d 组明文信息加密后的密文信息为:\n",i+1);
190              for(m=0;m<order;m++)
191                   printf("%d ", newinfo_matrix[m]);
192              for(m=0;m<order;m++){
193                   printf("%c ", newinfo_matrix[m]+'A');
194                   ciphertext[n]=newinfo_matrix[m]+'A';
195                   n++;
196              }
197      }
198      printf("\n");
199      if(j>=strlen(plaintext)) break;
200      }
201    printf("密文信息=%s\n",ciphertext);
202    return 0;
203    }
```

第 167~172 行是从键盘输入明文信息字符串,并显示到屏幕。第 175~199 行是用循环语句开始遍历明文信息的每一个字母。在遍历明文信息过程中,第 175~183 行是进行明文信息分组,得到一个分组就对分组进行加密运算(第 187 行)。第 188~196 行是将加密后的密文分组追加到密文信息 ciphertext[n]中,其中变量 m、n 均为数组下标控制变量。当一组密文分组信息追加完后,判断分组控制变量 j 是否超过密文信息长度,若是则明文分组结束,退出循环遍历过程。第 201 行是将计算得到的密文信息输出到屏幕。

⑤运行结果。

```
输入加密密钥矩阵的阶 N:2
请输入(1,1)元素的数据:3
请输入(1,2)元素的数据:2
请输入(2,1)元素的数据:5
请输入(2,2)元素的数据:7
加密密钥矩阵为:
3       2
5       7
请输入明文信息:cock
明文信息为:COCK
第 1 组明文信息对应的字符序号为:
2 14
第 1 组明文信息加密后的密文信息为:
24 24 Y Y
第 2 组明文信息对应的字符序号为:
2 10
第 2 组明文信息加密后的密文信息为:
4 22 E W
密文信息=YYEW

输入加密密钥矩阵的阶 N:3
请输入(1,1)元素的数据:17
请输入(1,2)元素的数据:17
请输入(1,3)元素的数据:5
请输入(2,1)元素的数据:21
请输入(2,2)元素的数据:18
请输入(2,3)元素的数据:21
请输入(3,1)元素的数据:2
请输入(3,2)元素的数据:2
请输入(3,3)元素的数据:19
```

```
加密密钥矩阵为:
17      17      5
21      18      21
2       2       19
请输入明文信息:hot
明文信息为:HOT
第1组明文信息对应的字符序号为:
7 14 19
第1组明文信息加密后的密文信息为:
9 19 14 J T O
密文信息=JTO
```

经过测试,输入明文信息,经加密得到密文信息。

⑥思考。

a. 解密运算是加密运算的逆运算,程序流程控制有很大的相似性,因此,请读者自行编写相应程序代码,实现希尔密码的解密运算,输出以下结果。(提示:需要先求解解密密钥矩阵。)

```
输入加密密钥矩阵的阶 N:2
请输入(1,1)元素的数据:3
请输入(1,2)元素的数据:2
请输入(2,1)元素的数据:5
请输入(2,2)元素的数据:7
加密密钥矩阵为:
3       2
5       7
解密密钥矩阵为:
3       14
9       5
请输入明文信息:cock
明文信息为:COCK
第1组明文信息对应的字符序号为:
2 14
第1组明文信息加密后的密文信息为:
24 24 Y Y
```

```
第 2 组明文信息对应的字符序号为:
2 10
第 2 组明文信息加密后的密文信息为:
4 22 E W
密文信息=YYEW
第 1 组密文信息对应的字符序号为:
24 24
第 1 组密文信息解密后的还原信息为:
2 14 C O
第 2 组密文信息对应的字符序号为:
4 22
第 2 组密文信息解密后的还原信息为:
2 10 C K
还原后的明文信息=COCK

输入加密密钥矩阵的阶 N:3
请输入(1,1)元素的数据:17
请输入(1,2)元素的数据:17
请输入(1,3)元素的数据:5
请输入(2,1)元素的数据:21
请输入(2,2)元素的数据:18
请输入(2,3)元素的数据:21
请输入(3,1)元素的数据:2
请输入(3,2)元素的数据:2
请输入(3,3)元素的数据:19
加密密钥矩阵为:
17      17      5
21      18      21
2       2       19
解密密钥矩阵为:
4       9       15
15      17      6
24      0       17
请输入明文信息:aboard
```

明文信息为:ABOARD
第 1 组明文信息对应的字符序号为:
0 1 14
第 1 组明文信息加密后的密文信息为:
23 20 1 X U B
第 2 组明文信息对应的字符序号为:
0 17 3
第 2 组明文信息加密后的密文信息为:
25 0 24 Z A Y
密文信息 = XUBZAY
第 1 组密文信息对应的字符序号为:
23 20 1
第 1 组密文信息解密后的还原信息为:
0 1 14 A B O
第 2 组密文信息对应的字符序号为:
25 0 24
第 2 组密文信息解密后的还原信息为:
0 17 3 A R D
还原后的明文信息 = ABOARD

b. 加密和解密运算能否用函数实现？请尝试。

4. 课外拓展

我们在希尔密码加解密的任务中曾假设加解密的信息只涉及英文字母,即其中没有空格、标点等除英文字母之外的符号,例如:将“The Chinese Dream”,写为“TheChineseDream”。这种表示法有别于常人的习惯,可读性差。那么,如果加解密的信息中允许存在空格,则希尔密码又如何实现呢?

实验 12　单片机实现简易计算器

1. 知识概述

学习完 C 语言之后，我们不仅可以使用它来解决各种软件编程问题，还能将其与硬件结合，通过编程来控制和管理硬件设备。单片机作为软硬件结合的典型代表，是一种集成度高的微控制器，类似于一个微型计算机。它以结构简单、体积小、成本低廉和可靠性强等特点，在各行各业，如医疗设备、工业自动化和家用电器等方面，都有着广泛的应用。例如，在家用电器中，单片机被用来实现控制温度、时间等多种功能。

在单片机的编程和开发中，Keil C51 提供了一个完整的 C 语言软件开发系统。它包括了 C 编译器、宏汇编器、连接器、库管理器及功能强大的仿真调试器等多个组件。通过集成开发环境 μVision，Keil C51 为 51 系列单片机的开发提供了强大的支持。另外，Proteus 软件是一款电子设计自动化（EDA）工具，它提供了单片机系统开发的虚拟仿真工具，包括模拟电路仿真、数字电路仿真，以及单片机及其外围电路系统的仿真。Proteus 使得开发者能够在基于原理图的虚拟模型上进行编程和源代码级的实时调试。

在本实验中，我们将使用 AT89C51 作为单片机的主控芯片，矩阵按键作为输入设备，数码管作为输出设备。我们将利用 Keil C51 作为集成开发环境，Proteus 作为仿真工具，来实现一个简易计算器。这个计算器将能够进行两个 10 以内整数的加、减（仅限正数差值）、乘、除运算。通过这个实验，我们不仅能够加深对 C 语言编程的理解，还能学习如何将编程与硬件控制相结合，从而开发出具有实际应用价值的系统。

2. 实验目的

（1）了解什么是单片机。

（2）学会安装和使用单片机集成开发环境 Keil C51。

（3）学会安装和使用单片机及外围设备仿真软件 Proteus。

（4）理解数码管的结构、显示及编程原理。

（5）理解矩阵按键的结构、工作及编程原理。

（6）能够用 C 语言编写程序控制矩阵按键和数码管显示，实现简易计算器。

3. 实验内容

(1)研读教材,熟悉关键语句。

学习单片机实现简易计算器,编写与其相关的程序,必须研读教材相关知识点,包括:单片机工作原理、开发环境、软件仿真,输入模块和输出模块的相关知识和软件仿真。单片机实现简易计算器思维导图如图 12.1 所示。

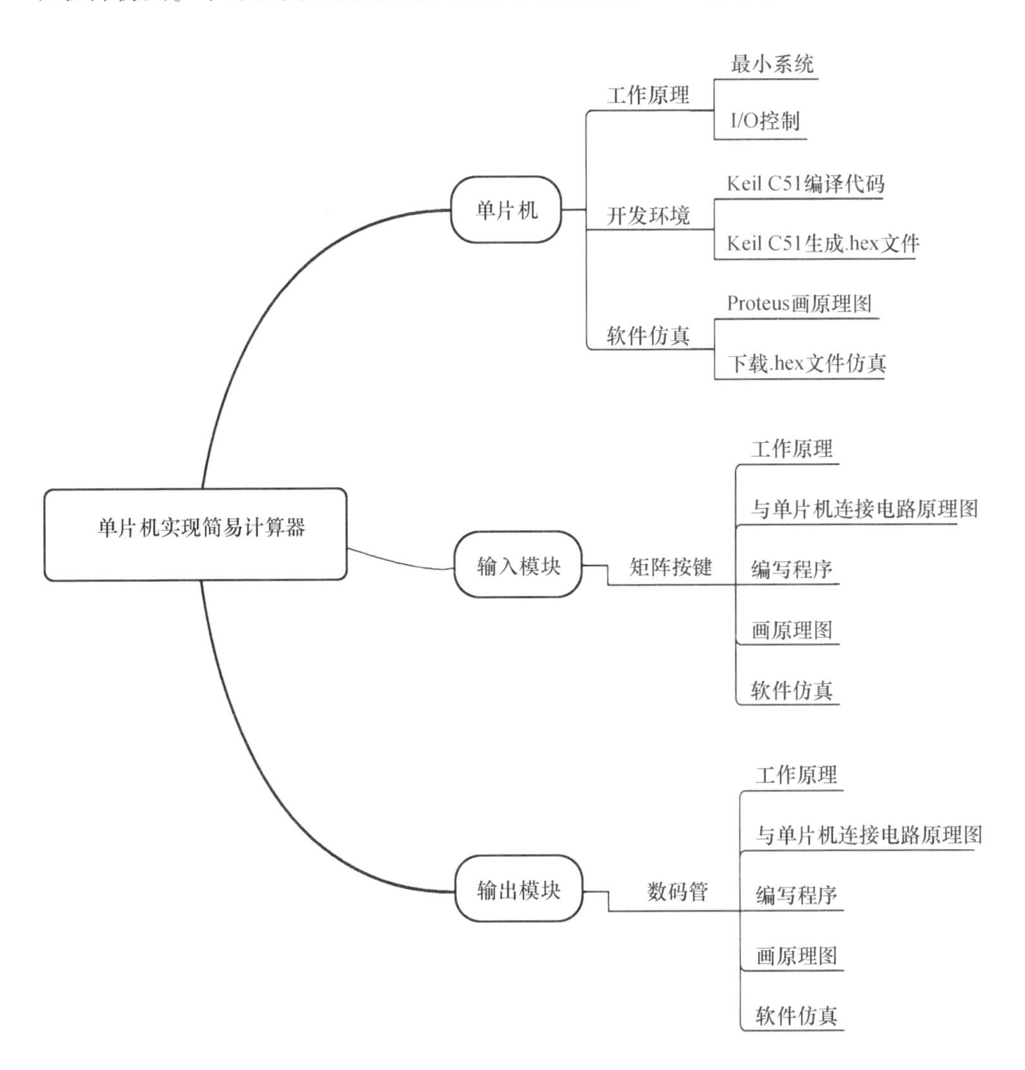

图 12.1　单片机实现简易计算器思维导图

(2)实例。

【实例 12.1】AT89C51 与发光二极管 D1 连接的电路原理图如图 12.2 所示,请在 Proteus 中仿真实现点亮发光二极管 D1。

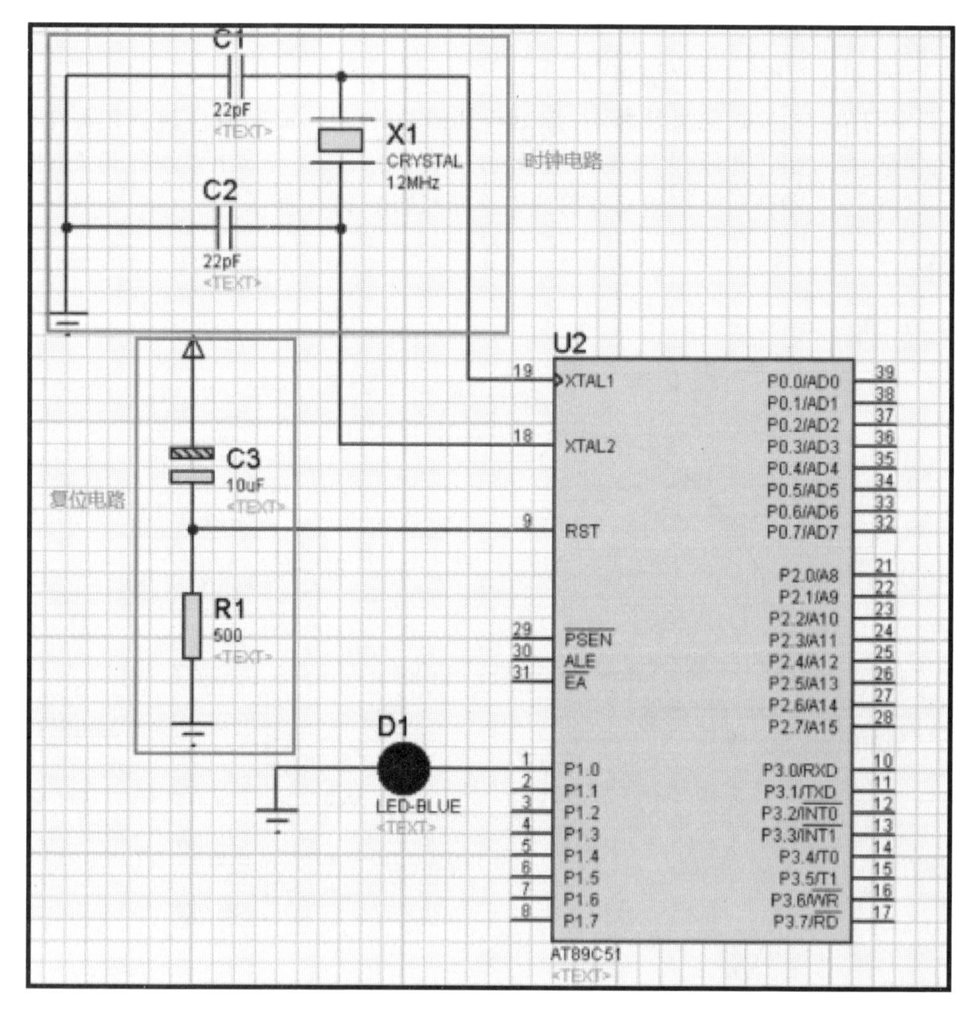

图 12.2　AT89C51 与发光二极管 D1 连接的电路原理图

分析：发光二极管有正负极之分，从图 12.2 中可以看出发光二极管 D1 的负极已经接地，正极接在 P1.0 引脚上，只要 P1.0 引脚输出高电平即可点亮 D1。

①Keil C51 中编辑、编译、调试程序。

双击 Keil C51 快捷方式图标，如图 12.3 所示，弹出如图 12.4 所示界面。

图 12.3　Keil C51 快捷方式图标

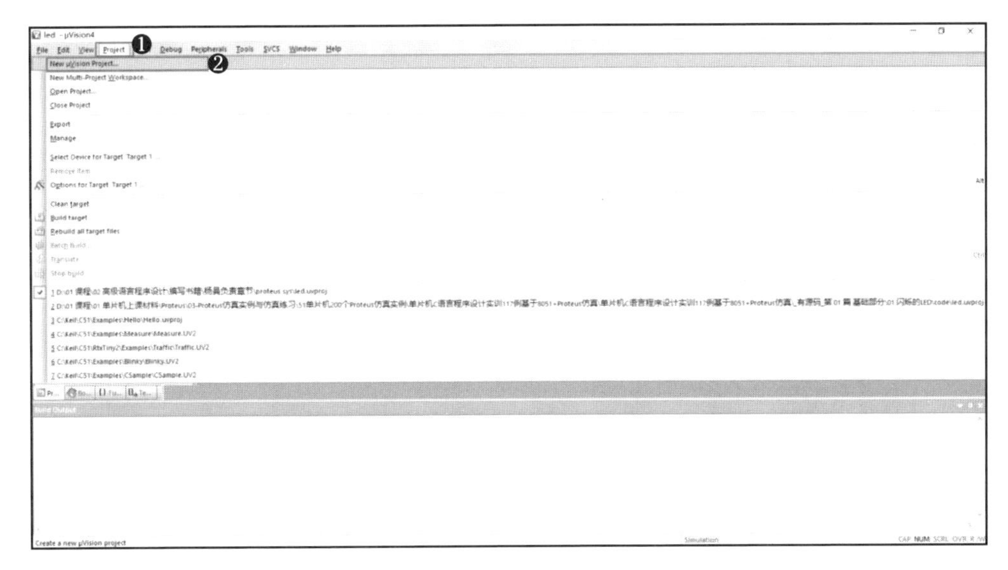

图 12.4　Keil C51 界面

依次单击图 12.4 中的❶和❷,弹出如图 12.5 所示界面。

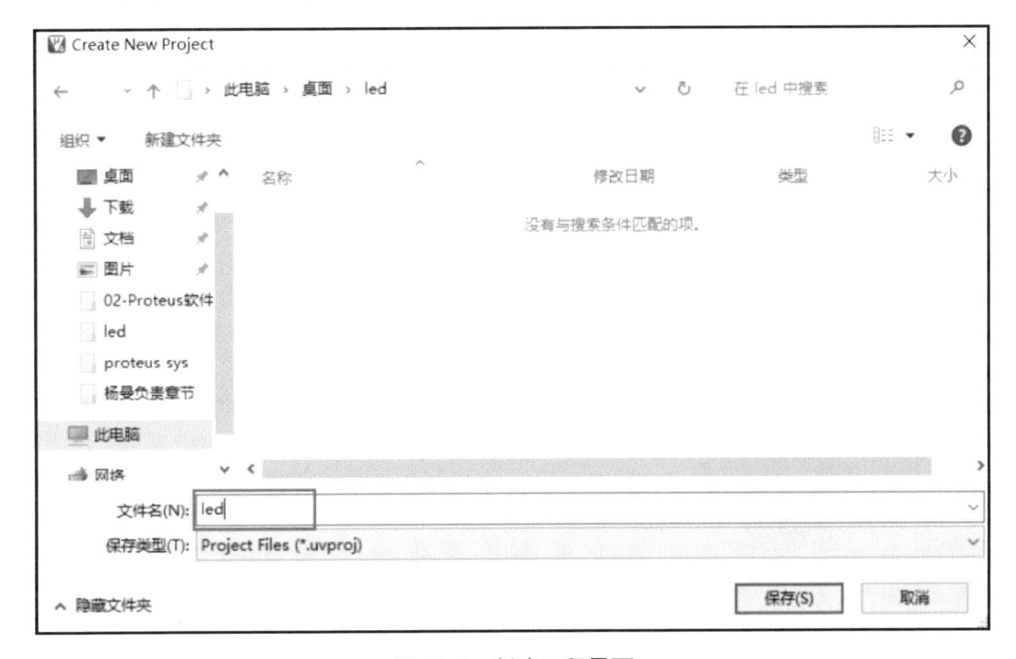

图 12.5　新建工程界面

选择提前新建的文件夹作为新建工程路径,并取名,弹出如图 12.6 所示界面。

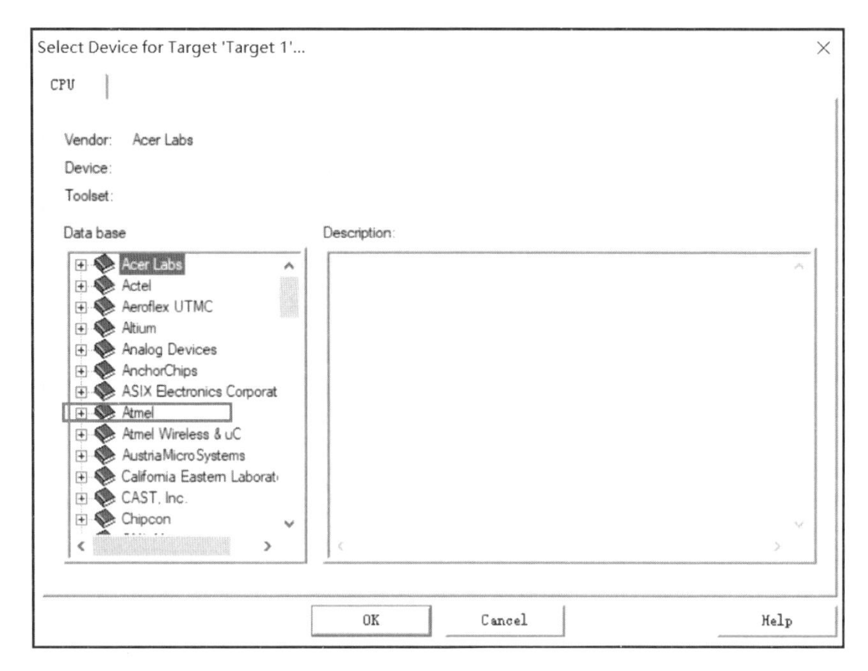

图 12.6　CPU 选择界面

选择“Atmel”下的“AT89C51”，然后单击“OK”按钮，如图 12.7 所示。弹出如图 12.8 所示界面。

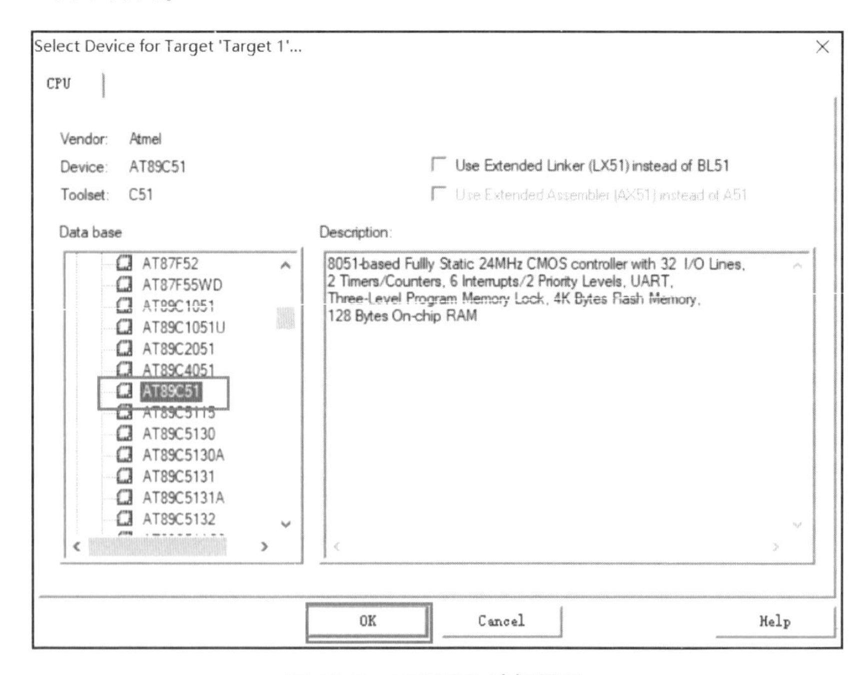

图 12.7　AT89C51 选择界面

图 12.8　μVision 界面

单击“是”按钮，新建工程完成，在图 12.9 中框出处，已经出现了新建的工程。

图 12.9　新建工程成功界面

接下来新建文件，依次单击图 12.10 中的❶和❷，弹出如图 12.11 所示界面。

图 12.10　新建文件选项

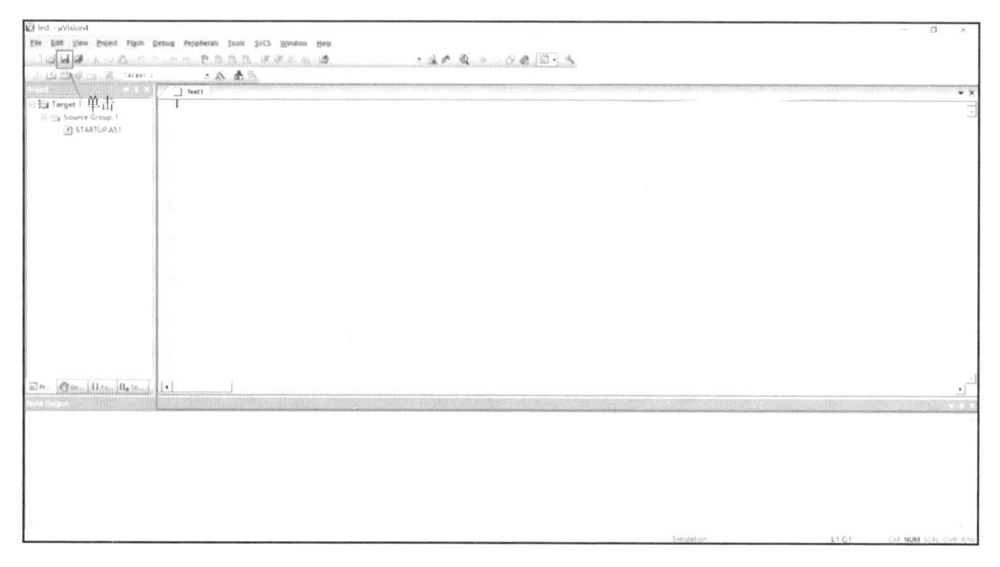

图 12.11　已新建文件界面

单击图 12.11 中“保存”按钮，弹出如图 12.12 所示界面。

图 12.12　新建文件保存界面

选择 led 文件夹，为文件命名，并保存。

依次单击图 12.13 中的❶和❷，弹出如图 12.14 所示界面，单击“main. c”，将新建的 main. c 文件加入新建的工程中。添加成功之后可以在工程界面中看到 main. c 文件,如图 12. 15 所示。

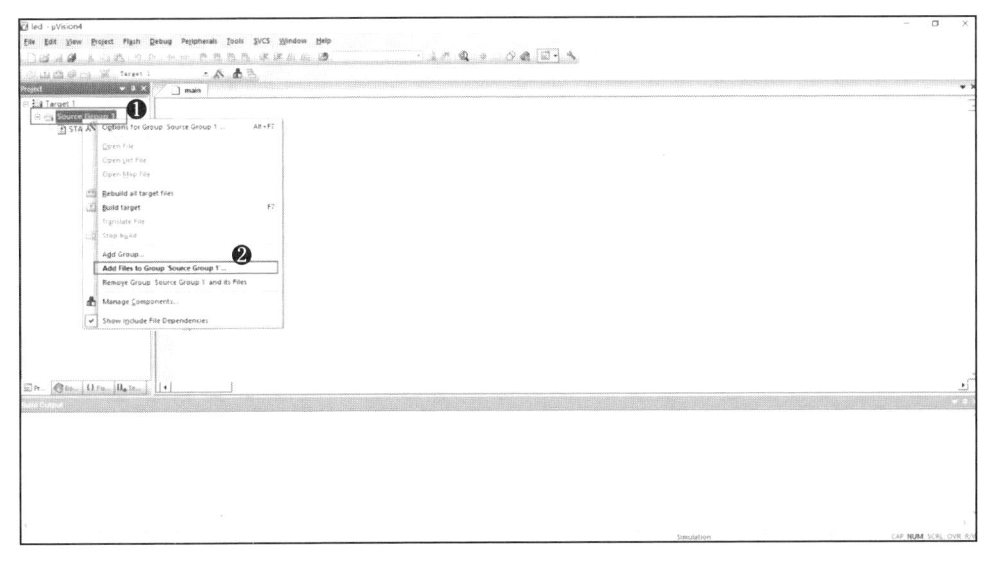

图 12. 13 添加文件界面

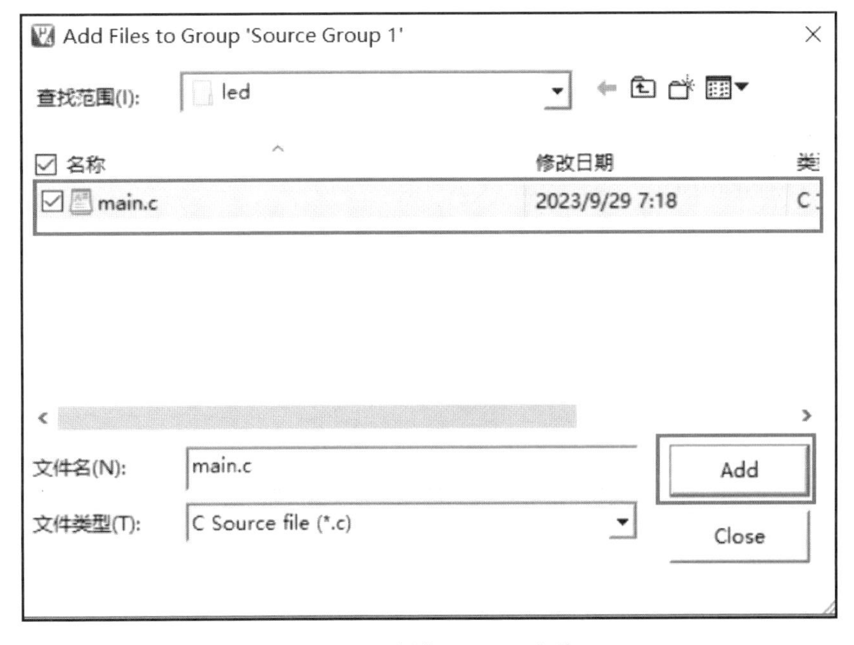

图 12. 14 添加 main. c 文件

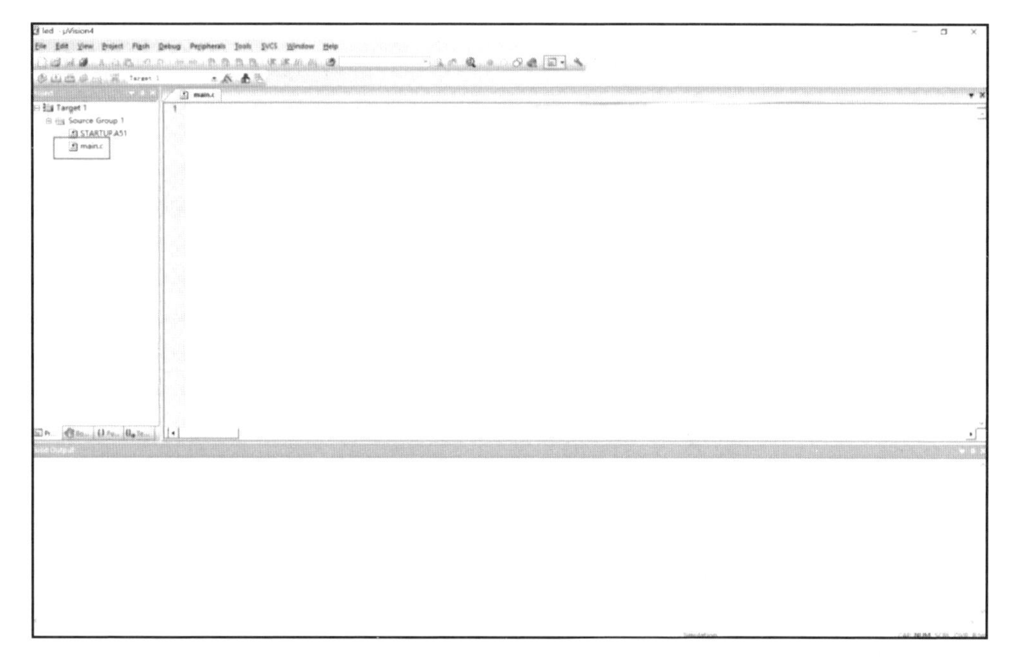

图 12.15　main.c 文件已加入工程界面

在 main.c 文件中编写如下代码并保存。

```
1  #include <reg51.h>
2  #define uchar unsigned char
3  #define uint unsigned int
4  sbit LED = P1^0;
5  void main()
6  {
7     while(1)
8     {
9         LED = 1;
10    }
11 }
```

代码中第 1 行是引入库函数,第 2~3 行是定义符号常量,第 4 行是定义位变量,第 7~10 行是死循环,第 9 行是将单片机 P1.0 引脚输出高电平,从而保证 D1 被点亮。

依次单击图 12.16 中的❶和❷,勾选“Create HEX File”,并将其时钟频率设置为 12 MHz,如图 12.17 所示。

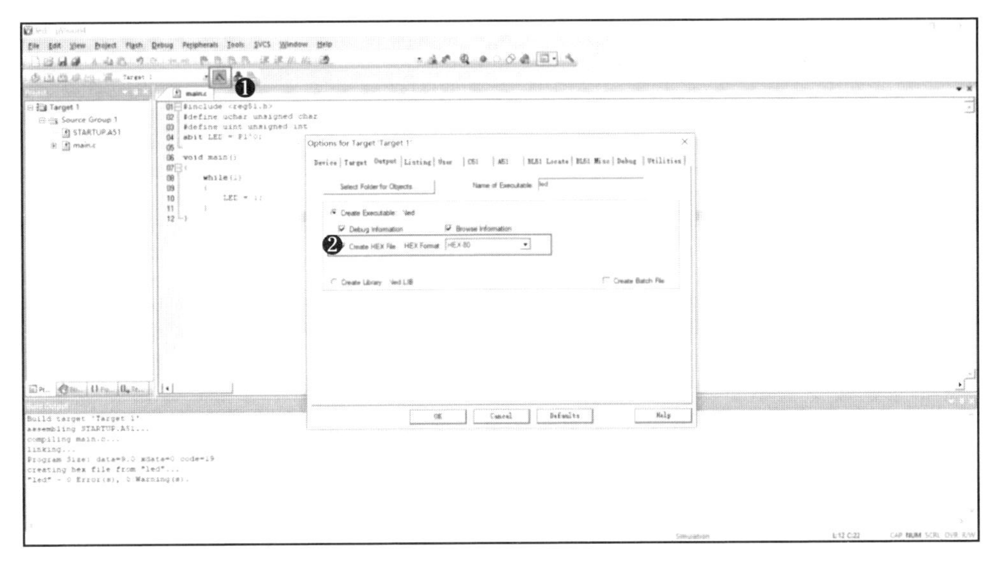

图 12.16　设置生成.hex 文件

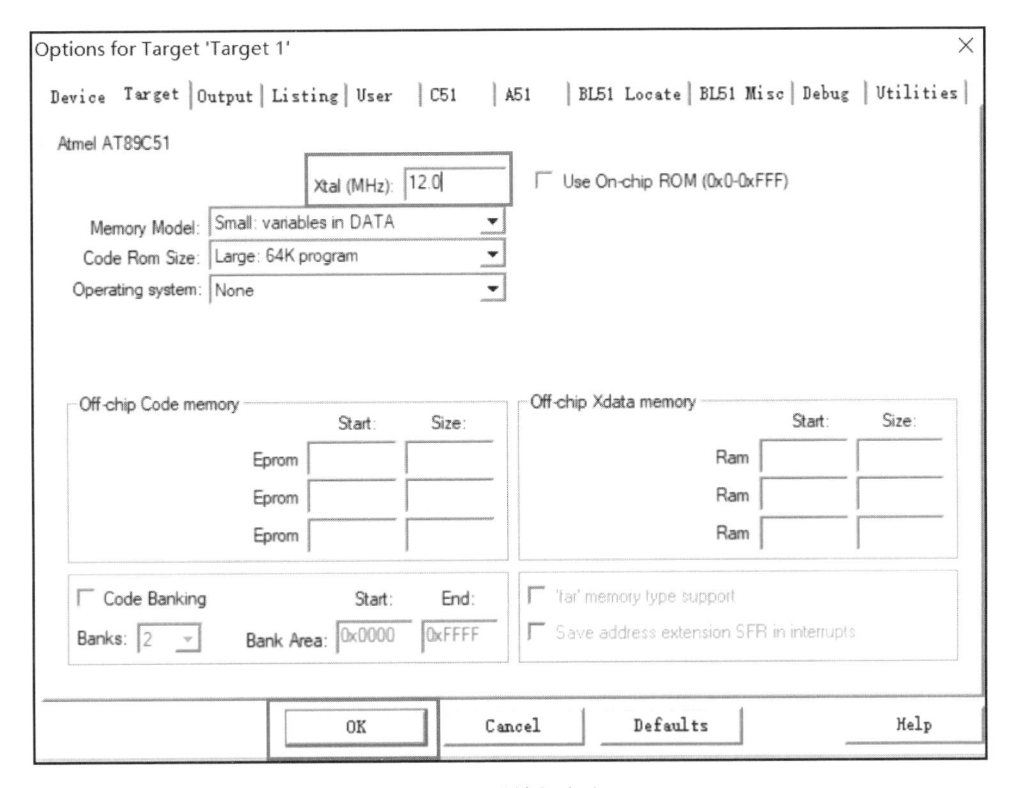

图 12.17　设置时钟频率为 12 MHz

设置 Keil CS1 软件后,运行程序,可以在输出窗口中看到生成了 led. hex 文件,如图 12.18 所示,记住该文件的位置备用。

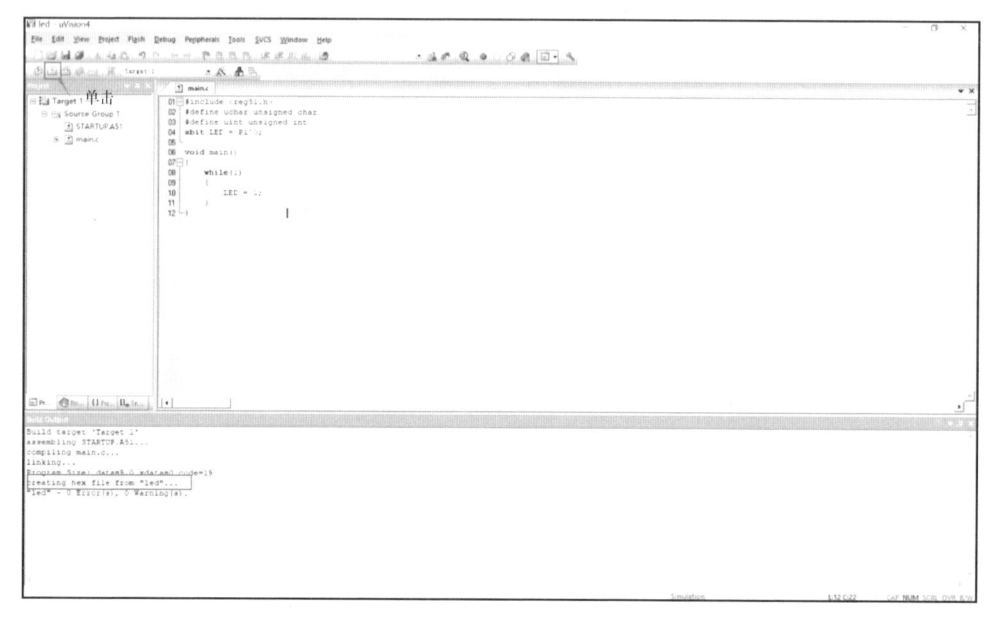

图 12.18　运行程序

②Proteus 中画原理图。

找到 Proteus 启动程序,如图 12.19 所示,依次单击图中❶和❷,弹出如图 12.20 所示界面。

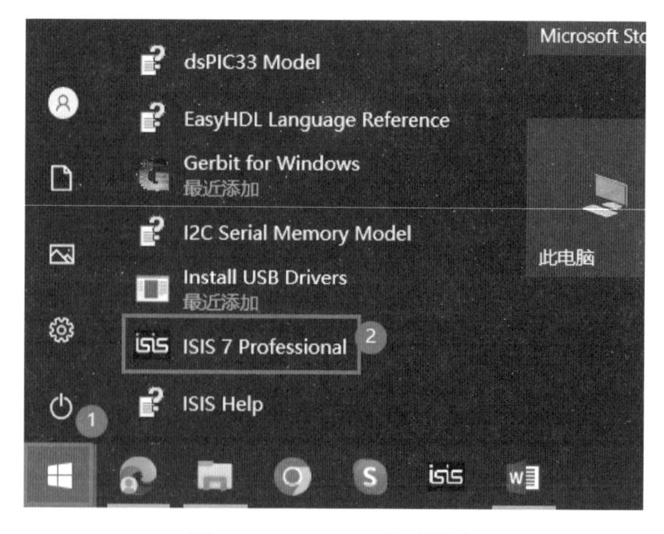

图 12.19　Proteus 启动程序

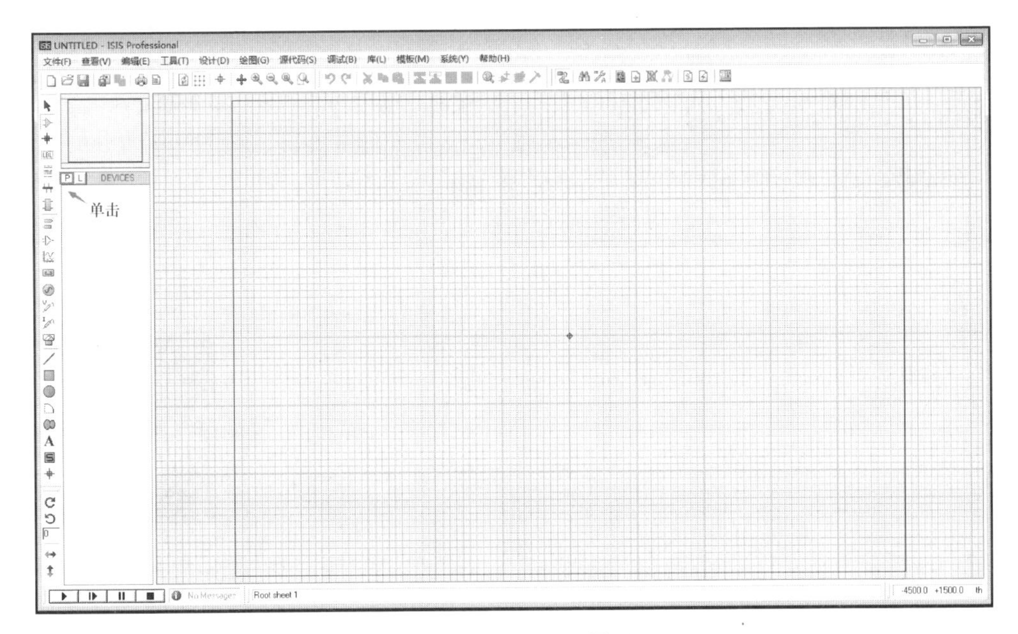

图 12.20　Proteus 界面

单击“原件库”按钮,即图 12.20 中的“P”按钮,弹出如图 12.21 所示界面。在图 12.21 中的“关键字”处输入“89C51”,双击结果中的第一行,可以看到在 Proteus 界面中“P”按钮的下面出现了该器件,如图 12.22 所示。

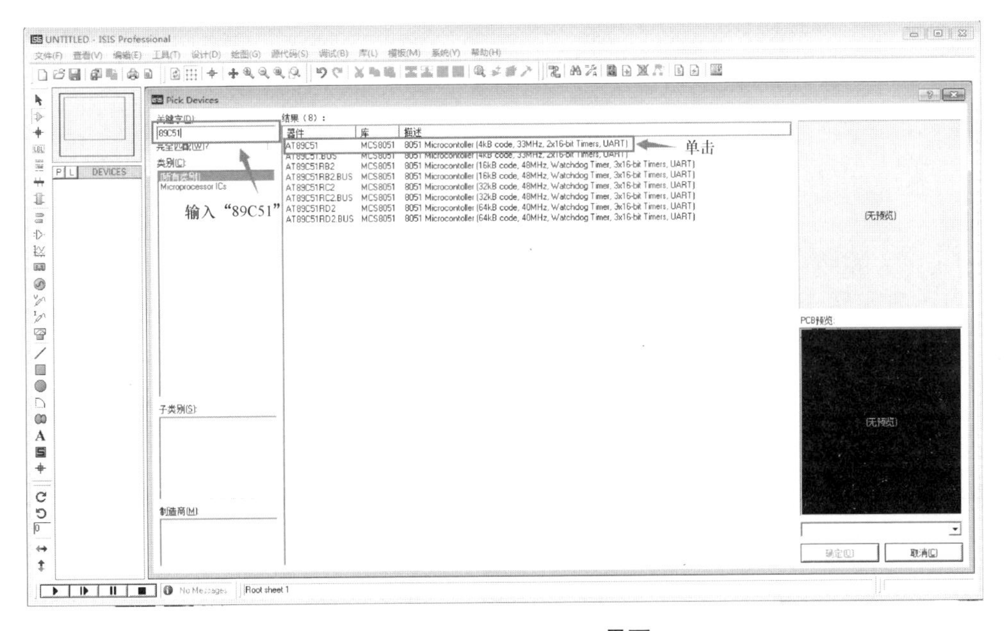

图 12.21　Pick Devices 界面

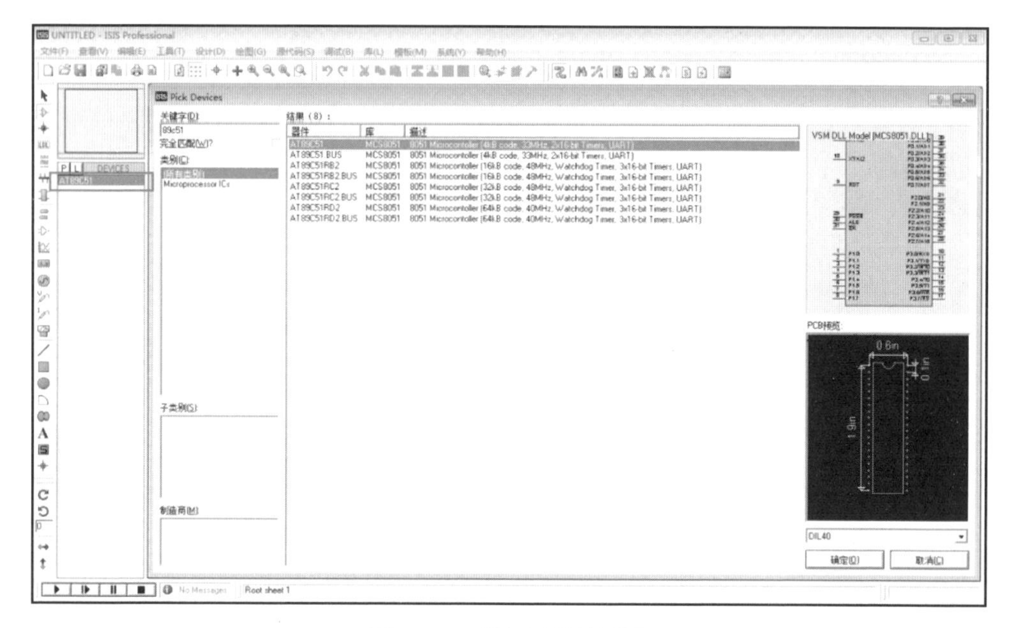

图 12.22　添加元器件界面

用同样的方法，添加原理图中的其他元器件，并画好原理图，如图 12.23 所示。

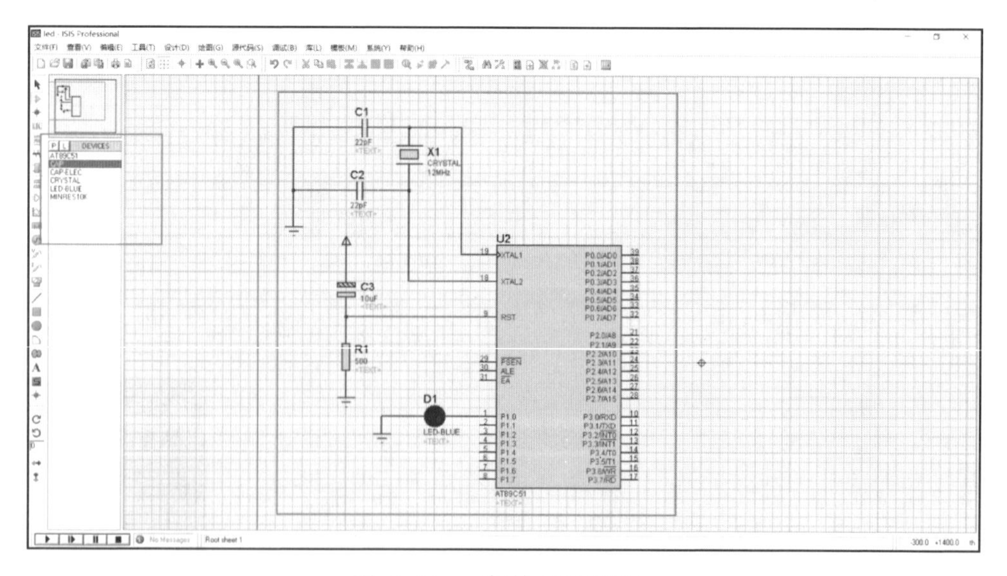

图 12.23　画好的原理图界面

画好原理图之后，双击单片机芯片，弹出如图 12.24 所示窗口，单击“Program File”后的文件夹图标按钮，弹出如图 12.25 所示窗口。

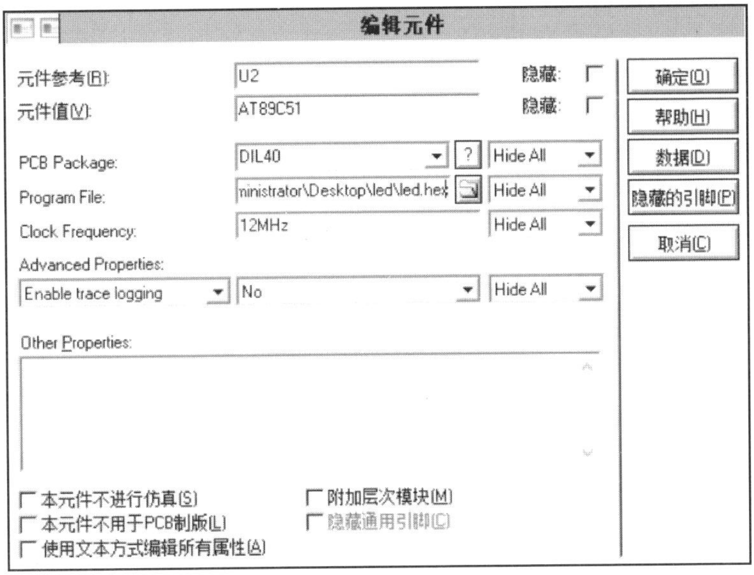

编辑元件

元件参考(R): U2　隐藏:

元件值(V): AT89C51　隐藏:

PCB Package: DIL40 ? Hide All

Program File: ministrator\Desktop\led\led.hex Hide All

Clock Frequency: 12MHz Hide All

Advanced Properties:

Enable trace logging　No　Hide All

Other Properties:

本元件不进行仿真(S)

本元件不用于PCB制版(L)

使用文本方式编辑所有属性(A)

附加层次模块(M)

隐藏通用引脚(C)

确定(O)

帮助(H)

数据(D)

隐藏的引脚(P)

取消(C)

图 12.24　编辑元件窗口

在图 12.25 中选择 led.hex 文件,并打开。之后单击图 12.24 中“确定”按钮。

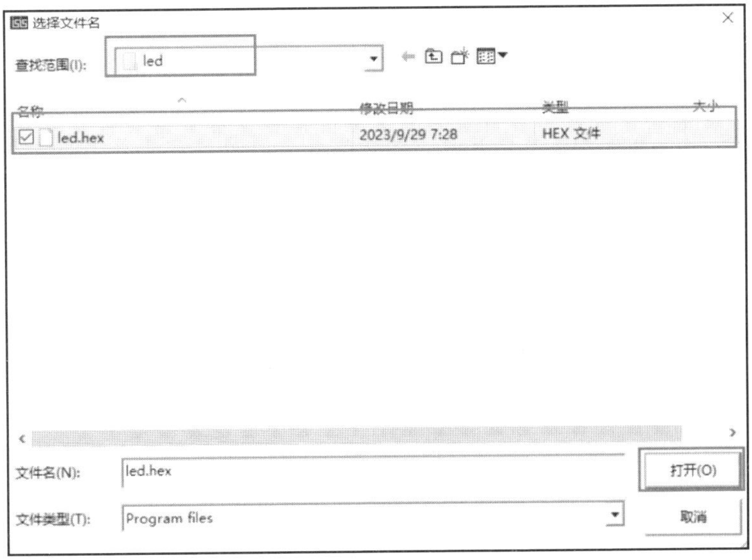

选择文件名

查找范围(I): led

名称	修改日期	类型	大小
led.hex	2023/9/29 7:28	HEX 文件	

文件名(N): led.hex　打开(O)

文件类型(T): Program files　取消

图 12.25　选择 led.hex 文件窗口

单击图 12.26 中的“运行仿真”按钮(图中用方框框出),可以看到 D1 被点亮,如图 12.27 所示。同时可以看到 P1.0 引脚输出高电平。

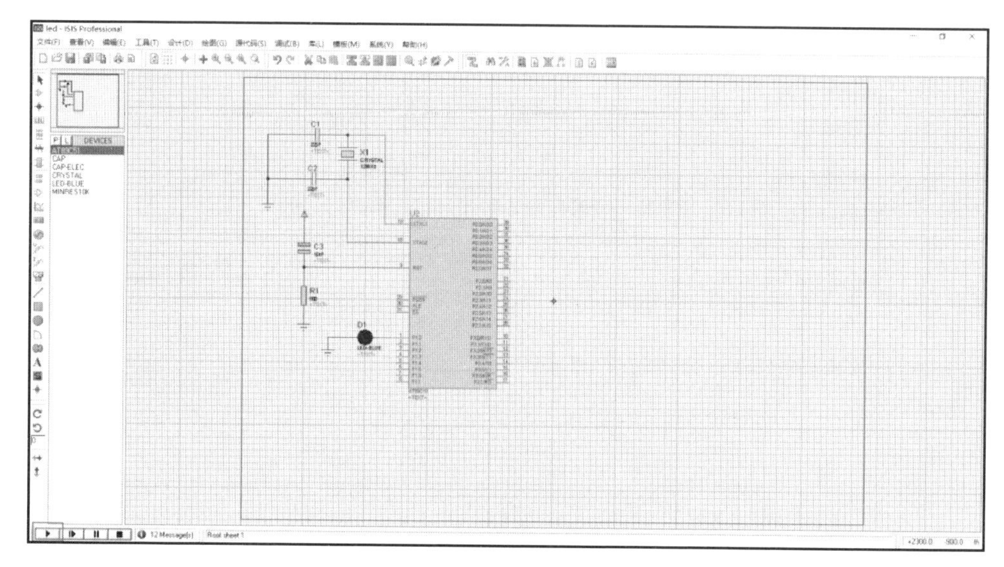

图 12.26　单击“运行仿真”按钮

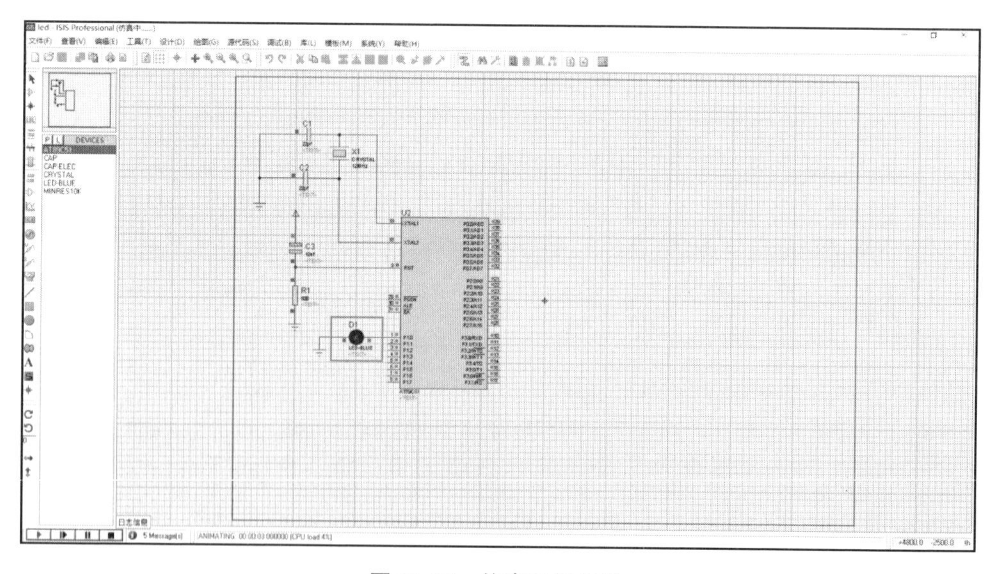

图 12.27　仿真运行结果

【实例 12.2】AT89C51 与数码管连接的电路原理图如图 12.28 所示，请在 Proteus 中仿真实现让数码管循环显示 0~9。

分析：数码管是由 8 个发光二极管封装在一起组成的，按照连接方式分为共阴和共阳数码管，从图中可以看出该数码管的公共端接地，为共阴数码管，其阳极分别与 P0.1~P0.6 相连，其显示数字 0~9 对应管码表为 0x3f，0x06，0x5b，0x4f，

0x66,0x6d,0x7d,0x07,0x7f,0x6f。

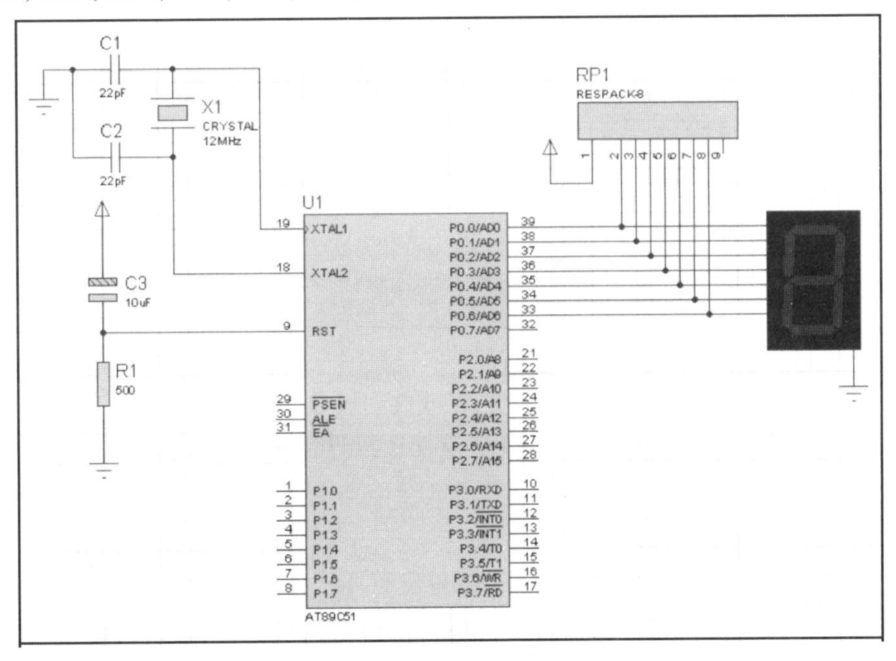

图 12.28　AT89C51 与数码管连接的电路原理图

只要让 P0 的值分别为管码表的值,便可以显示对应的数字。

①Keil C51 中编辑、编译、调试程序。

用与实例 12.1 中相同的方法,输入以下程序,并生成.hex 文件备用。

```
1  #include <reg52.h>
2  #include <intrins.h>
3  #define uchar unsigned char
4  #define uint unsigned int
5  uchar code DSY_CODE[ ] =
6  {
7     0x3f,0x06,0x5b,0x4f,0x66,0x6d,0x7d,0x07,0x7f,0x6f
8  };
9  void main( )
10 {
11     uchar i=0,t,k;
12     P0=0x00;
13     while(1)
```

```
14    {
15    for(i=0;i<=9;i++)
16        {
17            P0=DSY_CODE[i];
18            for(k=0;k<20;k++)
19            for(t=120;t>0;t--);
20        }
21    }
22 }
```

程序中第 5~8 行定义了一个数组,存放共阴极数码管 0~9 的管码表;第 15~20 行将管码表数组的值循环赋值给 P0,从而让数码管循环显示 0~9 数字。

②Proteus 中画原理图并仿真。

在 Proteus 中画出原理图,并将 smg. hex 文件下载到原理图中,开始仿真后可以观察到数码管循环显示 0~9,图 12.29 是数码管显示数字 4 时的截图。

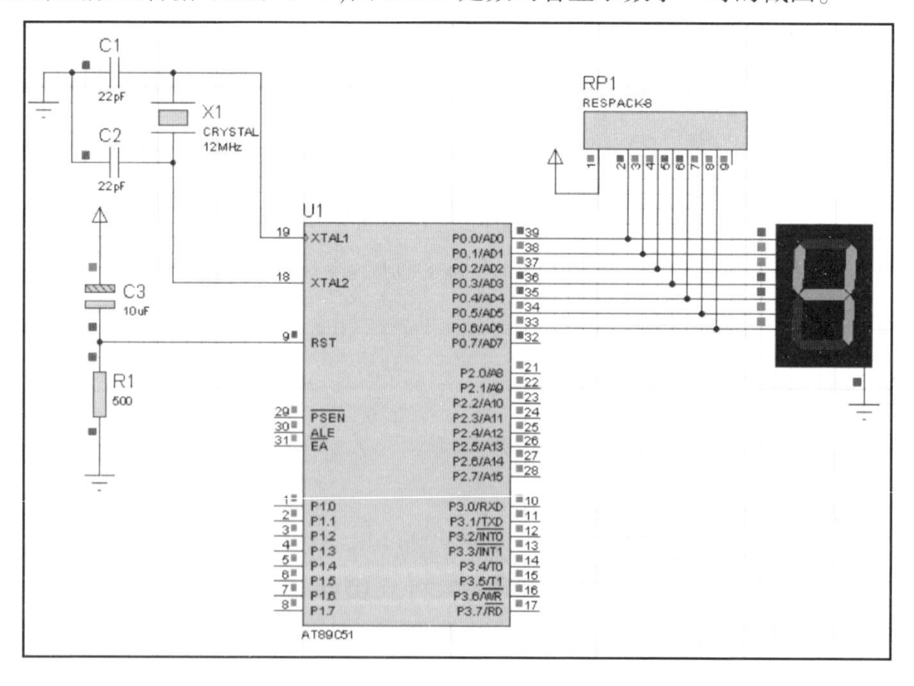

图 12.29　仿真结果(数码管显示数字 4 时的截图)

【实例 12.3】矩阵按键简单计算器原理图如图 12.30 所示,该电路由一个二位的数码管和一组 4×4 的矩阵按键组成,请在 Proteus 中仿真实现简单的计算器,矩阵按键所代表的数字或符号已在原理图中标出。

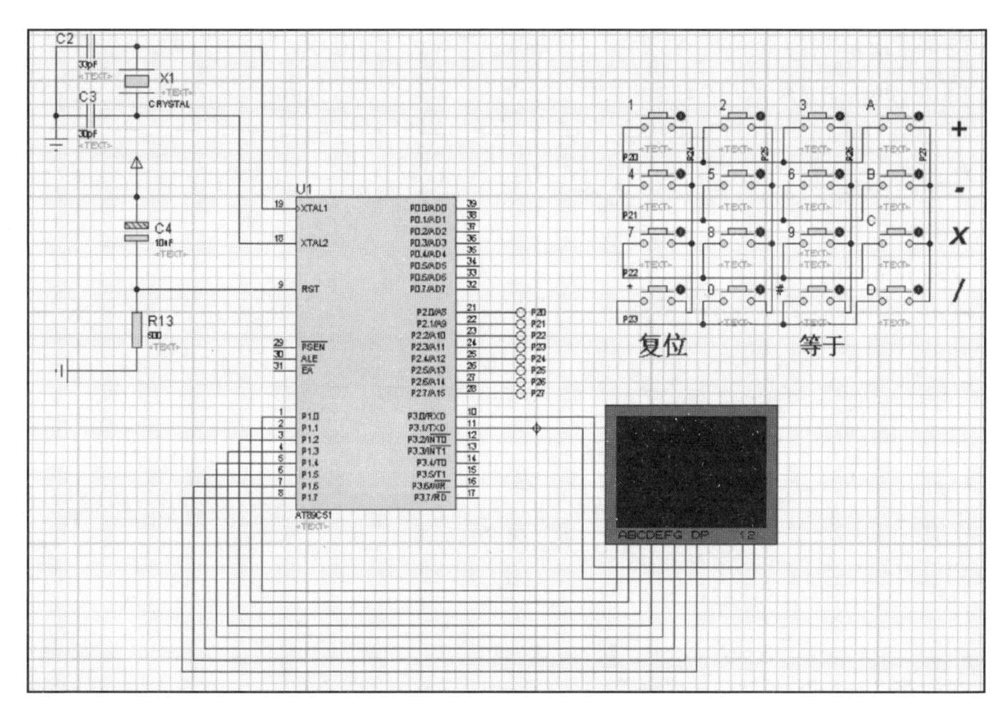

图 12.30　矩阵按键简单计算器原理图

分析：该设计需要用矩阵按键控制数码管的显示，即需要检测到哪个矩阵按键按下，同时显示相应的数字或者符号在数码管上，计算出结果，并用数码管显示。

①Keil C51 中编辑、编译、调试程序。

输入以下程序，并生成.hex 文件备用。

```
1  #include <reg52.h>
2  #include <intrins.h>
3  typedef unsigned char u8;
4  typedef unsigned int u16;
5  #define SMG_PORT P1
6  u8 code smgduan[ ] = {0xC0,0xF9,0xA4,0xB0,0x99,0x92,0x82,0xF8,
   0x80,0x90,};
7  u8 num[2];
8  sbit q1=P3^0;
9  sbit q2=P3^1;
10 void _delay_ms(u16 t)
11 {
```

```
12    u16 i,j;
13    for(i=0;i<t;i++)
14       for(j=0;j<120;j++);
15 }
16 void dis()
17 {
18    SMG_PORT=num[0];
19    q1=1;
20    _delay_ms(2);
21    q1=0;
22    SMG_PORT=num[1];
23    q2=1;
24    _delay_ms(2);
25    q2=0;
26 }
27 u8 keyn1=16;
28 u8 keyn=16;
29 #define PK P2
30 void key_z()
31 {
32    PK=0X0F;
33    if(!(PK==0X0F))
34    {
35       if(!(PK==0X0F))
36       {
37          keyn1=0;
38          keyn=0;
39          PK=0X0F;
40          if(PK==0X0E) keyn1=0;
41          if(PK==0X0D) keyn1=1;
42          if(PK==0X0B) keyn1=2;
43          if(PK==0X07) keyn1=3;
44          PK=0XF0;
45          if(PK==0XE0) keyn=0+keyn1;
46          if(PK==0XD0) keyn=4+keyn1;
```

```
47            if(PK==0XB0) keyn=8+keyn1;
48            if(PK==0X70) keyn=12+keyn1;
49            switch(keyn)
50            {
51            case 0: keyn1=1; break;
52            case 4: keyn1=2; break;
53            case 8: keyn1=3; break;
54            case 12:keyn1=10; break;
55            case 1: keyn1=4; break;
56            case 5: keyn1=5; break;
57            case 9: keyn1=6; break;
58            case 13:keyn1=11; break;
59            case 2: keyn1=7; break;
60            case 6: keyn1=8; break;
61            case 10:keyn1=9;break;
62            case 14:keyn1=12;break;
63            case 3: keyn1=14;break;
64            case 7: keyn1=0;break;
65            case 11:keyn1=15;break;
66            case 15:keyn1=13;break;
67            }
68          }
69            else    keyn1=16;
70                    PK=0X0F;while((!(PK==0X0F)));
71        }
72    }
73    u16   shuju1;
74    u16   shuju2;
75    u16   res;
76    u16   bz;
77    u16   bzbu;
78    void dispaly()
79    {
80      if(bzbu==0)
81      {
```

```
82          num[0]=0xff;
83          num[1]=smgduan[shuju1%10];
84        }
85        if(bzbu==1)
86        {
87          num[0]=0xff;
88          if(bz==0)num[1]=0xb9;
89          if(bz==1)num[1]=0xbf;
90          if(bz==2)num[1]=0x89;
91          if(bz==3)num[1]=0xcf;
92        }
93        if(bzbu==2)
94        {
95          num[0]=0xff;
96          num[1]=smgduan[shuju2%10];
97        }
98        if(bzbu==3)
99        {
100           num[0]=smgduan[res%100/10];
101           num[1]=smgduan[res%10];
102         }
103     }
104     void key()
105     {
106       key_z();
107       if(keyn1<16)
108       {
109         if(keyn1<10)
110         {
111           if(bzbu==0)shuju1=keyn1;
112           if(bzbu==2)shuju2=keyn1;
113           if(bzbu==1){shuju2=keyn1;bzbu=2;}
114         }
115         if(keyn1==0x0a){bz=0;bzbu=1;}
116         if(keyn1==0x0b){bz=1;bzbu=1;}
```

```
117            if(keyn1==0x0c){bz=2;bzbu=1;}
118            if(keyn1==0x0d){bz=3;bzbu=1;}
119            if(keyn1==0x0e){bz=0;bzbu=0;shuju1=shuju2=res=0;}
120            if((keyn1==0x0f)&&(bzbu==2))
121            {
122               if(bz==0){res=shuju1+shuju2;}
123               if(bz==1){if(shuju1>shuju2)res=shuju1-shuju2;}
124               if(bz==2){res=shuju1 * shuju2;}
125               if(bz==3){if(shuju1>shuju2)res=shuju1/shuju2;}
126               bzbu=3;
127            }
128          keyn1=16;
129        }
130    }
131    void main()
132    {
133       while(1)
134       {
135          dispaly();
136          dis();
137          key();
138       }
139    }
```

程序中第 16～26 行是 dis()函数,其作用是让两位数码管轮流显示值。第 30～72 行是 key_z()函数,其作用是扫描确定哪个矩阵按键被按下。第 78～103 行是 display()函数,其作用是确定数码管显示值。第 104～130 行是 key()函数,其作用是确定 shuju1、shuju2 的值和运算符的类型,并输出结果。第 131～139 行是主函数,在主函数中循环调用 display()、dis()和 key()三个函数即可。

②Proteus 中画原理图并仿真

在 Proteus 中画出原理图,并将 lamp. hex 文件下载到原理图中,单击“运行仿真”按钮,进行测试。下面以计算 3+4 的值为例。

图 12.31 所示为矩阵按键输入第一个数 3,并显示在数码管中。

图 12.32 所示为矩阵按键输入“+”运算符,因为 8 位数码管无法显示“+”,所以用图中的符号代替,并显示在数码管中。

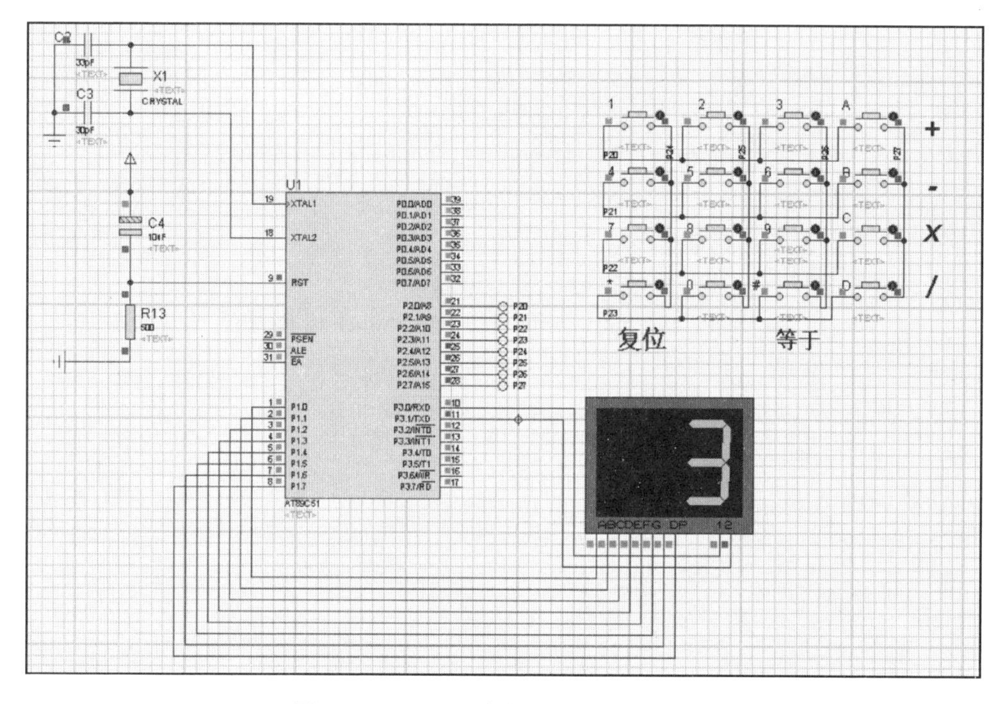

图 12.31　显示矩阵按键输入的第一个数

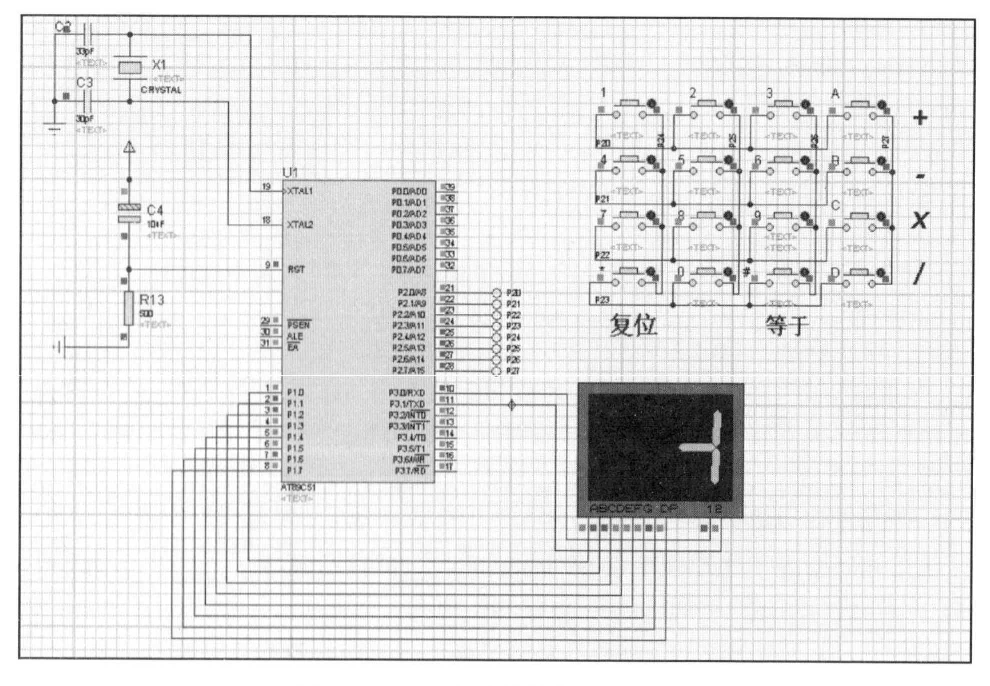

图 12.32　显示矩阵按键输入的运算符

图 12.33 所示为矩阵按键输入第二个数 4,并显示在数码管中。

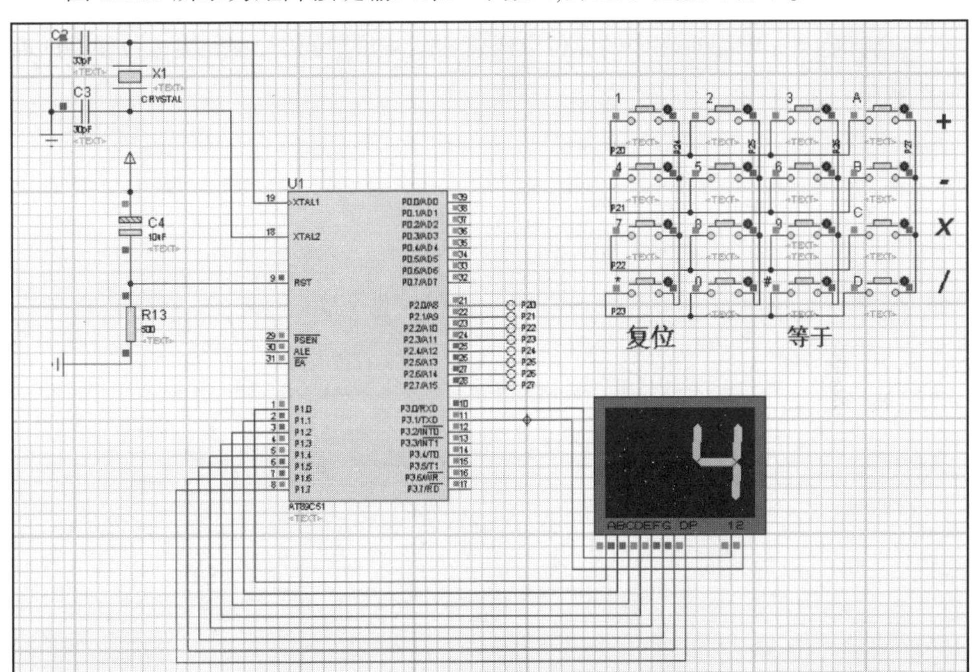

图 12.33　显示矩阵按键输入的第二个数

图 12.34 所示为显示 3+4 的计算结果。

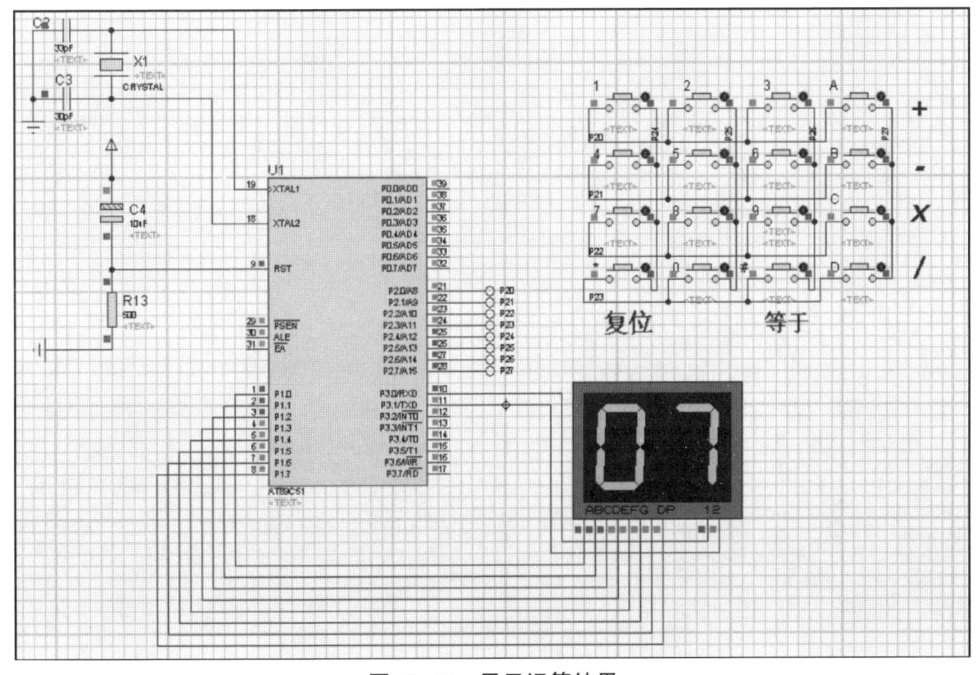

图 12.34　显示运算结果

4. 课外拓展

将实例 12. 3 中原理图中的 2 位数码管变成 4 位数码管,实现更多位数字的简单计算器。

参 考 文 献

[1]谭浩强. C 程序设计[M]. 5 版. 北京:清华大学出版社,2023.

[2]金. C 语言程序设计:现代方法(第 2 版 · 修订版)习题解答[M]. 曹良亮,编. 北京:人民邮电出版社,2022.

[3]普拉达. C++ Primer Plus 中文版:第 6 版[M]. 张海龙,袁国忠,译. 北京:人民邮电出版社,2019.

[4]普拉达. C++ Primer Plus(第 6 版)中文版习题解答[M]. 曹良亮,编. 北京:人民邮电出版社,2020.

[5]李军民.《C/C++语言程序设计》同步进阶经典 100 例与习题指导[M]. 西安:西安电子科技大学出版社,2012.

[6]李传娣,赵常松. 单片机原理、应用及 Proteus 仿真[M]. 北京:清华大学出版社,2017.

[7]傅清平,徐文胜,李雪斌. C 语言程序设计[M]. 5 版. 北京:中国铁道出版社, 2023.

[8]里斯. 深入理解 C 指针[M]. 陈晓亮,译. 北京:人民邮电出版社,2014.

[9]千锋教育高教产品研发部. C 语言程序设计[M]. 北京:清华大学出版社, 2017.

[10]邓元庆,龚晶,石会. 密码学简明教程[M]. 北京:清华大学出版社, 2011.